高职高专"工作过程导向"新理念教材 计算机系列

Linux操作系统
项目式教程

陈可新　主编
饶绪黎　夏勇　董骏　副主编

清华大学出版社
北京

内 容 简 介

本书是一本介绍 Linux 系统基本操作和命令使用的入门书籍。本书以项目任务方式组织教学内容，以目前流行的 Linux 发行版之一——CentOS 7.7 系统为依托，用项目及任务实战方式全面介绍 Linux 操作系统安装、配置与管理的基本技能。全书共分为 10 个项目，项目 1～项目 4 着重介绍 Linux 操作系统环境搭建，文件目录命令操作，网络配置及远程登录，系统日常运维管理；项目 5～项目 8 着重介绍如何构建 Linux 系统常见的各种网络应用服务，包括搭建 FTP 服务、Web 服务、MySQL 数据库服务，架设开发及应用部署平台，搭建 Git 版本库服务器，配置防火墙及系统安全等；项目 9 介绍 Shell 脚本编程方法；项目 10 通过一个云盘系统综合实践项目，使读者进一步提升 Linux 操作系统项目实战技能。

本书每个项目中都安排了相应的实战任务，文字平实易懂，内容深入浅出，实战性强，图文并茂。本书可作为高职高专院校、应用本科院校相关专业的 Linux 教材，也可作为初学者学习 Linux 的入门书籍。

本书封面贴有清华大学出版社防伪标签，无标签者不得销售。
版权所有，侵权必究。举报：010-62782989，beiqinquan@tup.tsinghua.edu.cn。

图书在版编目（CIP）数据

Linux 操作系统项目式教程/陈可新主编. —北京：清华大学出版社，2021.3（2023.8重印）
高职高专"工作过程导向"新理念教材. 计算机系列
ISBN 978-7-302-57377-7

Ⅰ.①L… Ⅱ.①陈… Ⅲ.①Linux 操作系统－高等职业教育－教材 Ⅳ.①TP316.85

中国版本图书馆 CIP 数据核字（2021）第 018553 号

责任编辑：孟毅新
封面设计：傅瑞学
责任校对：刘　静
责任印制：曹婉颖

出版发行：清华大学出版社
网　　址：http://www.tup.com.cn，http://www.wqbook.com
地　　址：北京清华大学学研大厦 A 座
邮　　编：100084
社 总 机：010-83470000
邮　　购：010-62786544
投稿与读者服务：010-62776969，c-service@tup.tsinghua.edu.cn
质量反馈：010-62772015，zhiliang@tup.tsinghua.edu.cn
课件下载：http://www.tup.com.cn，010-83470410

印 装 者：三河市铭诚印务有限公司
经　　销：全国新华书店
开　　本：185mm×260mm　　印　张：19　　字　数：437 千字
版　　次：2021 年 3 月第 1 版　　印　次：2023 年 8 月第 3 次印刷
定　　价：56.00 元

产品编号：089262-01

前　言

近年来，Linux 操作系统因为其开源、稳定、安全等多方面的优点在很多企业服务器及桌面系统中得到了广泛应用，掌握 Linux 操作系统的操作技能，已成为从事计算机相关工作的基本要求，也是相关人员学习掌握基于 Linux 的云计算、大数据、人工智能等新一代信息技术的基本前提，Linux 操作系统相关课程已经成为计算机类应用型人才培养的基础课程。

本书基于当前广泛使用的 CentOS 7.7 操作系统，使用平实易懂的语言，采用项目任务方式，从 10 个方面介绍 Linux 操作系统的基本操作和使用方法。以下对本书各项目的基本内容进行简要说明。

项目 1：介绍 Linux 操作系统的基本概念、特点以及在 VMware 虚拟机软件中安装搭建 Linux 操作系统环境的基本方法。

项目 2：介绍 Linux 文件系统功能及其类型，并对 Linux 系统中常用的文件和目录操作命令的使用方法以及 Linux 磁盘文件系统的管理进行讲解。

项目 3：介绍计算机网络相关知识，并对 Linux 系统网络配置及测试的基本方法以及远程登录 Linux 主机的操作技能进行讲解。

项目 4：介绍 Linux 操作系统中的用户和组、进程以及软件包的管理的基本方法。

项目 5：介绍基于 Linux 的 FTP、Apache Web 和 MySQL 数据库的软件安装与基本配置。

项目 6：介绍 Linux 系统中源码软件包安装、Java 开发环境架设以及 LAMP 应用系统部署的基本方法。

项目 7：介绍 Git 版本控制软件安装、常见 Git 命令使用和版本库服务器搭建。

项目 8：介绍 Linux 系统中用户账号策略、防火墙安全及 SELinux 功能的设置方法。

项目 9：介绍 Shell 脚本程序编写的基础知识、选择及循环结构脚本程序编写技巧。

项目 10：通过 Nextcloud 云盘系统项目讲解 Linux 应用项目的设计及部署方法。

通过对本书以上内容的学习和实践，读者能够掌握 Linux 操作系统基本操作技能，在当前新一代信息技术蓬勃发展的潮流中，为深入学习基于 Linux 的云计算、大数据、人工智能、物联网、软件开发等相关技术奠定扎实的基础。本书编者分析了当前企事业单位相关岗位对 Linux 技能的需求，结合多年 Linux 教学经验进行总结提炼，在编写中也参考了 Linux 领域知名著作及技术网站相关内容，因此本书能满足计算机类应用型人才对 Linux 技能的培养要求。

本书正式编写起始于 2020 年 1 月席卷全球的新冠疫情暴发之际，全国人民同心协力防控疫情的精神，鼓励着编者以更饱满的热情投入本书编写工作。本书编写过程中，编者无数次挑灯夜战，但得到了家人理解和包容，感谢他们的深情鼓励和支持。

因编者水平有限，书中难免有不足之处，欢迎读者批评、指正。

编　者
2021 年 1 月

目 录

项目1 搭建 Linux 系统环境 ·············· 1

  任务 1.1 认识 Linux 操作系统 ·············· 1
    1.1.1 Linux 操作系统概述 ·············· 2
    1.1.2 Linux 操作系统的特点及应用 ·············· 3
    1.1.3 Linux 操作系统版本 ·············· 4
    1.1.4 CentOS 7 操作系统及其下载 ·············· 6
  任务 1.2 安装 Linux 操作系统 ·············· 9
    1.2.1 VMware Workstation 虚拟机软件 ·············· 9
    1.2.2 下载及安装 VMware Workstation 软件 ·············· 9
    1.2.3 Linux 操作系统安装方法 ·············· 10
    1.2.4 安装 CentOS 7 虚拟机系统 ·············· 11
  任务 1.3 使用 Linux 命令行界面 ·············· 18
    1.3.1 Linux 系统命令行界面概述 ·············· 18
    1.3.2 Linux 命令的执行技巧 ·············· 20
    1.3.3 Linux 基本命令简介 ·············· 23
    1.3.4 使用 Linux 系统基本命令 ·············· 27

项目2 管理文件及文件系统 ·············· 30

  任务 2.1 认识 Linux 系统文件系统 ·············· 30
    2.1.1 Linux 文件系统概述 ·············· 31
    2.1.2 Linux 系统目录结构 ·············· 34
    2.1.3 Linux 文件名和文件类型 ·············· 37
    2.1.4 查看文件系统及文件的类型 ·············· 39
  任务 2.2 使用文件及目录操作命令 ·············· 41
    2.2.1 常用的 Linux 目录操作命令 ·············· 42
    2.2.2 文件的复制、移动、删除命令 ·············· 44
    2.2.3 文件内容查看命令 ·············· 46
    2.2.4 文件及内容查找命令 ·············· 48
    2.2.5 Linux 常见文件目录操作 ·············· 51
  任务 2.3 使用 Linux 硬盘文件系统 ·············· 54

	2.3.1	计算机硬盘读写概述	55
	2.3.2	硬盘的分区和格式化	59
	2.3.3	使用 Linux 磁盘文件系统	62
	2.3.4	在 Linux 系统中使用新硬盘	64

项目 3 网络配置与远程登录 ... 67

任务 3.1 Linux 系统网络配置概述 ... 67
- 3.1.1 计算机网络简介 ... 68
- 3.1.2 VMware 虚拟机软件的网络模式 ... 72
- 3.1.3 Linux 网络配置文件 ... 74
- 3.1.4 使用 vi 编辑器 ... 77
- 3.1.5 使用 vi 编辑网络配置文件 ... 79

任务 3.2 Linux 系统网络配置方法 ... 81
- 3.2.1 Linux 网络配置工具 ... 81
- 3.2.2 配置网卡的静态 IP 地址 ... 83
- 3.2.3 常用 Linux 网络诊断命令 ... 84
- 3.2.4 配置和测试 Linux 系统网络 ... 87

任务 3.3 远程登录 Linux 主机 ... 90
- 3.3.1 SSH 远程登录概述 ... 91
- 3.3.2 OpenSSH 远程登录服务 ... 92
- 3.3.3 远程登录 Linux ... 94
- 3.3.4 从 Windows 远程登录 Linux 主机 ... 98

项目 4 Linux 系统基本管理 ... 101

任务 4.1 管理 Linux 系统用户和组 ... 101
- 4.1.1 用户和组简介 ... 102
- 4.1.2 管理 Linux 系统用户 ... 104
- 4.1.3 管理 Linux 用户组 ... 107
- 4.1.4 用户和组管理实战 ... 109

任务 4.2 管理 Linux 进程与定时任务 ... 111
- 4.2.1 Linux 进程管理简介 ... 111
- 4.2.2 Linux 进程管理命令 ... 113
- 4.2.3 定时任务设置命令 crontab ... 117
- 4.2.4 进程管理和定时任务设置实战 ... 119

任务 4.3 Linux 系统软件包管理 ... 121
- 4.3.1 Linux 软件包管理概述 ... 121
- 4.3.2 rpm 命令 ... 122
- 4.3.3 yum 命令 ... 123

4.3.4　配置 YUM 软件仓库 ·· 125
　　　4.3.5　Linux 软件包管理实战 ··· 126

项目 5　搭建 Linux 应用服务 ·· 129

　任务 5.1　搭建 FTP 文件传送服务器 ··· 129
　　　5.1.1　FTP 服务器概述 ··· 130
　　　5.1.2　搭建 vsftpd 文件传送服务 ·· 131
　　　5.1.3　vsftpd 虚拟用户登录配置 ··· 134
　　　5.1.4　访问 FTP 服务器 ··· 134
　　　5.1.5　搭建 FTP 服务器实战 ··· 137
　任务 5.2　搭建 Apache Web 服务 ··· 139
　　　5.2.1　Web 网页浏览服务概述 ·· 140
　　　5.2.2　Apache Web 服务器概述 ·· 141
　　　5.2.3　Apache Web 服务器的配置方法 ································· 142
　　　5.2.4　Apache Web 服务器配置实战 ···································· 144
　任务 5.3　搭建 MySQL 数据库服务器 ·· 146
　　　5.3.1　安装及登录 MySQL 数据库 ······································· 146
　　　5.3.2　常用的 MySQL 客户端程序 ······································· 148
　　　5.3.3　MySQL 数据库基本操作 ··· 150
　　　5.3.4　MySQL 数据库管理实战 ··· 155

项目 6　架设开发及部署平台 ·· 159

　任务 6.1　编译和安装源码软件包 ··· 159
　　　6.1.1　开放源码软件概述 ·· 160
　　　6.1.2　GCC 编译器概述 ··· 161
　　　6.1.3　源码软件包的安装 ·· 164
　　　6.1.4　编译并安装 Nginx 源码包实战 ··································· 166
　任务 6.2　搭建 Java EE 开发环境 ··· 168
　　　6.2.1　Java 程序设计语言 ··· 168
　　　6.2.2　配置 Linux 系统 JDK 环境 ······································· 170
　　　6.2.3　Java EE 开发环境配置 ·· 171
　　　6.2.4　搭建 Java EE 开发环境实战 ······································ 174
　任务 6.3　部署 LAMP 应用项目 ··· 177
　　　6.3.1　LAMP 环境简介及搭建 ·· 177
　　　6.3.2　部署 WordPress 博客系统实战 ··································· 180

项目 7　配置 Git 版本库服务器 ··· 187

　任务 7.1　认识 Git 版本控制软件 ·· 187

    7.1.1 软件开发与版本控制概述 …………………………………………… 188

    7.1.2 Git 版本控制软件概述 …………………………………………… 189

    7.1.3 Git 软件安装和基本配置 ………………………………………… 192

  任务 7.2 Git 基本操作和分支管理 ……………………………………………… 195

    7.2.1 创建 Git 版本库 …………………………………………………… 195

    7.2.2 Git 基本操作命令 ………………………………………………… 196

    7.2.3 Git 分支管理操作 ………………………………………………… 199

    7.2.4 Git 版本库管理实战 ……………………………………………… 201

  任务 7.3 搭建 Git 版本库服务器 ……………………………………………… 204

    7.3.1 远程 Git 服务器 …………………………………………………… 204

    7.3.2 Git 服务器常见的操作命令 ……………………………………… 205

    7.3.3 Git 服务器的搭建与测试 ………………………………………… 207

项目 8 Linux 系统安全管理 …………………………………………………… 214

  任务 8.1 配置用户账号安全策略 ……………………………………………… 214

    8.1.1 用户账号安全策略概述 …………………………………………… 215

    8.1.2 常见的用户账号安全策略 ………………………………………… 217

    8.1.3 用户账号安全策略实战 …………………………………………… 219

  任务 8.2 管理 firewalld 防火墙 ………………………………………………… 221

    8.2.1 防火墙技术概述 …………………………………………………… 221

    8.2.2 firewalld 防火墙 …………………………………………………… 222

    8.2.3 firewalld 防火墙的配置方法 ……………………………………… 223

    8.2.4 firewalld 防火墙配置实战 ………………………………………… 225

  任务 8.3 配置 SELinux 安全模块 ……………………………………………… 227

    8.3.1 SELinux 安全机制概述 …………………………………………… 228

    8.3.2 SELinux 安全机制配置方法 ……………………………………… 231

    8.3.3 SELinux 安全模块配置实战 ……………………………………… 234

项目 9 编写 Shell 脚本程序 ……………………………………………………… 237

  任务 9.1 Shell 脚本程序编写概述 ……………………………………………… 237

    9.1.1 Shell 脚本程序简介 ……………………………………………… 238

    9.1.2 Shell 变量及输入/输出命令 ……………………………………… 239

    9.1.3 Shell 运算命令和运算符 ………………………………………… 242

    9.1.4 编写简单 Shell 脚本程序 ………………………………………… 249

  任务 9.2 编写选择及循环结构程序 …………………………………………… 251

    9.2.1 编写选择结构程序 ………………………………………………… 251

    9.2.2 循环结构程序编写 ………………………………………………… 256

    9.2.3 编写选择及循环 Shell 脚本程序 ………………………………… 261

任务 9.3　编写函数调用 Shell 脚本程序 ·· 264
　　9.3.1　定义 Shell 脚本函数 ··· 265
　　9.3.2　调用 Shell 函数 ··· 266
　　9.3.3　获取函数的返回值 ··· 268
　　9.3.4　函数调用脚本编写实战 ··· 269

项目 10　Linux 云盘系统部署实践 ·· 272

任务 10.1　Linux 云盘系统部署概述 ·· 272
　　10.1.1　传统文件共享技术简介 ·· 273
　　10.1.2　云盘存储技术概述 ·· 273
　　10.1.3　使用 Nextcloud 云盘 ··· 275

任务 10.2　云盘服务器选型与方案设计 ·· 278
　　10.2.1　服务器选型概述 ·· 278
　　10.2.2　云盘系统项目方案设计 ·· 282
　　10.2.3　Nextcloud 云盘项目概述 ··· 283
　　10.2.4　云盘系统网络拓扑结构设计 ·· 284

任务 10.3　Nextcloud 云盘系统部署实战 ·· 285
　　10.3.1　Nextcloud 云盘关键技术简介 ·· 285
　　10.3.2　云盘系统基础环境配置 ·· 286
　　10.3.3　部署 Nextcloud 云盘系统 ··· 291

参考文献 ··· 294

项目 1　搭建 Linux 系统环境

九层之台,起于垒土；千里之行,始于足下。

——《道德经》

项目目标

【知识目标】
(1) 了解 Linux 系统的特点和应用方法。
(2) 了解 Linux 系统内核和发行版。
(3) 理解 Linux 操作系统安装步骤。

【技能目标】
(1) 理解 Linux 操作系统特点及应用方法。
(2) 掌握 Linux 虚拟机系统安装及启动方法。
(3) 掌握 Linux 系统命令行界面的使用方法。

项目内容

任务 1.1　认识 Linux 操作系统
任务 1.2　安装 Linux 操作系统
任务 1.3　使用 Linux 命令行界面

任务 1.1　认识 Linux 操作系统

(1) 了解 Linux 操作系统概念、特点和应用领域。
(2) 掌握 Linux 内核版本和发行版本的查看方法。
(3) 掌握 Linux 操作系统发行版本镜像下载方法。

操作系统是在计算机硬件之上安装的第一层软件,Linux 操作系统是除 Windows 操

作系统之外，人们广泛使用的操作系统软件。通过分析主流招聘网站对相关IT岗位招聘要求，可以看出，掌握Linux系统操作技能已成为IT领域工作对劳动者的基本要求。本任务介绍Linux操作系统的基本知识、特点及应用。

1.1.1 Linux操作系统概述

1. Linux操作系统简介

Linux操作系统是一款免费使用、开放源代码的类UNIX操作系统。计算机操作系统是管理计算机硬件与软件资源的计算机程序，是计算机系统的内核与基石。操作系统作为计算机中最基本也是最重要的基础软件，需要管理计算机的CPU（中央处理器）和内存等硬件资源的使用，控制计算机输入设备与输出设备，管理配置网络与文件系统，并提供一个让用户与系统进行交互的操作界面，负责接收系统中其他软件及程序的请求并将这些请求转发给计算机硬件。

Linux操作系统支持多用户、多任务、多线程及多CPU。Linux自诞生至今，经过世界各地无数计算机爱好者的修改与完善，功能越来越强大，性能越来越稳定。近年来，随着云计算、人工智能及物联网等新一代信息技术的发展，Linux越来越得到了来自全世界的计算机从业人员、软件爱好者、组织机构、商业公司的支持，已经成为当前应用领域最广泛的操作系统软件之一。

2. Linux操作系统构成

完整的Linux操作系统由Linux内核、Shell程序、文件系统以及应用程序组成，如图1-1所示。Linux内核是Linux操作系统的核心程序，负责管理系统的进程、内存、设备、驱动程序、文件和网络系统，控制系统和硬件之间的通信。Shell程序是Linux系统的用户界面，提供了用户与系统内核进行交互操作的接口。Shell接收用户输入的命令并把它送入内核去执行，命令执行完毕再把结果返回用户。文件系统是文件在磁盘等存储设备上的组织方法，Linux操作系统能支持多种目前流行的文件系统格式，如Ext3、Ext4、Xfs、FAT32、VFAT和ISO 9660等。应用程序是系统中各种外围应用程序的集合，包括系统命令、编程工具、编辑软件、图形环境、办公套件等。

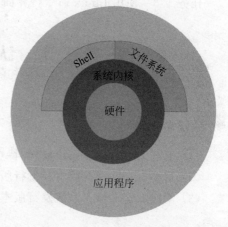

图1-1 Linux操作系统组成

1.1.2　Linux 操作系统的特点及应用

1. Linux 操作系统的特点

1）完全免费及开源

Linux 是一款免费的操作系统，用户可以通过网络或其他途径免费获得，并可以任意修改其源代码。

2）兼容 POSIX 1.0 标准

可以在 Linux 系统中，通过相应的模拟器运行常见的 Windows 及其他操作系统中的程序。

3）多用户、多任务

Linux 支持多用户和多任务，各个用户及任务对于自己的文件有特殊的权利，保证了各用户及任务之间互不影响。

4）良好的用户界面

Linux 同时具有字符界面和图形界面。在字符界面中，用户可以通过键盘输入命令来执行操作。Linux 同时也提供了类似 Windows 图形界面的 X-Window 系统，用户可以使用鼠标完成操作。

5）支持多种硬件平台

Linux 可以运行在多种硬件平台上，如 x86、SPARC、Alpha 等多种不同处理器的平台。

2. Linux 系统应用领域

Linux 操作系统目前主要有以下五大应用领域。

1）网络服务器应用领域

随着开源软件在世界范围的影响力日益增强，Linux 操作系统在整个服务器操作系统市场格局中占据了越来越多的市场份额，已经形成了大规模市场应用的局面，尤其在政府、金融、农业、交通、电信等国家关键领域。Linux 系统可以为企业架构 Web 服务器、数据库服务器、负载均衡服务器、邮件服务器、DNS 服务器、代理服务器、路由器等，使企业不仅降低了运营成本，而且获得了 Linux 系统带来的高稳定性和高可靠性，且无须考虑商业软件的版权问题。

2）嵌入式系统应用领域

由于 Linux 系统开放源代码，功能强大、可靠、稳定性强、灵活而且具有极大的伸缩性，并且广泛支持大量的微处理体系结构、硬件设备、图形支持和通信协议，因此，在嵌入式应用领域里，从因特网设备（路由器、交换机、防火墙、负载均衡器）到专用控制系统（自动售货机、手机、PDA、各种家用电器），Linux 操作系统都有广泛的应用，是目前主流的嵌入式开发平台。Android 操作系统基于 Linux 内核开发，已经成为全球流行的智能手机操作系统。

3）个人桌面应用领域

所谓个人桌面，就是在办公室使用的个人计算机系统，Linux系统在这方面的支持也已经非常好了，基本可以满足日常办公及家庭应用需求，如网页浏览（Firefox）、办公软件（OpenOffice）、收发邮件（ThunderBird）、实时通信（QQ for Linux）、多媒体应用（Mplayer）等。当然，由于用户使用观念、操作习惯等因素，目前个人桌面应用方面还是以Windows系统为主。

4）新一代信息技术应用领域

近年来，随着云计算、大数据等新一代信息技术的迅猛发展，Linux作为云计算、大数据的基础支撑平台得到广泛应用。当前，Linux操作系统已经应用到互联网、电信、金融、政府、教育、交通、石油等各个行业，各大IT硬件厂商相继加大对Linux系统的支持，全球及国内排名前十的网站使用的几乎都是Linux操作系统。根据Linux基金会（https://www.linuxfoundation.org/）的研究，86%的企业已经使用Linux操作系统进行云计算、大数据平台的构建。

5）超级计算机应用领域

超级计算机是计算机中功能最强、运算速度最快、存储容量最大的一类计算机，多用于国家高科技领域和尖端技术研究，是国家科技发展水平和综合国力的重要标志，在高能物理、飞行器设计、天气预报等方面有广泛的应用。2019年11月，全球超级计算机500强榜单发布，全球年度500强超级计算机上，全部运行Linux系统。图1-2所示为目前运行于国家超级计算中心（无锡）的"神威·太湖之光"超级计算机，该计算机上就运行了基于Linux内核的国产神威睿思（RaiseOS）操作系统。

图1-2 "神威·太湖之光"超级计算机

1.1.3　Linux操作系统版本

Linux操作系统的版本分为内核版本和发行版本。

1. Linux内核版本

1）内核版本分类

内核（kernel）是系统的心脏，是运行程序和管理磁盘、打印机等硬件的核心程序，它提供了一个在计算机裸机与应用程序间的抽象层。Linux 内核又分为稳定版和开发版。两种版本相互联系,相互循环。稳定版具有工业级强度,可以广泛地应用和部署。一般而言,Linux 内核的稳定版相对于旧版本只是修正一些漏洞(bug)或加入一些新的驱动程序,而开发版由于要适应各种解决方案,版本更新相对较快。

2)内核版本号

Linux 内核版本号由 3 个数字 r、x、y 组成。

r:目前发布的内核主版本。

x:偶数表示稳定版本;奇数表示开发版本。

y:错误修补的次数。

例如,某内核版本号为 2.6.9-5.EL SMP,其中:

r——2,主版本号。

x——6,次版本号,表示稳定版本。

y——9,修订版本号,表示修改的次数。

5——表示这个版本的第 5 次微调。

EL——Enterprise Linux。

SMP——SMP(symmetrical multi-processing,对称多处理)是指在一个计算机上汇集了一组 CPU,各 CPU 之间共享内存子系统以及总线结构。

截至 2020 年 1 月,Linux 最新内核版本为 5.5。下载 Linux 发布的内核文件可以访问 Linux 内核官网(https://www.kernel.org/),如图 1-3 所示。

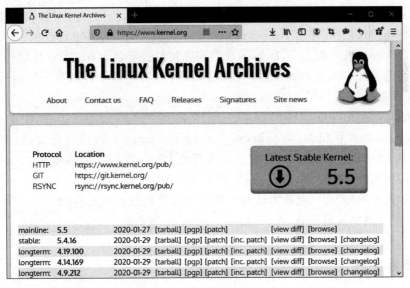

图 1-3　Linux 内核发布官方网站

2. Linux 发行版本

Linux 发行版(也称为 GNU/Linux 发行版),为用户预先集成好的 Linux 内核及各种应用软件,通常包含了桌面环境、办公套件、媒体播放器、数据库等应用软件。用户不需要重新编译,可以在安装系统之后直接使用。Linux 发行版除了包含完成系统功能的常规软件工具外,通常还包含桌面环境、办公软件、媒体播放器等应用软件,常见的 Linux 发行版都有自己的 Logo(标志),如图 1-4 所示。Linux 主要有以下三大系列发行版。

图 1-4 常见 Linux 发行版 Logo(标志)

1) Red Hat 发行版

Red Hat 是美国一家以开发和销售 Linux 系统软件并提供相关技术服务为业务的企业,其著名的产品为 Red Hat Enterprise Linux。Red Hat 所推出的 Linux 系统与软件集成包 Red Hat Linux 适时回应市场需求,近年来,Red Hat 已经成为全球提供 Linux 系统集成服务规模最大的公司。基于 Red Hat 的著名的发行版有 Enterprise Linux、Fedora、CentOS 等。

2) Debian 发行版

Debian 是完全由自由软件组成的类 UNIX 操作系统,其包含的多数软件使用 GNU 通用公共许可协议授权,并由 Debian 计划的参与者组成团队对其进行打包、开发与维护。作为最早的 Linux 发行版之一,Debian 在创建之初便被定位为在 GNU 计划的精神指导下进行公开开发并自由发布的项目。基于 Debian 的著名的发行版有 Ubuntu、Knoppix 和 Deepin 等系统。

3) Slackware 发行版

Slackware 是一个 Linux 发行版,由 Patrick Volkerding 于 1993 年创建。Slackware 最初基于 Softlanding Linux 系统,它是许多其他 Linux 发行版的基础。Slackware 的目标是设计的稳定性和简单性,并成为最"像 UNIX"的 Linux 发行版。由于 Slackware 有许多保守和简单的特性,因此通常认为它最适合高级和技术性倾向的 Linux 用户。基于 Slackware 的著名的发行版有 SUSE Linux、Porteus 等系统。

1.1.4 CentOS 7 操作系统及其下载

1. CentOS 7 操作系统简介

CentOS(community enterprise operating system,社区企业操作系统)是一个基于

Red Hat Linux 提供的可自由使用源代码的企业级 Linux 发行版本。CentOS Linux 操作系统的版本大约每两年发行一次，而每个版本的 CentOS 会定期（大概每 6 个月）更新一次，以便支持新的硬件。CentOS 是由 Red Hat Enterprise Linux 依照开放源代码规定释出的源代码所编译而成，由于出自同样的源代码，因此有些要求高度稳定性的服务器以 CentOS 代替商业版的 RHEL（Red Hat Enterprise Linux）使用。CentOS 在 RHEL 基础上修正了不少已知漏洞，相对于其他 Linux 发行版，CentOS 是一个稳定、可预测、可管理的免费企业级计算平台，得到很多中小型企业的欢迎。

2. CentOS 7 镜像文件及其版本

学习 Linux 操作系统首先需要搭建 Linux 的运行环境，这就需要获得对应操作系统的安装光盘或光盘镜像文件。CentOS 系统的镜像文件可以在 CentOS 官网（www.centos.org）上下载，也可以通过访问国内相关开源镜像站点，如网易开源镜像站 mirrors.163.com、阿里云官方开源镜像站 developer.aliyun.com 下载，一般来说，国内的镜像网站访问速度快于 CentOS 官方网站。

在 CentOS 相关镜像网站上一般均提供了 6 种满足不同用途的 CentOS 7 镜像文件下载，包括 DVD、Everything、Minimal、LiveGNOME、LiveKDE、NetInstall，其中一般情况下推荐下载 DVD 版，如图 1-5 所示。

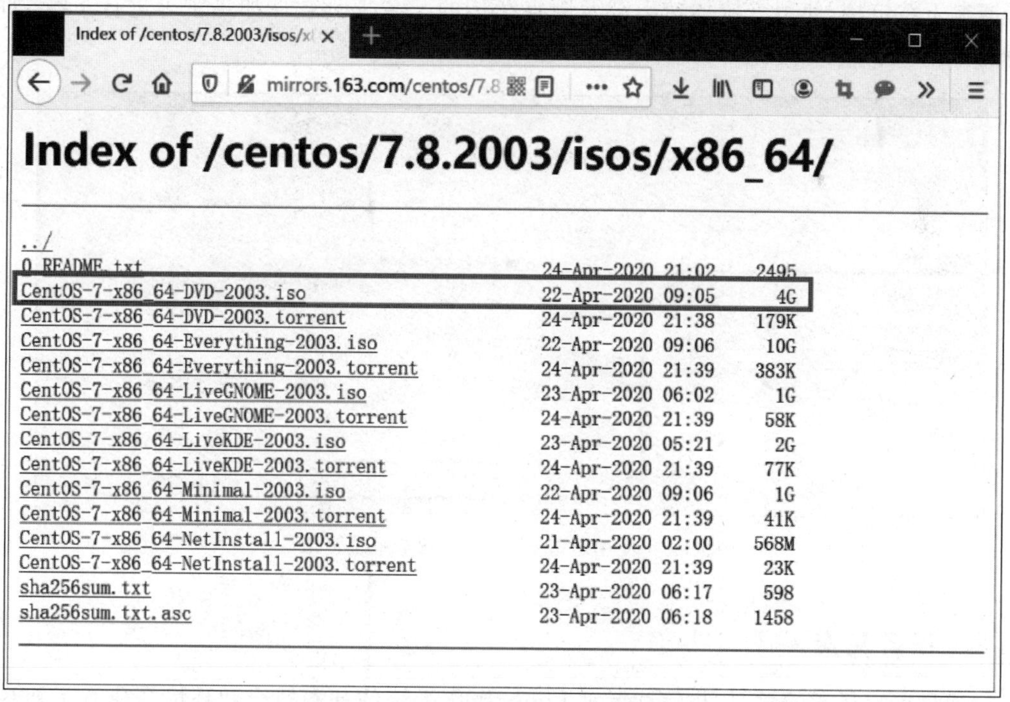

图 1-5　CentOS 7 镜像文件下载界面

从图 1-5 可以看出，CentOS 7 系统的镜像文件名一般为 CentOS-7-x86_64-abcd-xxxx.iso，相关组成部分分别对应 CentOS 系统名称、版本号(7)、硬件架构(x86_64)、用途说明(abcd)、年月信息(xxxx)、文件类型(iso)。以下对6种不同的CentOS系统的ISO镜像文件用途进行简要说明。

(1) CentOS 7 的每一种 ISO 镜像文件都可以用于引导、安装及修复 CentOS 系统，除了 NetInstall 版本外，相关镜像都包含安装文件。

(2) 从镜像文件包含的软件数量上看：Everything＞DVD＞Minimal。多数情况下用户选择下载 DVD 版就可以满足要求。

(3) 如果已安装好的 CentOS 系统需要额外软件，又无法联网时，此时就需要挂载 Everything 版的镜像。

(4) 如果用户只需要安装最精简的 CentOS 系统，不需要安装添加的额外软件，可以选择下载 Minimal 版本。

(5) LiveGNOME、LiveKDE 用于体验 CentOS，可以不安装直接加载启动进入系统，它们的区别在于包含不同的图形桌面环境。

(6) NetInstall 镜像文件用于从网络安装 CentOS 系统，需指定网络上的安装文件。

3. 下载 CentOS 7 系统镜像文件

在确定需要下载的 CentOS 7 系统镜像文件后，可以通过相关下载网站链接下载文件，考虑到镜像文件一般较大(CentOS 7 标准版的 DVD 文件大小约 4GB)，因此也可以选择复制下载链接，使用支持加速下载及断点续传的下载工具软件如迅雷等进行下载，如图 1-6 所示。

图 1-6 使用迅雷下载 CentOS 7 系统镜像

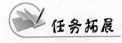

通过本次任务的学习，相信读者对 Linux 操作系统的基本概念和环境搭建有了初步认识，读者可以访问网络各知名的 Linux 及开源学习站点，了解国内外 Linux 及开源软件发展应用前沿动态，如中国 Linux 公社 https://www.linuxfans.org/、http://www.linuxsir.org 等。

任务 1.2　安装 Linux 操作系统

（1）理解 VMware 虚拟机软件基本功能。
（2）掌握 VMware 中虚拟机系统的创建方法。
（3）掌握 CentOS 7 操作系统安装及启动方法。

为了学习 Linux 操作系统的使用，需要部署一个可以运行 Linux 操作系统的环境，利用 VMware Workstation 虚拟机软件，可以快速搭建属于自己的 Linux 操作系统学习环境，本节介绍 VMware 虚拟机使用以及在虚拟机中安装 Linux 操作系统的方法。

1.2.1　VMware Workstation 虚拟机软件

VMware Workstation Pro 是一款功能强大的桌面虚拟化计算机软件。VMware Workstation Pro 软件能将多个操作系统作为虚拟机（VM）在单台 Linux 或 Windows PC 上运行，该软件可以为相关设备、平台或云环境构建、测试或演示软件的 IT 专业人员、开发人员和企业提供操作系统环境支持。

VMware 软件允许操作系统和应用程序在一台虚拟机内部运行，通过该软件，用户可以在一台 PC 中同时运行不同的操作系统，学习这些不同操作系统使用方法，进而开展基于这些操作系统的应用程序的开发、测试和部署。可以在软件中加载多台虚拟机，每台虚拟机都可以运行自己的操作系统和应用程序。同时也可以在运行于桌面上的多台虚拟机之间切换，并通过一个网络共享虚拟机，挂起和恢复虚拟机以及退出虚拟机，这一切不会影响主机操作系统或者其他正在运行的应用程序的使用。

1.2.2　下载及安装 VMware Workstation 软件

VMwareWorkstation 软件是由世界知名的虚拟化和云计算领域商业公司 VMware（威睿）发行的商业软件，在该公司官方网站（https://www.vmware.com）可以下载该软件的试用版，如图 1-7 所示。

下载程序包后双击安装程序包文件，根据安装向导提示即可完成 VMware Workstation 软件的安装，如图 1-8 所示。

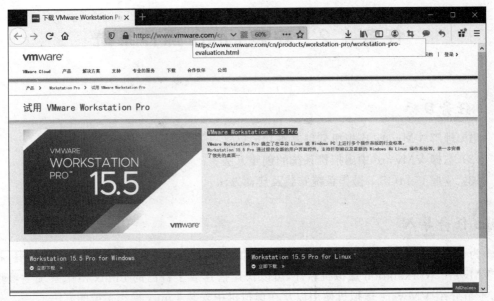

图 1-7 VMware Workstation 软件下载

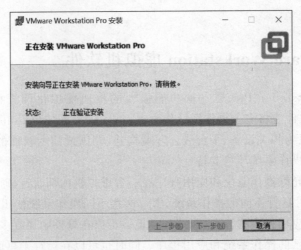

图 1-8 安装 VMware Workstation 软件

1.2.3 Linux 操作系统安装方法

  Linux 操作系统的安装和 Windows 系统一样,需要准备好系统安装文件,在 Linux 虚拟机系统的安装中,可以通过网络下载的系统 ISO 镜像文件完成安装。安装过程需要在虚拟机的光驱中载入 Linux 操作系统 ISO 镜像文件。开启安装过程后,需要设置安装过程语言(如设置为简体中文)以及系统安装位置(磁盘分区),一般默认选择自动分区,同时可以选择系统软件安装类型(如默认最小化安装)。安装过程还需要设置 Linux 系统的超级用户 root 用户的密码,安装结束后重启系统将进入系统的登录界面。

1.2.4 安装 CentOS 7 虚拟机系统

在安装好 VMware 虚拟机软件,并下载 CentOS 7 系统 ISO 镜像文件后,就可以在 VMware 中安装 CentOS 7 操作系统,从而搭建出课程的 Linux 学习环境。

1. 在 VMware 软件中新建一台虚拟机

1)运行 VMware Workstation 软件

在桌面系统(本书假定计算机上安装了 Windows 10 桌面系统)中,双击运行 VMware Workstation Pro 软件,如图 1-9 所示。

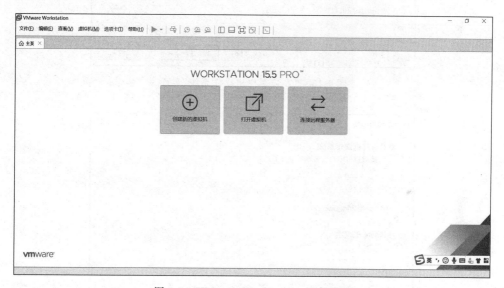

图 1-9 VMware Workstation 运行界面

2)新建一台 Linux 虚拟机

在该软件中新建一台虚拟机,在新建虚拟机向导中选择"稍后安装操作系统"单选按钮,如图 1-10 所示。

3)选择客户机操作系统

在"选择客户机操作系统"界面中选择本次需要安装的 Linux 中的 CentOS 7 64 位操作系统,如图 1-11 所示。

4)指定虚拟机名称、存储位置及磁盘容量

在下一步操作中可以修改新建虚拟机的名称及存储位置,本次操作中保持默认设置。单击"下一步"按钮。在下一步指定虚拟机磁盘容量的操作中,可以根据需要指定虚拟机的磁盘容量,默认硬盘容量 20GB,在本次 CentOS 7 系统安装中改为 30GB,如图 1-12 所示。

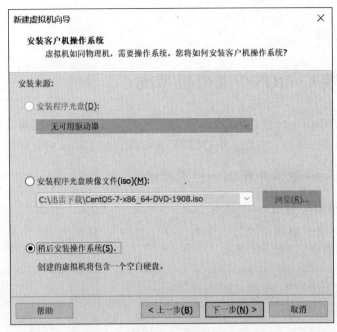

图 1-10 "安装客户机操作系统"界面

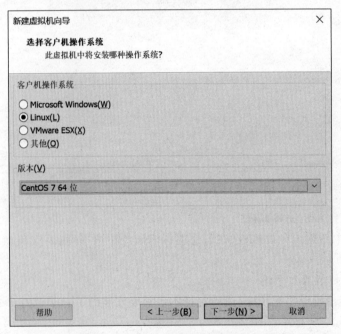

图 1-11 "选择客户机操作系统"界面

5)完成新的虚拟计算机创建

最后根据向导完成本次新虚拟计算机的创建,如图 1-13 所示。虚拟机创建结束,可以根据需要对虚拟机的硬件配置进行修改,以更好地满足虚拟机操作系统的安装和运行要求。

项目 1　搭建 Linux 系统环境

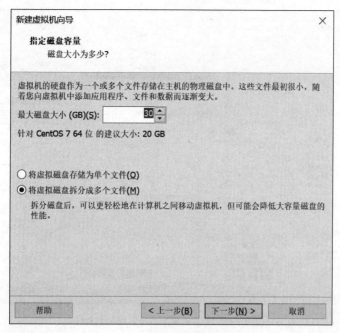

图 1-12　"指定磁盘容量"界面

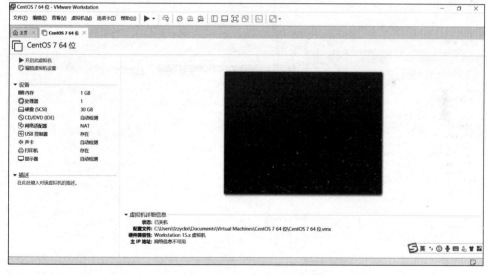

图 1-13　创建一台新的虚拟计算机

2．在虚拟机中安装 CentOS 7 系统

1）载入 CentOS 7 系统 ISO 镜像文件

在虚拟机关机状态下双击虚拟机设备中的 CD/DVD 光驱，在出现的"虚拟机设置"界面中选择"使用 ISO 镜像文件"单选按钮，单击"浏览"按钮选择系统中已下载的用于本次虚拟机安装的 CentOS-7-x86_64-DVD-1908.iso 镜像文件，如图 1-14 所示。

13

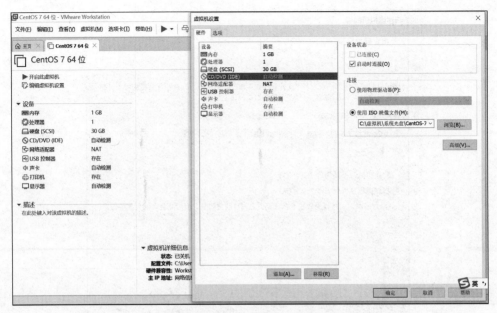

图 1-14　选择系统安装 ISO 镜像文件

此时，可以继续单击"设备"栏中的"内存"选项，将系统内存从 1GB 修改为 2GB，如图 1-15 所示。

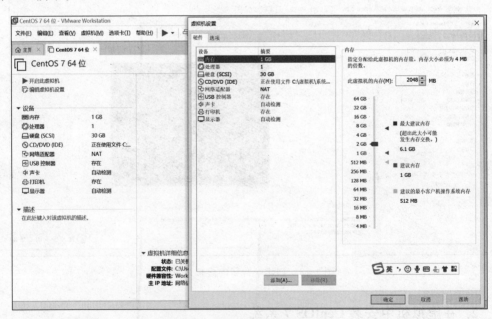

图 1-15　设置虚拟计算机的内存

2）启动虚拟机并开启安装进程

单击虚拟机窗口中的"开启虚拟机"按钮，开始虚拟机系统安装进程。虚拟机系统的安装不同于真实计算机系统的安装，在完成系统硬件自检后，将进入本次 CentOS 7 系统的安装界面,在虚拟机系统界面中单击,使用光标上移键选择安装界面中的 Install CentOS 7 安装项,如图 1-16 所示。

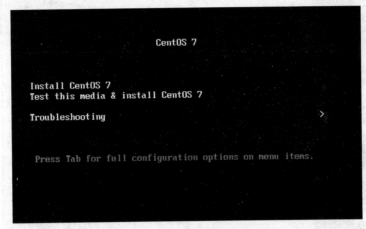

图 1-16　CentOS 7 操作系统安装界面

3)选择 CentOS 7 系统安装使用的语言

在 Install CentOS 7 选项按 Enter 键后,将进入系统安装的语言选择界面,可以根据需要选择本次安装过程所使用的语言,这里选择"简体中文(中国)"选项,如图 1-17 所示。

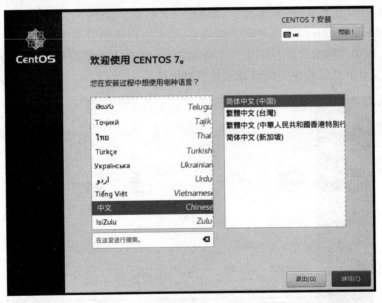

图 1-17　选择安装过程所使用的语言

4)选择虚拟机系统安装位置

单击"继续"按钮进行虚拟机系统的安装位置及安装源等的设置。单击"安装位置",选择"自动分区(默认)",单击"完成"后返回,即可单击"开始安装"按钮完成系统软件的安装,如图 1-18 所示。本次安装中默认进行 CentOS 7 系统的最小化安装,即不安装 CentOS 7 的图形桌面软件包。

图 1-18　设置系统安装位置为自动分区

5) 完成系统用户设置和安装配置

在 CentOS 7 系统的安装过程中,系统要求进行 CentOS 7 系统的用户设置,包括 root 用户密码设置及创建普通用户,如图 1-19 所示。单击"ROOT 密码"选项,设置 Linux 的超级用户 root 用户的密码。建议将 root 用户密码设置为能记得住的复杂密码(包含字母、数字和特殊字符且不少于 8 个字符)。同时还可以在本步骤中为系统创建一个普通用户,用于登录系统完成常规系统管理操作。

图 1-19　CentOS 7 系统的用户设置

CentOS 系统安装后,还有一些配置需要完成,才能登录使用。单击"完成配置"按钮将进入系统的后续配置,如图 1-20 所示。

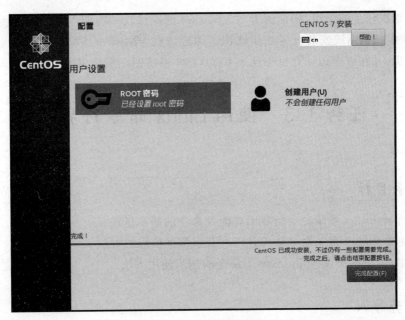

图 1-20　完成用户设置

6) 重启 Linux 虚拟机系统

系统配置结束后,可以单击"重启"按钮重新启动虚拟机,虚拟机系统将在重新启动后进行第一次启动,如图 1-21 所示。

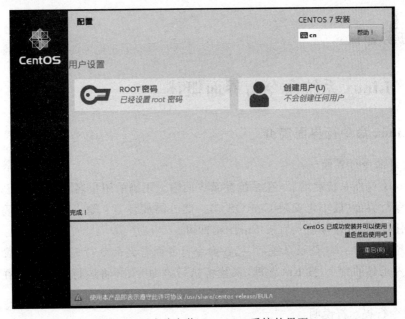

图 1-21　成功安装 CentOS 7 系统的界面

 **任务拓展**

通过本次任务的学习,相信读者对 VMware 虚拟机软件功能以及学习本课所需要的 CentOS 7 虚拟机系统安装有了初步认识。课后请在 VMware 虚拟机软件中新建 Linux 虚拟计算机,并在该虚拟计算机中完成 CentOS 7 系统的图形化界面安装和启动。

任务 1.3 使用 Linux 命令行界面

 **任务目标**

(1) 理解 Linux 系统命令行界面功能及命令的基本格式。
(2) 掌握 Linux 系统命令输入技巧和获取帮助信息的方法。
(3) 掌握 who、date、shutdown 等命令的初步使用方法。

 **任务导入**

在上一任务中,已经完成了 VMware Workstation 软件和 CentOS 7 系统的安装。Linux 操作系统主要使用命令完成各项系统管理操作,这种命令操作方式相对于 Windows 系统图形界面的操作有较大的不同,也更有挑战性。为了尽快熟悉 Linux 系统的操作方法,本任务介绍 Linux 命令行界面的登录和使用方法。

任务知识

1.3.1 Linux 系统命令行界面概述

1. Linux 命令行界面简介

1) 登录命令行界面

在 Linux 操作系统启动后,在系统登录界面输入正确的用户名和登录密码,将登录到系统的命令行界面(最小化安装 CentOS 7)。此处需要注意:输入的登录密码在界面上将不会有任何提示,直接输入后按 Enter 键即可。

使用超级用户 root 登录系统后,将在命令行界面看到命令行提示符。在命令行提示符#后输入正确的命令,按 Enter 键,系统将执行该命令,并将运行结果显示在系统界面上,如图 1-22 所示。

2) 命令行提示符说明

下面对命令行界面中相关符号进行简要说明。

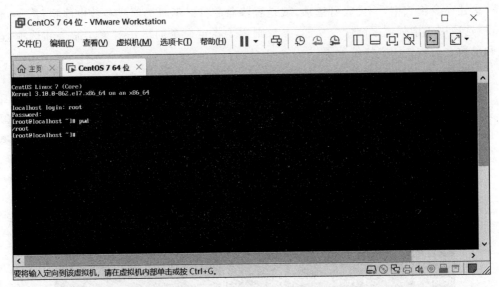

图 1-22　Linux 操作系统的命令行界面

```
[root@localhost~]#ls -l
总用量 4
-rw-------. 1 root root 1257 3月    3 19:41 anaconda-ks.cfg
```

[ ]：表示提示符分隔符号，没有特殊含义。

root：显示的是当前的登录用户，当前是使用 root 用户账号登录。

@：表示分隔符号，没有特殊含义。

localhost：当前系统的简写主机名。

~：代表用户当前所在的目录，此处为超级用户 root 的家目录/root。

♯：命令提示符，Linux 用这个符号标识登录的用户权限等级。如果是超级用户，提示符就是♯；如果是普通用户，提示符就是$。

2．超级用户和普通用户

超级用户 root 具有管理系统的所有权限；普通用户的权限比较少，只能进行基本的系统信息查看等操作，无法更改系统配置和管理服务。

不论是超级用户还是普通用户，登录系统后，要有一个初始登录位置，这个初始登录位置就称为用户的家目录。一般而言，超级用户 root 的家目录是/root，普通用户的家目录是"/home/用户名"。例如，用户 chkx 的家目录是/home/chkx。

3．Linux 命令基本格式

在 Linux 操作系统中，主要通过执行命令完成系统的操作，一条 Linux 命令的基本格式如下。

```
命令名 [选项] [参数]
```

上述命令格式中，[ ]代表可选项，就是有些命令可以不写选项或参数也能执行。一般来说，选项用于增强或限制命令功能，参数则用于指定命令的操作对象。命令和选项、选项和参数之前需要用空格符分隔。

以下用 Linux 中最常见的 ls 命令来解释一下命令的格式。ls 命令用于显示指定目录下的文件及子目录信息，ls 命令不加选项和参数也可以直接执行，此时显示当前目录下的文件及子目录名称，ls 命令加上-l 选项，则显示当前目录下文件及子目录的详细信息，在 ls -l 命令后加上路径名/boot，则将显示/boot 目录中文件及子目录的所有文件的详细信息，如图 1-23 所示。

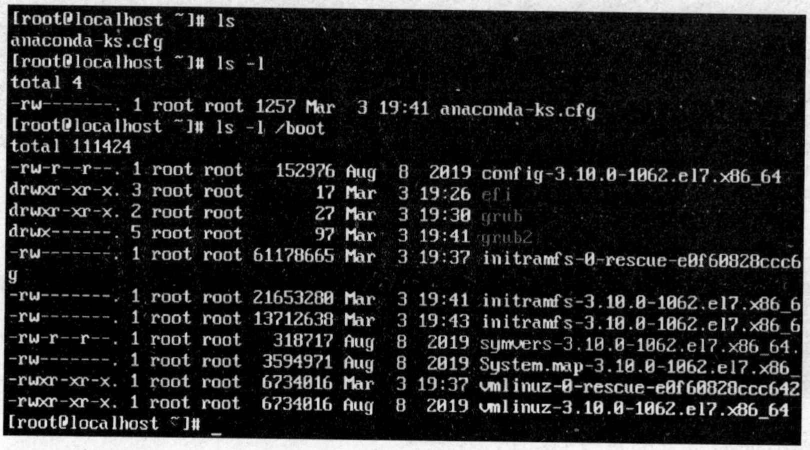

图 1-23　Linux 命令格式示例

1.3.2　Linux 命令的执行技巧

1. 命令快速补齐

在输入一条 Linux 命令时，命令名以及参数中的文件名可以使用补全键 Tab，即在输入命令名和文件名一部分后，按 Tab 键，此时如果输入的部分可以唯一识别一条命令或者文件，则系统会自动补齐命令中的未输入部分。例如，输入 history 命令时，只要输入 his 后按 Tab 键，此时系统自动把命令补齐为 history，实现命令的快速输入。

2. 终止命令执行

在一条 Linux 命令执行过程中，如果需要临时终止该命令的执行，可以按 Ctrl+C 组合键，此时命令将强行终止执行，如图 1-24 显示的是终止 ping 命令运行。也可以在一条命令执行时，按 Ctrl+Z 组合键，则该命令的执行将挂起，即不终止命令运行，而将命令切换到后台运行状态。

3. 使用 history 命令

Linux 系统对于用户过去输入的命令，其 Shell 程序会将命令保存在用户主文件夹内

```
[root@localhost ~]# ping 127.0.0.1
PING 127.0.0.1 (127.0.0.1) 56(84) bytes of data.
64 bytes from 127.0.0.1: icmp_seq=1 ttl=64 time=0.060 ms
64 bytes from 127.0.0.1: icmp_seq=2 ttl=64 time=0.067 ms
64 bytes from 127.0.0.1: icmp_seq=3 ttl=64 time=0.066 ms
64 bytes from 127.0.0.1: icmp_seq=4 ttl=64 time=0.069 ms
64 bytes from 127.0.0.1: icmp_seq=5 ttl=64 time=0.068 ms
64 bytes from 127.0.0.1: icmp_seq=6 ttl=64 time=1.14 ms
^C
--- 127.0.0.1 ping statistics ---
6 packets transmitted, 6 received, 0% packet loss, time 5004ms
rtt min/avg/max/mdev = 0.060/0.246/1.149/0.403 ms
[root@localhost ~]#
```

图 1-24 按 Ctrl+C 组合键终止 ping 命令

的.bash_history 文件中,默认保存的命令数量可达 1000 个。这些命令及其编号通过 history 命令,可以在 Linux 命令行界面中列出。在界面中使用光标上移键也可以把过去输入的命令重新调出,按 Enter 键则再次运行。同时还可以通过使用 ! 命令编号再次执行指定编号的命令。例如,!n 表示执行第 n 条命令,!command 从最近执行的命令中查找以 command 开头的命令执行,而!! 表示执行上一条命令。

```
    300  uname - i
    301  uname - o
    302  ls
    303  ls - l
    304  history                    //执行 history 命令
#!303                               //运行编号 303 的命令
ls - l
总用量 4
- rw-------. 1 root root 1257 3月   3 19:41 anaconda - ks.cfg
#!uname                             //运行最近运行的 uname 命令
uname - o
GNU/Linux
#!!                                 //运行上一条命令
uname - o
GNU/Linux
```

4. 获取命令帮助信息

1) man 命令——查看命令手册

Linux 系统的所有操作都可以通过命令来完成,Linux 系统有多达数百条命令,常用的命令也有近 100 条。作为初学者,不可能记住所有命令的选项和参数,为此 Linux 提供了一个用于查看命令操作手册的命令——man 命令。man 是 manual 的缩写,man 命令后面加上命令名称,就可以查看该命令的使用手册,从而了解命令的使用方法。

(1) 语法格式

```
man [选项] [命令名称]
```

（2）选项说明

选项说明如表 1-1 所示。

表 1-1 man 命令选项说明

选项	说明
-a	寻找所有匹配的手册页
-f	只显示命令的功能而不显示详细说明文件
-w	只输出手册页的物理位置

（3）命令实例

在命令行提示符下输入：man ls，将进入如图 1-25 所示的 ls 命令帮助界面，按 q 键退出该命令帮助界面。

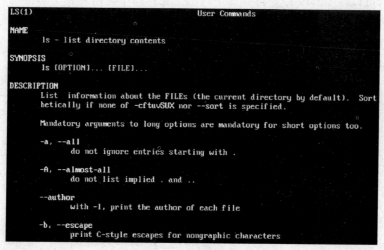

图 1-25 ls 命令帮助界面

2) help 命令——帮助命令

Linux 系统中，Shell 命令包括内部命令和外部命令，使用 man 命令可以获取命令的帮助信息。如果只需要获取 Linux 内部命令的帮助信息，也可以使用 help 命令。

（1）语法格式

help 内置命令

（2）命令实例

```
# help pwd                //获取 pwd 命令的帮助信息
pwd: pwd [-LP]
    打印当前工作目录的名字。
    选项：
      -L     打印 $PWD 变量的值，如果它命名了当前的工作目录
      -P     打印当前的物理路径，不带有任何符号链接
    ...
```

3) --help 选项

绝大多数 Shell 命令都可以使用--help 选项来查看其帮助信息，这种方法非常简单，输出的帮助信息基本上是 man 命令的信息简要版。例如：

```
#uname – help                    //获取 uname 命令的帮助信息
用法：uname [选项]...
输出一组系统信息。如果不跟随选项，则视为只附加 – s 选项。
 – a, – – all                    //输出所有信息
 – s, – – kernel – name          //输出内核名称
 – n, – – nodename               //输出网络节点上的主机名
...
```

1.3.3　Linux 基本命令简介

1. 查看 Linux 系统版本信息

在 Linux 操作系统安装后，可以在系统中使用 uname 命令查看 Linux 的版本信息，显示计算机以及操作系统的相关信息。

1) 语法格式

```
uname [选项]
```

2) 选项说明

uname 命令的选项说明如表 1-2 所示。

表 1-2　uname 命令选项说明

选项	说明	选项	说明
-a	显示系统所有相关信息	-s	显示系统内核名称
-m	显示计算机硬件架构	-p	显示主机处理器类型
-n	显示系统主机名称	-o	显示操作系统名称
-r	显示系统内核版本号	-i	显示硬件平台信息

3) 命令实例

```
#uname – a                       //显示系统所有相关信息
Linux localhost.localdomain 3.10.0 – 1062.el7.x86_64 #1 SMP Wed Aug 7 18:08:02 UTC 2019
x86_64 x86_64 x86_64 GNU/Linux
#uname – n                       //显示系统主机名称
localhost.localdomain
#uname – r                       //显示系统内核版本号
3.10.0 – 1062.el7.x86_64
```

2. 查询登录用户信息 who

1）语法格式

who [选项] [参数]

2）选项说明

who 命令的选项说明如表 1-3 所示。

表 1-3　who 命令选项说明

选项	说明	选项	说明
-b	上次系统启动时间	-r	显示当前的运行级别
-H	输出头部的标题列	-w	显示用户的信息状态栏
-q	显示系统用户登录名和总人数		

3）命令实例

```
#who                          //输出当前登录系统用户信息
root     tty1      2020-03-09 08:58
root     pts/0     2020-03-09 08:34 (192.168.200.1)
#who -q                       //显示用户名和登录人数
root root
#用户数 = 2
```

3. 查询及设置日期时间 date

1）语法格式

date [选项] [参数]

2）选项说明

date 命令的选项说明如表 1-4 所示。

表 1-4　date 命令选项说明

选项	说明
-d <字符串>	显示字符串所指的日期与时间
-s <字符串>	根据字符串来设置日期与时间
-u	显示 UTC 时间
%s	从 1970 年 1 月 1 日 00:00:00 UTC 到目前为止的秒数
%d	显示日期中的日（01～31）
%m	显示日期中的月份（01～12）
%y	显示日期中的年份（最后两位数字 00～99）

续表

选　　项	说　　明
%Y	显示日期中的完整年份(0000～9999)
%H	显示时间中的小时(00～23)
%M	显示时间中的分钟(00～59)

3) 命令实例

```
#date                                        //显示系统 CST 时间
2020 年 03 月 05 日 星期一 10:33:14 CST
#date -s "2020-3-9 10:35"                    //设置系统日期和时间值
2020 年 03 月 05 日 星期一 10:35:00 CST
#date +"%Y-%m-%d"                            //按指定格式显示日期时间
2020-03-05
```

4. 查询内存使用情况 free

1) 语法格式

```
free [选项]
```

2) 选项说明

free 命令的选项说明如表 1-5 所示。

表 1-5　free 命令选项说明

选　　项	说　　明
-b	以 Byte 为单位显示内存使用情况
-k	以 KB 为单位显示内存使用情况,默认选项
-m	以 MB 为单位显示内存使用情况
-h	以合适的单位显示内存使用情况

3) 命令实例

```
#free -h                                      //以可读方式显示内存信息
        total      used      free     shared   buff/cache   available
Mem:    1.8G       173M      1.5G     9.5M     155M         1.5G
Swap:   2.0G       0B        2.0G
```

5. 显示日历信息 cal

1) 语法格式

```
cal [选项] [[[日] 月] 年]
```

2）选项说明

cal 命令的选项说明如表 1-6 所示。

表 1-6 cal 命令选项说明

选 项	说 明	选 项	说 明
-1 或 --one	只显示当前月份（默认）	-m 或 --monday	周一作为一周第一天
-3 或 --three	显示上个月、当月和下个月	-y 或 --year	输出整年日历信息
-s 或 --sunday	周日作为一周第一天		

3）命令实例

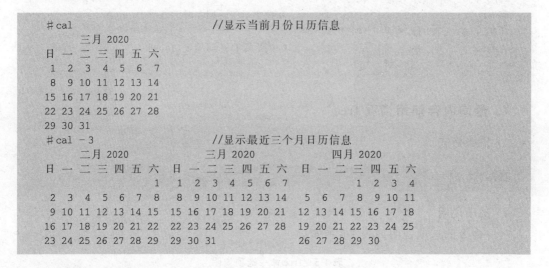

6. 关闭和重启系统 shutdown

1）语法格式

shutdown [-t seconds] [选项] time [message]

2）选项说明

shutdown 命令的选项说明如表 1-7 所示。

表 1-7 shutdown 命令选项说明

选 项	说 明
-t seconds	设定在几秒后进行关机程序
-k	将警告信息传送给所有使用者
-r	关机后重新开机
-h	关机后停机
-n	用强制方式杀掉系统程序后关机
-c	取消目前已经进行中的关机动作
time	设定关机的时间
message	传送给所有用户的警告信息

3) 命令实例

```
# shutdown                    //默认 1 分钟后关闭系统
Broadcast message from root@localhost.localdomain (Mon 2020-03-09 11:02:46 CST):
The system is going down for power-off at Mon 2020-03-09 11:03:46 CST!
# shutdown -c                 //取消关闭系统
Broadcast message from root@localhost.localdomain (Mon 2020-03-09 11:02:55 CST):
…
```

注意：作为一个普通用户是不能够随便关闭系统的，因为虽然你用完了机器，可是这时系统中可能还有其他用户正在使用系统。因此，关闭系统或者重新启动系统的操作只有管理员才有权执行。

1.3.4 使用 Linux 系统基本命令

1. 观察 Linux 系统命令行界面

（1）打开 VMware Workstation 软件，启动 CentOS 7 虚拟机系统。
（2）在系统登录界面输入 root 用户名和登录口令登录系统。
（3）观察登录到系统命令行界面后的显示信息，如图 1-26 所示。

图 1-26 CentOS 7 系统登录界面

2. 查看系统版本及用户信息

（1）使用 uname 命令。

```
# uname -a                    //显示系统所有信息
Linux localhost.localdomain 3.10.0-1062.el7.x86_64 #1 SMP Wed Aug 7 18:08:02 UTC 2019 x86_64 x86_64 x86_64 GNU/Linux
# uname -s                    //显示操作系统名称信息
Linux
# uname -r                    //显示操作系统内核版本信息
3.10.0-1062.el7.x86_64
```

（2）使用 who 命令。

```
#who                    //显示系统登录用户信息
root      tty1          2020-03-09 11:17
root      pts/1         2020-03-09 11:02 (192.168.200.1)
root      pts/2         2020-03-09 11:02 (192.168.200.1)
#whoami                 //显示当前登录用户名称
root
#who -r
运行级别 3 2020-03-09   11:02
```

3. 使用 date 命令查看并设置日期

（1）使用 date 命令查看系统日期时间。

```
#date                              //查看系统 CST 日期
2020 年 03 月 05 日 星期一 11:27:52 CST
#date -u                           //查看系统 UTC 日期
2020 年 03 月 05 日 星期一 03:27:57 UTC
#date +%s                          //从 1970-1-1 00:00:00 到现在的秒数
1583378890
```

（2）使用 date 命令设置系统日期时间。

```
#date -s "2020-1-1"                //将日期设置为 2020-1-1
2020 年 01 月 01 日 星期三 00:00:00 CST
#date
2020 年 01 月 01 日 星期三 10:30:04 CST
#date -s "2020-3-5 11:00"          //一次设置日期时间
2020 年 03 月 05 日 星期四 11:00:00 CST
#date +"%Y-%m-%d %H:%M"            //按指定格式显示日期时间
2020-03-05 11:00
```

4. 使用 history 命令查看历史

```
  319  clear
  320  history                     //显示命令历史
#history 5                         //显示过去执行的 5 条命令
  317  date -s "2020-3-5 11:00"
  318  date
  319  clear
  320  history
  321  history 5
#!318                              //执行历史编号 318 的命令
date
2020 年 03 月 05 日 星期四 11:36:27 CST
```

5. 使用 shutdown 重启系统

(1) 了解 shutdown 命令功能及使用方法。

```
# shutdown --help                    //获取 shutdown 命令的帮助信息
shutdown [OPTIONS...] [TIME] [WALL...]
Shut down the system.
  --help               Show this help
  -H --halt            Halt the machine
  -P --poweroff        Power-off the machine
  -r --reboot          Reboot the machine
  -h                   Equivalent to --poweroff, overridden by --halt
...
```

(2) 使用 shutdown 命令在 10 分钟后重启系统。

```
# shutdown -r +10 "System will reboot after 10 minutes"
Shutdown scheduled for → 2020-03-09 11:13:35 CST, use 'shutdown -c' to cancel.
                    # 提示 10 分钟后重启系统
Broadcast message from root@localhost.localdomain (Mon 2020-03-09 11:03:35 CST):
System will reboot after 10 minutes
The system is going down for reboot at Mon 2020-03-09 11:13:35 CST!
```

 任务拓展

通过本次任务的学习,相信读者对 CentOS 7 系统的启动和登录有了初步了解,对 Linux 命令行界面的使用方法也有了一定认识。课后请阅读 date 命令手册,尝试使用 date 命令,按照指定格式输出系统的日期和时间信息;查看 shutdown 命令帮助,使用 shutdown 命令设置 10 分钟后重启系统,重启系统前给所有登录系统的用户发布一条系统将在 10 分钟后重新启动的警告信息。

项目总结

本项目介绍了 Linux 操作系统基本知识,Linux 操作系统的基本概念、特点及应用,Linux 内核版本和发行版本的相关知识。通过项目的任务实践,读者可掌握搭建 Linux 操作系统环境的基本方法,并在个人计算机中使用 VMware 虚拟机软件完成 Linux 操作系统的安装、启动和登录,掌握 Linux 操作系统启动后命令行界面及一些基本操作命令的使用。

项目实训

1. 使用 VMware 虚拟机软件完成 CentOS 7 系统安装。
2. 登录 CentOS 7 系统,在字符界面完成基本命令练习。
3. 使用 Linux 的 man 命令等方式获取命令帮助信息。
4. 使用 Linux 系统 shutdown 命令控制系统定时关机。
5. 用简洁的文字描述学习本项目后你对 Linux 的认识。

项目 2　管理文件及文件系统

大学之道,在明明德,在亲民,在止于至善。

——《礼记·大学》

项目目标

【知识目标】
(1) 了解 Linux 文件系统功能及其类型。
(2) 了解 Linux 系统目录结构及其功能。
(3) 理解常见文件及目录操作命令功能。

【技能目标】
(1) 掌握常用目录操作命令的使用方法。
(2) 掌握常用文件操作命令的使用方法。
(3) 掌握硬盘文件系统创建的使用方法。

项目内容

任务 2.1　认识 Linux 系统文件系统
任务 2.2　文件及目录操作命令使用
任务 2.3　使用 Linux 硬盘文件系统

任务 2.1　认识 Linux 系统文件系统

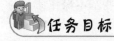

(1) 了解 Linux 文件系统的功能和类型。
(2) 理解 Linux 系统目录结构及其功能。
(3) 掌握文件及文件系统类型查看方法。

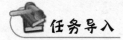

计算机系统中大部分数据是以文件的形式存放在系统的存储设备中的,Linux 文件系

统实现文件存储设备空间的组织和分配,它负责为用户建立、存取、修改文件,控制文件访问。为访问 Linux 操作系统中存储的文件数据,用户需要了解 Linux 文件系统结构及相关操作方法,下面介绍 Linux 文件系统的基本知识和使用方法。

2.1.1　Linux 文件系统概述

1. 文件系统简介

1) 文件系统的功能

文件系统是计算机操作系统在存储设备(常见的包括机械硬盘和固态硬盘等)上组织文件的方法,即操作系统中负责管理和存储文件信息的软件。从系统角度来看,文件系统用于对文件存储设备的空间进行组织和分配,负责文件存储并对存入的文件进行保护和检索。文件系统的目的是把大量数据有组织地放入持久性的存储设备(如硬盘)中。从用户的角度看,文件系统负责在用户需要时建立、存入、读取、修改、转储文件,控制对文件的访问,在不再使用时撤销文件。

不同的操作系统对系统中文件的组织及存取存在一定差异,操作系统对文件的组织及存取方式由其采用的文件系统格式决定,不同的操作系统支持的文件系统格式各不相同。在 Windows 操作系统中,其支持的文件系统格式包括 FAT16、FAT32、NTFS 等,其中 NTFS 文件系统是 Windows 操作系统中标准的文件系统。

2) 文件系统的工作过程

文件系统使用文件和目录方式代替硬盘等物理设备中数据块的概念。用户在存取数据时不必关心文件实际存储的数据块位置,只需记住这个文件所属目录和文件名,就可以对文件进行访问,如图 2-1 所示。写入数据时,用户也不必关心硬盘上哪个位置有空闲数据块,文件的硬盘存储空间管理由文件系统自动完成。操作系统的文件系统功能让用户

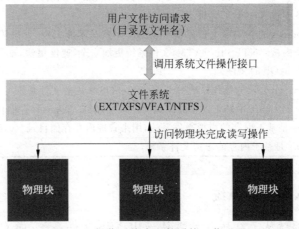

图 2-1　操作系统中文件系统工作过程

对系统中文件的访问、查找和存取更加容易和便捷。

2. Linux 支持的文件系统类型

Linux 和 Windows 系统一样，包含可以让用户快捷、方便、安全地访问系统中文件和数据的功能强大的文件系统。Linux 支持的文件系统类型比较多，除默认支持的 Ext2、Ext3、Ext4、XFS 文件系统之外，还支持 FAT16、FAT32、NTFS（需要重新编译内核）等 Windows 文件系统，即 Linux 操作系统可以通过挂载的方式使用 Windows 文件系统中的数据。常见的 Linux 支持的文件系统类型及其功能说明如表 2-1 所示。

表 2-1 Linux 支持的文件系统类型及其功能说明

文件系统	功能说明
Ext	Ext 是 Linux 中最早的文件系统，由于在性能和兼容性上具有很多缺陷，现在已经很少使用
Ext2	Ext2 是 Ext 文件系统的升级版本，于 1993 年发布，支持最大 16TB 的分区和最大 2TB 的文件（1TB=1024GB=1024×1024KB）
Ext3	Ext3 是 Ext2 文件系统的升级版本，与其最大的区别是带日志功能，在系统突然停止时提高文件系统可靠性。支持最大 16TB 的分区和最大 2TB 的文件
Ext4	Ext4 是 Ext3 文件系统的升级版。Ext4 在性能、伸缩性和可靠性方面进行了大量改进。Ext4 向下兼容 Ext3，支持最大 1EB 的文件系统和 16TB 的文件，无限数量子目录，多块分配，延迟分配等，是 CentOS 6.3 默认文件系统
XFS	XFS 文件系统技术，由 SGI 公司设计，目前 CentOS 7 版本默认使用的就是此文件系统
swap	swap 是 Linux 中用于交换分区的文件系统，当内存不够用时，使用交换分区暂时代替内存。一般大小为内存的 2 倍，不超过 2GB，是 Linux 必需的分区
NFS	NFS 是 network file system（网络文件系统）的缩写，用来实现不同主机之间文件共享的一种网络服务，本地主机通过挂载方式使用远程共享资源
ISO 9660	ISO 9660 光盘的标准文件系统。Linux 要想使用光盘，必须支持 ISO 9660 文件系统
FAT	FAT 是 Windows 下的 FAT16 文件系统，在 Linux 中识别为 FAT
VFAT	就是 Windows 下的 FAT32 文件系统，在 Linux 中识别为 VFAT。支持最大 32GB 的分区和最大 4GB 的文件
NTFS	Windows 的 NTFS 文件系统在 Linux 中默认不能识别，如果需要识别，则需要重新编译内核。NTFS 比 FAT32 文件系统更加安全，速度更快，支持最大 2TB 的分区和最大 64GB 的文件
UFS	UFS Sun 公司的操作系统 Solaris 和 SunOS 采用的文件系统
proc	proc 是 Linux 中基于内存的虚拟文件系统，用来管理内存存储目录/proc
sysfs	sysfs 是基于内存的虚拟文件系统，用来管理内存存储目录/sysfs
tmpfs	tmpfs 是基于内存的虚拟文件系统

3. Ext4 及 XFS 文件系统

CentOS 操作系统从 7.0 版开始默认采用 XFS 文件系统，而 CentOS 6 默认使用

Ext4 文件系统,以下对这两个文件系统的功能进行简要介绍。

1) Ext4 文件系统

Ext4(fourth extended filesystem,第四代扩展文件系统)是 Linux 系统下的日志文件系统,是 Ext3 文件系统的后继版本。Ext4 和 Ext3 的最大区别在于,Ext3 在执行文件系统检查即 fsck 时需要耗费大量时间(文件越多,时间越长),而 Ext4 在 fsck 时用的时间比较少。Ext4 的文件系统容量可达 1EB,而最大文件大小可达 16TB。对一般的台式机和服务器而言可能并不重要,但对于大型磁盘阵列的用户,这点非常重要。Ext3 只支持 32000 个子目录,而 Ext4 取消了这一限制,理论上支持无限数量的子目录。

2) XFS 文件系统

XFS 是一种非常优秀的日志文件系统,它是 SGI 公司设计的。XFS 是一种高性能的日志文件系统,相对于 Ext4 文件系统,XFS 更擅长处理大文件,同时能提供快速的数据传输。CentOS 7 操作系统中默认采用 XFS 文件系统,XFS 具有以下特点。

(1) 数据完整性支持。若采用 XFS 文件系统,当意想不到的宕机发生后,由于文件系统开启了日志功能,所以系统磁盘上的文件不再会因为意外宕机而遭到破坏。

(2) 数据传输速度快。XFS 文件系统采用优化算法,日志记录对整体文件操作影响非常小。XFS 查询与分配存储空间非常快,XFS 文件系统能连续提供快速的反应时间。

(3) 系统可扩展性好。XFS 是一个全 64 位文件系统,它可以支持上百万 TB 的存储空间。XFS 使用 B+树的表结构,保证了文件系统可以快速搜索与快速空间分配。XFS 能够持续提供高速操作,文件系统性能不受目录中目录及文件数量的限制。

(4) 数据传输带宽高。XFS 能以接近硬件设备 I/O 的性能存储数据。在单个文件系统测试中,其吞吐量最高可达 7GB/s,对单个文件读写操作,其吞吐量可达 4GB/s。

4. 查看系统文件系统类型

在 Linux 系统中,可以用 findmnt 命令了解当前系统加载的文件系统类型。

1) 语法格式

```
findmnt [选项] 或 findmnt [选项] <设备> | <挂载点>
```

2) 选项说明

findmnt 命令的选项说明如表 2-2 所示。

表 2-2 findmnt 命令选项说明

选 项	功 能 说 明
-D 或--df	模仿 df 命令输出文件系统挂载信息
-l 或--list	以列表形式输出文件系统信息
--fstab	输出在/etc/fstab 中包含的文件系统信息
-t	指定命令输出的文件系统类型

3）命令实例

```
#findmnt /                              //查看挂载于根目录/的文件系统类型
```

命令运行结果如图 2-2 所示。

```
[root@localhost ~]# df -h
Filesystem               Size  Used Avail Use% Mounted on
devtmpfs                 898M     0  898M   0% /dev
tmpfs                    910M     0  910M   0% /dev/shm
tmpfs                    910M  9.6M  901M   2% /run
tmpfs                    910M     0  910M   0% /sys/fs/cgroup
/dev/mapper/centos-root   27G  1.4G   26G   6% /
/dev/sda1               1014M  150M  865M  15% /boot
tmpfs                    182M     0  182M   0% /run/user/0
[root@localhost ~]# findmnt /
TARGET SOURCE                  FSTYPE OPTIONS
/      /dev/mapper/centos-root xfs    rw,relatime,seclabel,attr2
```


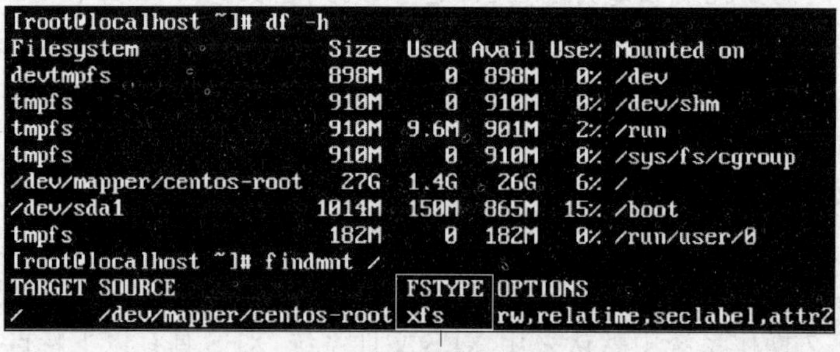

图 2-2　CentOS 7 文件系统及挂载参数

2.1.2　Linux 系统目录结构

对于每一个 Linux 学习者来说，了解 Linux 操作系统的目录结构，是学好 Linux 重要的一步。下面介绍 Linux 操作系统目录结构的相关知识。

1. 树状目录结构

Linux 系统的目录结构和 Windows 系统类似，也是树状结构，顶级的目录为根目录"/"，但是 Linux 文件系统中只有唯一的根目录"/"；而在 Windows 系统中，每个磁盘分区都有自己的根目录。同时，在 Linux 系统中使用正斜杠"/"来标识目录，而不是像 Windows 系统使用反斜杠"\"来标识目录。

Linux 系统中根目录"/"是系统最重要的一个目录，因为系统中所有的目录都是由根目录衍生出来，同时根目录也与系统的开机、还原、修复等操作密切相关。在计算机中安装好 Linux 操作系统后，系统会自动在"/"根目录下创建如图 2-3 所示的系统子目录。可以使用 ls -l /命令列出系统根目录/下的一级子目录。

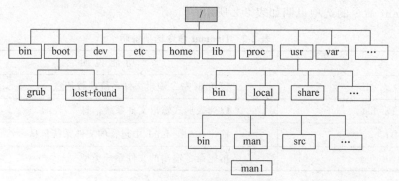

图 2-3　Linux 系统树状目录结构

2. 一级子目录

1) 一级子目录结构

一般情况下,在安装 Linux 操作系统后,其根目录"/"下会自动产生若干个一级子目录,相关一级子目录的名称及其说明如图 2-4 所示。

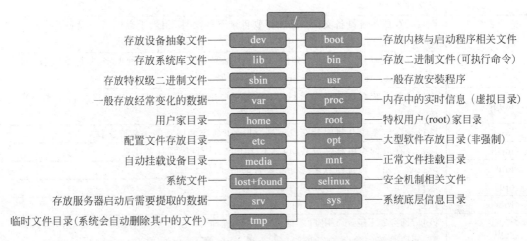

图 2-4　Linux 系统目录结构及用途

使用 ls -l / 命令可列出根目录下的所有子目录信息,如图 2-5 所示。

```
[root@localhost ~]# ls -l /
total 20
lrwxrwxrwx.   1 root root    7 Feb  1 00:34 bin -> usr/bin
dr-xr-xr-x.   5 root root 4096 Feb  1 01:03 boot
drwxr-xr-x.  20 root root 3300 Feb  2 23:02 dev
drwxr-xr-x.  75 root root 8192 Feb  1 01:03 etc
drwxr-xr-x.   2 root root    6 Apr 11  2018 home
lrwxrwxrwx.   1 root root    7 Feb  1 00:34 lib -> usr/lib
lrwxrwxrwx.   1 root root    9 Feb  1 00:34 lib64 -> usr/lib64
drwxr-xr-x.   2 root root    6 Apr 11  2018 media
drwxr-xr-x.   2 root root    6 Apr 11  2018 mnt
drwxr-xr-x.   3 root root   18 Feb  2 23:10 opt
dr-xr-xr-x. 117 root root    0 Feb  2 22:32 proc
dr-xr-x---.   2 root root  135 Feb  1 06:44 root
drwxr-xr-x.  24 root root  720 Feb  2 22:33 run
lrwxrwxrwx.   1 root root    8 Feb  1 00:34 sbin -> usr/sbin
drwxr-xr-x.   2 root root    6 Apr 11  2018 srv
dr-xr-xr-x.  13 root root    0 Feb  2 22:32 sys
drwxrwxrwt.  10 root root 4096 Feb  2 22:33 tmp
drwxr-xr-x.  13 root root  155 Feb  1 00:34 usr
drwxr-xr-x.  19 root root  267 Feb  1 01:03 var
[root@localhost ~]#
```

图 2-5　Linux 系统的一级子目录

2) 功能简介

一级子目录根据系统运行需要保存系统相关的文件,具体如表 2-3 所示。

表 2-3 Linux 系统一级子目录及其存放内容

目录名称	存放内容
/bin	该目录存放系统在单用户维护模式下能操作的系统命令文件,如 cat、chmod、chown、date、mv、mkdir、cp、bash 等
/boot	该目录主要存放系统启动用到的文件,包括 Linux 内核及开机菜单与开机所需的配置文件等
/dev	该目录存放系统设备文件,通过存取目录下的文件,相当于存取某个设备,如/dev/null、/dev/zero、/dev/tty、dev/hd＊、/dev/sd＊等
/etc	该目录存放系统主要配置文件,如用户账号密码文件、各种服务的起始文件,如/etc/fstab、/etc/inittab、/etc/init.d/等
/home	该目录是系统默认的用户家目录,新增一个用户账号时,默认的用户家目录都会存放到这里
/lib	该目录存放系统开机时及在/bin 或/sbin 中命令调用到的函数库文件
/media	该目录存放的是可移除设备,包括 CDROM、DVD 等都挂载于此
/mnt	该目录是用户暂时挂载某些额外设备的目录
/opt	该目录是第三方软件存放的目录
/root	该目录是系统管理员(root)的家目录
/sbin	该目录存放只有 root 用户才能使用的系统命令,包括系统启动中需要的、开机、修复、还原系统的命令,如 fdisk、fsck、init、mkfs 等
/var	该目录存放系统动态变化的文件,如日志文件、用户邮件及一些服务运行所需要访问的文件
/tmp	该目录是让普通用户或者正在执行的程序暂时存放文件的地方,这个目录是任何用户都能够存取的,需要用户定期清理
/lost＋found	该目录用于当文件系统发生错误时,存放一些丢失的文件片段
/proc	该目录本身是一个虚拟文件系统,存放内存中的文件,如系统内核、进程信息、设备及网络状态等
/sys	该目录类似于/proc 目录,也是一个虚拟文件系统,主要是记录与核心相关的信息,包括已载入的核心模块与核心检测到的硬件设备信息等
/usr	该目录存放用户相关的程序和库文件,例如,/usr/bin 存放用户命令文件,/usr/lib 存放应用函数库文件,/usr/sbin 存放系统非常规操作命令,/usr/share 存放系统共享文件等
/var	该目录存放系统动态变化的文件,如日志文件/var/log、邮件文件/var/mail 及网页文件/var/www 等

3. 绝对路径和相对路径

在 Linux 系统中,文件的路径是指该文件在系统中的存放位置。只要告诉 Linux 系统某个文件存放的路径,系统就可以找到这个文件。指明一个文件存放的位置有两种方法,即绝对路径和相对路径。用户登录 Linux 系统后,可使用 cd 命令加路径名(相对路径或绝对路径)来完成目录切换。

1) 绝对路径

绝对路径由根目录"/"开始写起,例如,使用绝对路径方式指明系统日志文件

messages 文件所在的位置,该文件路径应写为/var/log/messages。

2) 相对路径

相对路径不是从根目录"/"开始写起,而是从当前所在的工作目录开始写起。使用相对路径表明某文件的存储位置时,经常会用到两个特殊目录,即当前目录(用.表示)和父目录(用..表示)。同样是指明文件 messages 所在的位置,如果当前工作目录是/var,则 messages 文件的相对路径是./log/messages;如果当前目录是/var/log,则其相对路径则为./messages;如果当前目录是/var/mail,则其相对路径为../log/messages。

由此可知,Linux 系统中绝对路径是相对于根路径"/",只要文件不移动位置,那么它的绝对路径固定不变;而相对路径是相对于当前所在目录,随着程序的执行,当前所在目录可能会改变,因此文件的相对路径会随之改变。

2.1.3 Linux 文件名和文件类型

1. Linux 中文件的命名

在 Linux 系统中,一切对象都是文件,既然是文件,就必须要有文件名。同 Windows 等其他操作系统相比,Linux 操作系统对文件或目录命名的要求相对比较宽松。在 Linux 系统中,文件和目录的命名规则如下。

1) 目录及文件名允许字符及长度

目录名或文件名的长度不能超过 255 个字符。需要指出的是,在目录名或文件名中,使用某些特殊字符并不是明智之举。例如,在命名时应避免使用<、>、?、* 和非打印字符等。

2) 目录名或文件名区分大小写

和 Windows 文件命名不一样,Linux 系统对文件及目录名大小写敏感。如 CHEN、Chen、chen 和 CHen ,是互不相同的目录名或文件名。

3) 文件扩展名一般没有特殊含义

与 Windows 系统不同,Linux 系统不以文件扩展名区分文件类型,例如,test.exe 是一个文件,其扩展名.exe 并不代表此文件就一定是可执行文件。

2. Linux 系统设备文件

在 Linux 系统中,系统中的硬件设备也是文件,也有对应的文件名称。Linux 系统内核中的设备管理器模块会自动对硬件设备的名称进行规范,以便让用户通过设备文件的名称,就可以大致猜到该设备的属性以及相关信息。表 2-4 列出 Linux 系统中常见的硬件设备文件名。

3. Linux 系统的文件类型

Linux 系统中的文件都有相应的类型,系统中文件的类型有普通文件、目录、字符设备文件、块设备文件、链接文件、管道文件、套接字文件等 7 种,具体如表 2-5 所示。

表 2-4　Linux 常见的硬件设备及文件名

硬件设备	设备文件名称
IDE 设备	/dev/hd[a-d]，目前 IDE 设备已较少见
SCSI/SATA/U 盘	/dev/sd[a-p]，一台主机可以有多块硬盘，因此系统采用 a~p 代表 16 块不同的硬盘
软驱	/dev/fd[0-1]
打印机	/dev/lp[0-15]
光驱	/dev/cdrom
鼠标	/dev/mouse
磁带机	/dev/st0 或 /dev/ht0

表 2-5　Linux 文件类型字符及对应的文件类型

文件类型字符	对应的文件类型
-	普通文件，包括纯文本文件、二进制文件、压缩文件等
d	目录，类似 Windows 系统中的文件夹
b	块设备文件，是保存以数据块方式访问数据的设备
c	字符设备文件，如键盘、鼠标等低速设备
p	管道文件，用于多个程序同时存取一个文件
l	链接文件，类似 Windows 系统中的快捷方式
s	套接字文件，通常用于网络数据连接

4. 新文件及其时间戳

在 Linux 系统中，可以使用 touch 命令来创建一个新文件或更新文件的时间戳。touch 命令在文件不存在时，将创建一个新的文件；若文件存在，则修改文件的时间戳。时间戳是指在类 UNIX 系统中代表时间的一个整数，其大小为自世界标准时间（UTC）1970 年 1 月 1 日 0 时 0 分 0 秒起经过的秒数。

1）语法格式

touch [选项] [-d<日期时间>] [-t<日期时间>] [文件或目录]

2）选项说明

touch 命令的选项说明如表 2-6 所示。

表 2-6　touch 命令选项说明

选项	功能说明
-a	改变文件的读取时间记录
-m	改变文件的修改时间记录
-d	设定时间与日期，可以使用各种不同的格式
-t	设定文件的时间记录，格式与 date 指令相同

3）命令实例

```
#touch  file01
```

注：若当前目录下没有 file01 文件，上述命令将创建 file01 文件；若已经存在 file01 文件，则将 file01 文件的时间戳更新为当前系统时间。

5．查看系统文件类型

在 Linux 系统中，可以使用 file 命令查看系统中文件的类型和编码格式。

1）语法格式

```
file [选项] [-f<名称文件>] [文件或目录]
```

2）选项说明

表 2-7 中列出了 file 命令常用的选项及其功能说明。

表 2-7　file 命令选项说明

选　　项	功　能　说　明
-b	列出文件类型时，不显示文件名称
-c	详细显示指令执行过程
-f<文件名>	指定文件名（多个文件），格式为每列一个文件名称
-L	直接显示符号链接所指向文件的类别
-z	尝试去解析压缩文件的内容
［文件或目录］	要确定类型的文件列表，多个文件用空格分开

3）命令实例

```
#file file01                    //查看 file01 类型
file01: empty
#file /bin/ls                   //查看/bin/ls 类型
/bin/ls: ELF 64-bit LSB executable, x86-64, version 1 (SYSV), dynamically linked (uses
shared libs), for GNU/Linux 2.6.32,BuildID[sha1] = aaf05615b6c91d3cbb076af81aeff531c5d7d
fd9, stripped
```

2.1.4　查看文件系统及文件的类型

1．查看文件系统

（1）使用 df 命令查看系统中挂载的文件系统。

```
#df -h                    //查看系统中已挂载文件系统信息
```

（2）使用 findmnt 命令查看系统中挂载的文件系统格式。

```
#findmnt /                    //查询/分区文件系统信息
#findmnt /boot                //查询/boot 启动分区文件系统信息
#findmnt /proc                //查询/proc 分区文件系统信息
```

上述命令运行结果如图 2-6 所示。

```
[root@localhost ~]# findmnt /
TARGET SOURCE                    FSTYPE OPTIONS
/      /dev/mapper/centos-root xfs    rw,relatime,seclabel
[root@localhost ~]# findmnt /boot
TARGET SOURCE    FSTYPE OPTIONS
/boot  /dev/sda1 xfs    rw,relatime,seclabel,attr2,inode64
[root@localhost ~]# findmnt /proc
TARGET SOURCE FSTYPE OPTIONS
/proc  proc   proc   rw,nosuid,nodev,noexec,relatime
```

图 2-6　CentOS 7 文件系统中挂载的文件系统格式

2. 查看 Linux 一级子目录结构

（1）使用 ls 命令查看目录结构。

```
#ls /                    //根目录下的一级子目录信息
bin    dev   home   lib64   mnt   proc   run    srv   tmp   var
boot   etc   lib    media   opt   root   sbin   sys   usr
```

还可以使用 ls / -l 显示一级子目录的详细信息。

（2）使用 tree 命令查看目录结构(＊)。

```
#tree /dev                   //列出/dev 子目录内容
#tree -L 1 /                 //列出根目录下一级子目录内容
#tree -L 2 /boot             //列出/boot 目录下两级子目录内容
```

注：以上操作需要在系统中安装 tree 软件包。

图 2-7 所示为使用 tree 命令列出/boot 下两级目录的输出结果。

```
[root@localhost ~]# tree -L 2 /boot
/boot
├── config-3.10.0-1062.el7.x86_64
├── efi
│   └── EFI
├── grub
│   └── splash.xpm.gz
├── grub2
│   ├── device.map
│   ├── fonts
│   ├── grub.cfg
│   ├── grubenv
│   ├── i386-pc
│   └── locale
├── initramfs-0-rescue-e0f60828ccc6425e872ffb9464ace7a5.img
├── initramfs-3.10.0-1062.el7.x86_64.img
```

图 2-7　执行 tree 命令的输出结果(部分)

3. 查看 Linux 系统中文件的类型

（1）在 Linux 中创建文件及修改时间戳。

```
# touch  file01              //创建 file01 文件
# touch  /root/file02        //使用绝对路径
# touch ../opt/file03        //使用相对路径
# ls  -l  /opt               //查看/opt 子目录内容
# touch  file01              //更新 file01 时间戳
# ls -l file01
```

（2）使用 ls 命令查看文件类型。

```
# ls /root -l                //显示/root 中文件的类型
# ls /dev -l                 //显示/dev 中设备文件的类型
```

（3）使用 file 命令查看文件类型。

```
# file /root/file01          //查看 file01 文件的类型
# file /bin                  //查看/bin 目录的类型
# file /bin/ls               //查看/bin/ls 文件的类型
```

 任务拓展

通过本次任务的学习，相信读者已经对 Linux 文件系统类型和 Linux 目录结构有了初步认识。上网搜索文件系统类型相关资料，对比 Linux 系统的 XFS 文件系统与 Windows 系统的 NTFS 文件系统功能，了解它们的优缺点。

任务 2.2　使用文件及目录操作命令

 任务目标

（1）掌握 Linux 目录操作命令的使用方法。
（2）掌握 Linux 文件操作命令的使用方法。
（3）掌握查看文本文件内容命令的使用方法。
（4）掌握文件查找及内容查找命令的使用方法。

 任务导入

计算机系统中存放的文件一般根据不同的用途被组织在系统中的目录中。和 Windows 系统主要使用图形方式完成文件目录管理不同，Linux 系统主要通过 Shell 命

令方式管理系统中的文件和目录。下面介绍 Linux 系统中常用的文件及目录操作命令的使用方法，并使用这些命令完成系统文件和目录的管理工作。

2.2.1 常用的 Linux 目录操作命令

1. 查看目录内容命令 ls

ls 命令用于显示指定工作目录的内容，即列出指定目录中的文件及子目录的信息。

1) 语法格式

```
ls [选项] [目录名]
```

2) 选项说明

ls 命令的选项说明如表 2-8 所示。

表 2-8　ls 命令选项说明

选　　项	功　能　说　明
-a	显示所有文件及目录（包括名称开头为"."的隐藏文件）
-l	除文件名称外，将文件类型、权限、拥有者、大小等信息一起列出
-r	将文件以相反次序显示(默认按英文字母次序)
-t	将文件依建立时间的先后次序列出
-R	若指定目录下的子目录有文件，则也按顺序列出
-S	以文件的大小进行排序

3) 命令实例

```
#ls                //列出当前目录中的文件及子目录
#ls  /boot         //列出/boot目录中的文件及子目录
#ls  -l /var       //列出/var目录中的子目录及文件详细信息
```

ls 命令加-l 选项可以长格式列出/var 目录下子目录及文件的相关信息，如图 2-8 所示。

2. 显示当前工作目录命令 pwd

pwd 命令可获得用户当前所在工作目录的绝对路径。

1) 语法格式

```
pwd [选项]
```

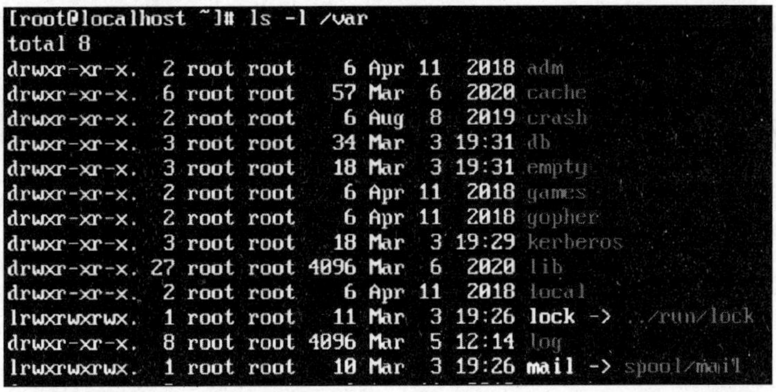

```
[root@localhost ~]# ls -l /var
total 8
drwxr-xr-x.  2 root root        6 Apr 11  2018 adm
drwxr-xr-x.  6 root root       57 Mar  6  2020 cache
drwxr-xr-x.  2 root root        6 Aug  8  2019 crash
drwxr-xr-x.  3 root root       34 Mar  3 19:31 db
drwxr-xr-x.  3 root root       18 Mar  3 19:31 empty
drwxr-xr-x.  2 root root        6 Apr 11  2018 games
drwxr-xr-x.  2 root root        6 Apr 11  2018 gopher
drwxr-xr-x.  3 root root       18 Mar  3 19:29 kerberos
drwxr-xr-x. 27 root root     4096 Mar  6  2020 lib
drwxr-xr-x.  2 root root        6 Apr 11  2018 local
lrwxrwxrwx.  1 root root       11 Mar  3 19:26 lock -> ../run/lock
drwxr-xr-x.  8 root root     4096 Mar  5 12:14 log
lrwxrwxrwx.  1 root root       10 Mar  3 19:26 mail -> spool/mail
```

图 2-8　使用 ls -l 命令列出/var 目录的内容

2）选项说明

pwd 命令的选项说明如表 2-9 所示。

表 2-9　pwd 命令选项说明

选　　项	功　能　说　明
--help	获取命令帮助
--version	显示版本信息

3）命令实例

```
# pwd                        //显示当前工作目录
/root
```

3．创建子目录命令 mkdir

mkdir 命令用于在指定的目录下建立新的子目录。

1）语法格式

```
mkdir [ - p] 目录名称
```

2）选项说明

-p：该选项确保目录名称存在，若不存在，则新建一个。

3）命令实例

```
# mkdir /root/Documents
//以上命令在/root 目录下创建 Documents 子目录
# mkdir - p /home/Alice/download
//以上命令在/home/Alice 目录不存在时创建/home/Alice/download 目录
```

4. 删除空目录命令 rmdir

rmdir 命令用于删除命令中指定的空子目录。
1) 语法格式

```
rmdir [-p] 目录
```

2) 选项说明
-p：若子目录被删除后使它也成为空目录，则顺便一并删除。
3) 命令实例

```
# rmdir /root/Documents
//删除/root/Documents 目录
```

5. 切换当前工作目录命令 cd

cd 命令用于切换当前工作目录到指定的目标目录。指定目录时可用绝对路径或相对路径，若目录名称省略，则切换至用户家目录（home 目录）。Linux 系统中，"~"也表示家目录，"."则表示目前所在的目录，".."则表示目前目录位置的上一层目录。
1) 语法格式

```
cd [目标目录]
```

2) 命令实例

```
# cd /home                         //将当前工作目录切换为/home 目录
[root@localhost home]# pwd
/home
```

2.2.2 文件的复制、移动、删除命令

1. 复制文件命令 cp

cp 命令主要用于复制文件或目录到指定目录。
1) 语法格式

```
cp [选项] 源文件或目录 目标文件或目录
```

2) 选项说明
cp 命令的选项说明如表 2-10 所示。

表 2-10 cp 命令选项说明

选 项	功 能 说 明
-f	覆盖已经存在的目标文件而不给出提示
-I	与-f 相反，在覆盖目标文件前给出提示，回答"y"，目标文件将被覆盖
-p	除复制文件内容外，还把修改时间和访问权限也复制到新文件中
-r	若给出的源文件是一个目录，此时将复制该目录下所有的子目录和文件

3) 命令实例

```
#cp  /var/log/messages  /opt
//把/var/log 目录下的 messages 文件复制到/opt 目录中
```

2. 移动文件及目录命令 mv

mv 命令用来为文件或目录改名，或将文件或目录移入其他位置。

1) 语法格式

```
mv[选项] 源文件或目录 目标文件或目录
```

2) 选项说明

mv 命令的选项说明如表 2-11 所示。

表 2-11 mv 命令选项说明

选 项	功 能 说 明
-i	若指定目录中已有同名文件，则询问是否覆盖旧文件
-f	在 mv 操作要覆盖某已有的目标文件时不给任何指示

3) 命令实例

```
#mv  /opt/messages  /home          //将 messages 文件移动到/home
#ls  -l  /home
```

上面的命令将把前面复制到/opt 目录下的 messages 文件移动到/home 目录中，使用 ls 命令可以观察到/home 目录中已经有 messages 文件。

3. 删除文件命令 rm

rm 命令用于删除一个文件或者目录。

1) 语法格式

```
rm [选项] 文件或目录
```

2) 选项说明

rm 命令的选项说明如表 2-12 所示。

表 2-12　rm 命令选项说明

选　项	功　能　说　明
-i	删除前逐一询问是否删除
-f	直接删除，无须逐一确认
-r	将目录及以下所有文件及子目录全部删除，该选项破坏性大

3）命令实例

```
#rm  /home/messages        //将/home 目录下的 messages 文件删除
#rm  -r  /opt/boot         //将/opt/boot 中所有文件及子目录删除
```

2.2.3　文件内容查看命令

1．查看文本文件的内容——cat 命令

cat 命令用于显示文件的内容并输出到标准输出设备。

1）语法格式

```
cat [选项] 文件名
```

2）选项说明

cat 命令的选项说明如表 2-13 所示。

表 2-13　cat 命令选项说明

选　项	功　能　说　明
-n	由 1 开始对所有输出的行数编号
-b	和-n 相似，只不过对空白行不编号
-s	当遇到有连续两行以上的空白行，就代换为一行的空白行
-E	在每行结束处显示 $

3）命令实例

```
#cat -n /etc/passwd
```

显示/etc/passwd 文件的内容，并在每行文本前面加上行号，如图 2-9 所示。

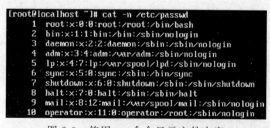

图 2-9　使用 cat 命令显示文件内容

2. 分页查看文件的内容——more 命令

more 命令类似于 cat 命令,不过会以一页一页的形式显示内容,更方便使用者逐页阅读,按空格键就往下一页显示,按 B 键就会往回一页显示。

1) 语法格式

more[选项] 文件名

2) 选项说明

more 命令的选项说明如表 2-14 所示。

表 2-14 more 命令选项说明

选 项	功 能 说 明
-p	不以卷动的方式显示每一页,而是先清除屏幕后再显示内容
-c	与-p 相似,不同的是先显示内容再清除已显示过的内容
-s	当遇到连续两行以上的空白行时,就替换为一行的空白行
+num	从第 num 行开始显示

3) 命令实例

♯more /etc/passwd //分页显示/etc/passwd 文件内容,按空格键显示下一页

3. 上、下翻页查看文件内容——less 命令

less 命令与 more 命令类似,但 less 命令可以随意浏览文件,而 more 一般用于向前移动查看文件内容。less 命令在查看之前不会加载整个文件。

1) 语法格式

less[选项] 文件

2) 选项说明

less 命令的选项说明如表 2-15 所示。

表 2-15 less 命令选项说明

选 项	功 能 说 明
-b<缓冲区大小>	设置缓冲区的大小
-e	当文件显示结束后,自动离开
-f	强迫打开特殊文件,如外围设备代号、目录和二进制文件
-g	只标记最后搜索的关键词
-i	忽略搜索时的大小写
-m	显示类似于 more 命令的百分比
-N	显示每行的行号

用 less 命令查看文件内容时,还可以使用/字符串或?字符串执行向下和向上搜索"字符串"的功能。

4. 查看文件头部内容——head 命令

head 命令可用于显示文件前面几行内容。
1) 语法格式

```
head [-n number] 文件
```

2) 选项说明
-n:后面接数字,代表显示几行文本内容。
3) 命令实例

```
# head -n 10 /etc/passwd
//显示/etc/passwd 文件前 10 行内容
```

5. 查看文件尾部内容——tail 命令

tail 命令用于显示取出文件后面几行内容。
1) 语法格式

```
tail [-n number] 文件
```

2) 选项说明
tail 命令的选项说明如表 2-16 所示。

表 2-16 tail 命令选项说明

选项	功能说明
-n	后面接数字,代表显示几行
-f	持续检查并显示文件后面所接收的内容,直至按 Ctrl+C 组合键才结束

3) 命令实例

```
# tail -n 10 /etc/passwd
//显示/etc/passwd 文件后 10 行内容
```

2.2.4 文件及内容查找命令

1. 查找文件——find 命令

find 命令用来在指定目录下查找文件。在使用该命令时,如果不设置任何参数,则

find 命令将在当前目录下查找子目录与文件,并且将查找到的子目录和文件全部显示在屏幕上。

1)语法格式

```
find[路径] [选项] [文件] [ - exec - ok command] { } \;
```

注:使用 find 命令时,还可以使用-exec 选项对找到的文件执行特定的命令操作。

2)选项说明

find 命令根据下列规则判断路径和选项表达式:在命令列上第一个"-"之前的部分为路径,之后的是选项表达式。如果路径为空,则使用当前路径;如果选项表达式为空,则使用-print 选项。find 命令中可使用的选项有二三十个,此处只介绍常用的部分选项,如表 2-17 所示。

表 2-17 find 命令选项说明

选 项	功 能 说 明
-amin n	查找在过去 n 分钟内被读取过的文件
-atime n	查找在过去 n 天内被读取过的文件
-cmin n	查找在过去 n 分钟内被修改过的文件
-ctime n	查找在过去 n 天内被修改过的文件
-name name	查找文件名符合 name 的文件
-iname name	查找文件名符合 name 的文件,并忽略大小写
-size n	按大小查找文件,数值 n 前可跟+、-等,后可跟 c、b、k 等单位
-type TYPE	查找文件类型是 TYPE 的文件,类型可以是 f、d、c、b、l 等
-u user	查找文件主为 user 的文件
-perm mode	查找符合指定模式(权限)的文件
-print	打印输出,默认的选项,即打印出查找的结果
-exec command { } \;	对找到的文件执行指定的 command 命令操作,{ }表示查询的结果

3)命令实例

```
#find /etc - name 'ifcfg * '
//查找/etc 目录下以 ifcfg 开头的文件,文件名区分大小写
#find /etc - size +100k              //查找/etc 目录下大于 100KB 的文件
```

以上 find 查找命令的运行结果如图 2-10 所示。

2. 定位文件——whereis 命令

whereis 命令用于在特定目录中查找符合条件的文件。该命令只能用于查找二进制文件、源代码文件和 man 手册页,一般文件的查找需使用 find 命令。

1)语法格式

```
whereis [选项] [文件]
```

```
[root@localhost ~]# find /etc -name 'ifcfg*'
/etc/sysconfig/network-scripts/ifcfg-lo
/etc/sysconfig/network-scripts/ifcfg-ens33
[root@localhost ~]# find /etc -size +100k
/etc/pki/ca-trust/extracted/java/cacerts
/etc/pki/ca-trust/extracted/openssl/ca-bundle.trust.crt
/etc/pki/ca-trust/extracted/pem/tls-ca-bundle.pem
/etc/pki/ca-trust/extracted/pem/email-ca-bundle.pem
/etc/udev/hwdb.bin
/etc/services
/etc/selinux/targeted/contexts/files/file_contexts
/etc/selinux/targeted/contexts/files/file_contexts.bin
/etc/selinux/targeted/policy/policy.31
/etc/selinux/targeted/active/file_contexts
/etc/selinux/targeted/active/policy.kern
/etc/selinux/targeted/active/policy.linked
/etc/ssh/moduli
/etc/ImageMagick-6/mime.xml
[root@localhost ~]#
```

图 2-10　文件查找命令 find 的使用

2）选项说明

whereis 命令的选项说明如表 2-18 所示。

表 2-18　whereis 命令选项说明

选项	功能说明	选项	功能说明
-b	只查找二进制文件	-s	只查找原始代码文件
-f	不显示文件名前的路径名称	-u	查找不包含指定类型的文件
-m	只查找说明文件		

3）命令实例

```
#whereis ls                      //查询 ls 相关文件位置
ls: /usr/bin/ls /usr/share/man/man1/ls.1.gz
```

上述 whereis 命令显示 ls 相关文件所在的绝对路径。

3. 文件内容查找——grep 命令

grep 命令用于查找文件中符合条件的字符串，如果发现文件中的某行包含所查找的字符串，则把含有所找字符串的那一行显示出来。

1）语法格式

```
grep [选项] [搜索内容] [文件或目录]
```

2）选项说明

grep 命令的选项说明如表 2-19 所示。

表 2-19　grep 命令选项说明

选项	功能说明
-b	在显示符合搜索内容的那一行之前，标示出该行第一个字符的编号
-c	计算符合搜索内容的列数

续表

选项	功能说明
-i	忽略字母大小写
-l	列出符合指定的搜索内容的文件名称
-n	在显示符合搜索内容的那一行之前,标示出该行的列数编号
-o	只显示匹配字符串部分
-q	不显示任何信息
-s	不显示错误信息
-v	显示不包含匹配文本的所有行
-w	只显示全字符合的列
-x	只显示全列符合的列

3) 命令实例

```
#grep  nologin  /etc/passwd                    //使用grep搜索关键字nologin
```

上面的命令在/etc/passwd 文件中查找包含 nologin 关键字的行,将符合条件的行显示在屏幕上,如图 2-11 所示。

图 2-11　grep 搜索文件内容命令

任务实践

2.2.5　Linux 常见文件目录操作

1. 使用 Linux 目录操作命令

1) 查看目录及子目录内容

```
#pwd                                //显示当前工作目录/root
/root
#ls                                 //显示当前工作目录/root 的内容
```

```
#cd /boot                                   //切换当前目录到/boot
[root@localhostboot]#ls  -l                 //显示当前目录的详细内容
[root@localhost boot]#ls  -Sl               //显示/boot 目录的内容,按文件大小排序
[root@localhostboot]#ls  -l /opt            //显示/opt 目录的详细内容
[root@localhostboot]#cd ~                   //返回 root 用户家目录/root
```

以上操作结果如图 2-12 所示。

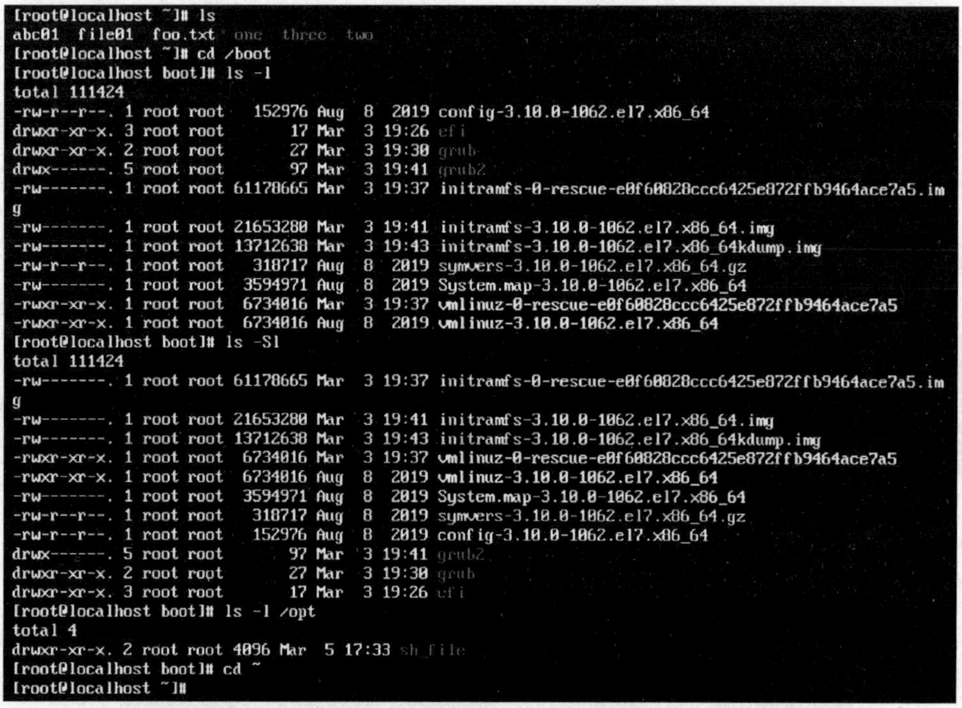

```
[root@localhost ~]# ls
abc01  file01  foo.txt  one  three  two
[root@localhost ~]# cd /boot
[root@localhost boot]# ls -l
total 111424
-rw-r--r--. 1 root root   152976 Aug  8  2019 config-3.10.0-1062.el7.x86_64
drwxr-xr-x. 3 root root       17 Mar  3 19:26 efi
drwxr-xr-x. 2 root root       27 Mar  3 19:30 grub
drwx------. 5 root root       97 Mar  3 19:41 grub2
-rw-------. 1 root root 61178665 Mar  3 19:37 initramfs-0-rescue-e0f60828ccc6425e872ffb9464ace7a5.im
g
-rw-------. 1 root root 21653280 Mar  3 19:41 initramfs-3.10.0-1062.el7.x86_64.img
-rw-------. 1 root root 13712638 Mar  3 19:43 initramfs-3.10.0-1062.el7.x86_64kdump.img
-rw-r--r--. 1 root root   318717 Aug  8  2019 symvers-3.10.0-1062.el7.x86_64.gz
-rw-------. 1 root root  3594971 Aug  8  2019 System.map-3.10.0-1062.el7.x86_64
-rwxr-xr-x. 1 root root  6734016 Mar  3 19:37 vmlinuz-0-rescue-e0f60828ccc6425e872ffb9464ace7a5
-rwxr-xr-x. 1 root root  6734016 Aug  8  2019 vmlinuz-3.10.0-1062.el7.x86_64
[root@localhost boot]# ls -Sl
total 111424
-rw-------. 1 root root 61178665 Mar  3 19:37 initramfs-0-rescue-e0f60828ccc6425e872ffb9464ace7a5.im
g
-rw-------. 1 root root 21653280 Mar  3 19:41 initramfs-3.10.0-1062.el7.x86_64.img
-rw-------. 1 root root 13712638 Mar  3 19:43 initramfs-3.10.0-1062.el7.x86_64kdump.img
-rwxr-xr-x. 1 root root  6734016 Mar  3 19:37 vmlinuz-0-rescue-e0f60828ccc6425e872ffb9464ace7a5
-rwxr-xr-x. 1 root root  6734016 Aug  8  2019 vmlinuz-3.10.0-1062.el7.x86_64
-rw-------. 1 root root  3594971 Aug  8  2019 System.map-3.10.0-1062.el7.x86_64
-rw-r--r--. 1 root root   318717 Aug  8  2019 symvers-3.10.0-1062.el7.x86_64.gz
-rw-r--r--. 1 root root   152976 Aug  8  2019 config-3.10.0-1062.el7.x86_64
drwx------. 5 root root       97 Mar  3 19:41 grub2
drwxr-xr-x. 2 root root       27 Mar  3 19:30 grub
drwxr-xr-x. 3 root root       17 Mar  3 19:26 efi
[root@localhost boot]# ls -l /opt
total 4
drwxr-xr-x. 2 root root 4096 Mar  5 17:33 sh_file
[root@localhost boot]# cd ~
[root@localhost ~]#
```

图 2-12　执行 ls 等目录操作命令

2) 创建及删除目录操作

```
#mkdir  music              //创建 music 目录
#mkdir  movie  game        //创建多个子目录
#ls  -l                    //显示创建的子目录
#mkdir  music/Alice        //创建子目录,使用相对路径
#ls  -lR                   //递归显示子目录
#rmdir  /root/game         //删除/root/game 子目录,使用绝对路径
#ls  -l                    //显示目录的内容
#rmdir /root/music         //删除/root/music 目录
#ls  -l                    //显示目录内容,是否删除 music 目录
```

以上命令中删除子目录命令的执行结果如图 2-13 所示,从图中可以看出/root/music 目录并未被删除。

思考:应如何删除/root/music 目录?

```
[root@localhost ~]# rmdir /root/game
[root@localhost ~]# rmdir /root/music
rmdir: failed to remove '/root/music': Directory not empty
[root@localhost ~]# ls -l
total 8
-rw-r--r--. 1 root root  9 Mar 14  2020 abc01
-rw-r--r--. 1 root root  0 Mar  5 12:40 file01
-rw-r--r--. 1 root root 14 Mar 11  2020 foo.txt
drwxr-xr-x. 2 root root  6 Mar  5 17:44 movie
drwxr-xr-x. 3 root root 19 Mar  5 17:44 music
[root@localhost ~]#
```

图 2-13 删除子目录操作命令

2. 文件的复制移动和删除

```
# touch file01 file02           //在当前目录下创建文件
# mkdir game                    //再次创建 game 子目录
# cp -r /boot /root/game        //把 boot 目录内容复制到 game 目录
# cp file01 /root/music         //复制 file01 文件到 music 目录
# ls   -lR
# mv file02 /root/music         //移动 file02 文件到 music 目录
# ls   -lR /root
# rm  /root/movie/file02        //删除 file02 文件
# ls   -lR /root
# rm  -rf  /opt/music           //删除 music 目录
# ls   -lR /opt
```

3. 文件内容查看和文件查找

1) 文件内容查看操作

```
# cp /etc/passwd /root          //复制 passwd 文件
# cat -n /root/passwd           //查看 passwd 文件内容,显示行号
# more /root/passwd             //分页查看 passwd 文件
# less passwd                   //翻页查看 passwd 文件
# head passwd                   //查看 passwd 文件前 10 行
# tail -n 3 passwd              //查看 passwd 文件末尾 10 行
```

以上命令中的 head 及 tail 命令的执行结果如图 2-14 所示。

```
[root@localhost ~]# head passwd
root:x:0:0:root:/root:/bin/bash
bin:x:1:1:bin:/bin:/sbin/nologin
daemon:x:2:2:daemon:/sbin:/sbin/nologin
adm:x:3:4:adm:/var/adm:/sbin/nologin
lp:x:4:7:lp:/var/spool/lpd:/sbin/nologin
sync:x:5:0:sync:/sbin:/bin/sync
shutdown:x:6:0:shutdown:/sbin:/sbin/shutdown
halt:x:7:0:halt:/sbin:/sbin/halt
mail:x:8:12:mail:/var/spool/mail:/sbin/nologin
operator:x:11:0:operator:/root:/sbin/nologin
[root@localhost ~]# tail -n 3 passwd
stud_17:x:1021:1021::/home/stud_17:/bin/bash
stud_18:x:1022:1022::/home/stud_18:/bin/bash
stud_19:x:1023:1023::/home/stud_19:/bin/bash
```

图 2-14 执行 head 及 tail 命令

2) 文件查找操作

```
#touch   f01.c  f02.c  f03.txt      //创建 3 个空文件
#find  .  -name  f02.c              //查找 f02.c 文件
#grep   nologin  passwd             //搜索 nologin 关键字
#grep   -n  root  passwd            //搜索 root 关键字,显示行号
#find  /root   -name "*.c"          //在/root 目录中查找.c 文件
#find  .  -type  f                  //在当前目录中查找普通文件
#find  /etc   -atime  +7
//列出/etc 目录中 7 天前访问过的文件
#find /root  -type f -mtime  -7  -exec ls -l {} \;
//在/root 目录中查找在最近 7 天内修改的普通文件,并执行 ls -l 操作
```

其中 find 文件查找命令的执行结果如图 2-15 所示。

图 2-15　find 文件查找命令

任务拓展

通过本次任务的学习,相信读者对 Linux 文件及目录的操作有了初步认识,Linux 文件及目录操作涉及命令较多,命令选项及参数使用灵活,需要多加练习才能掌握。请在 Linux 系统的/root 目录下创建 Document、Download、Music、Picture 目录,在 Document 目录中进一步创建 log 子目录,查看/root 目录结构;在系统中查找 messages 文件,将找到的文件复制到/root/Document/log 目录。

任务 2.3　使用 Linux 硬盘文件系统

任务目标

(1) 了解在虚拟机系统中添加新硬盘的方法。
(2) 掌握 Linux 新硬盘分区及格式化的方法。
(3) 掌握 Linux 硬盘文件系统挂载的使用方法。

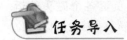

计算机系统中大部分文件保存在系统的磁盘设备中,特别是系统的硬盘设备中。一个新的硬盘需要经过分区及格式化操作,并创建文件系统后才能在系统中使用。下面介绍在 Linux 操作系统中添加一个新的硬盘并完成新硬盘的分区及格式化操作,以及在 Linux 系统中挂载和使用新硬盘分区中的文件系统的方法。

2.3.1 计算机硬盘读写概述

在 Linux 系统中,文件系统是创建在计算机存储设备上的,要学习文件系统的管理机制,需要了解计算机相关的存储设备。计算机中存储设备种类非常多,常见的主要有光盘、硬盘、U 盘等,另外还有网络存储设备,如 SAN、NAS 等设备。硬盘是计算机系统中主要的外部存储设备,下面对计算机硬盘的基础知识进行简要介绍。

1. 计算机硬盘简介

如果从数据的存储介质上来区分,硬盘可分为机械硬盘(hard disk drive,HDD)和固态硬盘(solid state disk,SSD)。机械硬盘采用磁性碟片来存储数据,固态硬盘通过闪存颗粒来存储数据。机械硬盘和固态硬盘设备的外观如图 2-16 所示。

(a) 机械硬盘　　　　　　　　(b) 固态硬盘

图 2-16　机械硬盘和固态硬盘

1) 机械硬盘(HDD)

机械硬盘是传统的普通硬盘,主要由盘片、磁头、盘片转轴和控制电机、磁头控制器、数据转换器、接口、缓存等几个部分组成。机械硬盘中所有的盘片都装在一个旋转轴上,每张盘片之间是平行的,在每个盘片的存储面上有一个磁头,磁头与盘片之间的距离比头

55

发丝的直径还小。所有的磁头联在一个磁头控制器上，由磁头控制器负责各个磁头的运动。磁头可沿盘片的半径方向运动，加上盘片每分钟几千转的高速旋转，磁头就可以定位在盘片的指定位置上进行数据的读写操作。信息通过离磁性表面很近的磁头，由电磁流来改变极性方式被电磁流写到硬盘上。信息可以通过相反的方式读取。硬盘作为精密设备，尘埃是其大敌，所以进入硬盘的空气必须过滤。

2) 固态硬盘(SSD)

固态硬盘是用固态电子存储芯片阵列而制成的硬盘，由控制单元和存储单元(Flash芯片、DRAM芯片)组成。固态硬盘在接口的规范和定义、功能及使用方法上与普通硬盘完全相同，在产品外形和尺寸上也完全与普通硬盘一致，被广泛应用于军事、车载、工控、视频监控、网络监控、网络终端、电力、医疗、航空、导航设备等领域。

3) 机械硬盘和固态硬盘对比

相较于机械硬盘，固态硬盘在防震抗摔、传输速率、功耗、重量、噪声上有明显优势。例如，从传输速率上来看，固态硬盘的性能是机械硬盘的两倍。在早期固态硬盘刚投入市场时，很多厂家选择混合硬盘，将系统单独分区在固态硬盘上，这样系统的启动速度就比单纯采用机械硬盘要快得多。相较于固态硬盘，机械硬盘在价格、容量、使用寿命上占有绝对优势。当然，普通用户购买硬盘，最主要的还是看价格以及容量。

2. 机械硬盘的结构及读写原理

当前计算机服务器的数据存储系统中，机械硬盘仍然为主要的磁盘存储设备，以下主要以机械硬盘为例说明计算机磁盘存储设备的结构及数据读写过程。

1) 机械硬盘外部结构

机械硬盘一般采用上下双磁头结构，盘片在两个磁头中间高速旋转，上、下盘面可以同时读取数据。机械硬盘的旋转速度要远高于常见的唱片机，常见机械硬盘转速可达7200rpm，所以机械硬盘在读写数据时，一定要避免晃动和磕碰，否则很容易造成硬盘盘面损坏。

2) 硬盘存储基本概念

机械硬盘的存储部件由单个或多个圆形的硬盘盘片组成。数据存储在硬盘盘片上。每个硬盘盘片被划分成若干磁道，每条磁道又被划分为若干个扇区，数据就保存在盘片的扇区中。若干个扇区组成簇，计算机系统一般以簇为单位为系统中的文件分配存储空间，图 2-17 所示是一张机械硬盘盘片构成示意图。以下分别对硬盘存储相关概念进行简要说明。

(1) 磁头(head)。磁头是硬盘中对盘片进行读写工作的工具，是硬盘中最精密的部件之一，硬盘的磁头是用线圈缠绕在磁芯上制成的。

(2) 磁道(track)。把磁盘片划分为许多同心圆，每个同心圆称为一个磁道，从外到里依次编号为 0～1023。

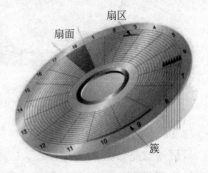

图 2-17 机械硬盘的盘片

(3) 扇区(sector)。由圆心向外画直线,可以将磁道再划分为扇区,扇区就是盘片上最小的读写单位。通常情况下,一个扇区的大小为512B。

(4) 簇(cluster)。簇是磁盘文件存储管理的最小单位,一般包含一组扇区。簇的大小通常是可以变化的,因此管理也更加灵活。

(5) 柱面(cylinder)。同一硬盘的所有盘片圆心都在转轴上,每一个盘面的相同编号磁道共同组成柱面,例如,所有盘面的0磁道组成了0柱面,柱面是硬盘分区的最小单位。

(6) 硬盘容量计算的公式如下。

$$硬盘容量 = 柱面数 \times 磁头数 \times 扇区数 \times 512B$$

3) 硬盘数据的读写过程

硬盘上的数据使用一个三维地址唯一标识:柱面号、盘面号、扇区号(磁道上的盘块)。当需要从硬盘读取数据时,计算机操作系统会将要读取数据的逻辑地址传给硬盘,硬盘的控制电路按照寻址逻辑将逻辑地址翻译成物理地址,即确定要读的数据在哪个磁道及扇区。

为了读取扇区上的数据,需要将磁头放到这个扇区上方,为此,首先需要找到柱面,即将磁头移动对准相应磁道,这个过程叫作寻道或定位;读取的柱面确定以后,盘片开始旋转,将目标扇区旋转到磁头下,由磁头负责数据读取。文件数据写入磁盘时,一般先集中放在一个柱面上,然后按顺序存放在相邻的柱面上,对应同一柱面,则应该按盘面次序顺序存放。

一次磁盘访问请求(数据的读/写)的时间由三个动作时间组成:寻道时间、旋转延迟时间、数据传输时间。

(1) 寻道时间是指磁头移动定位到指定磁道的时间,这部分时间代价最高,最大可达到0.1s左右。

(2) 旋转延迟时间是指等待指定扇区旋转至磁头下的时间,该时间与硬盘自身转速等性能有关,如7200rpm。

(3) 数据传输时间是指数据通过系统总线从磁盘传送到内存的时间,一般传输一个字节大概$0.02\mu s$。

3. 计算机硬盘接口类型

硬盘接口是硬盘与主机系统间的连接部件,作用是在硬盘缓存和主机内存之间传输数据。不同的硬盘接口决定着硬盘与计算机之间的数据传输速度。在整个系统中,硬盘接口的优劣直接影响程序运行快慢和系统性能好坏。

从整体上,硬盘接口类型可分为IDE、SATA、SCSI、SAS和光纤通道接口5种。IDE接口硬盘多用于家用产品中;SCSI接口的硬盘则主要应用于服务器;光纤通道接口只用在高端服务器上,价格昂贵;SATA主要用于家用计算机。

1) IDE接口

IDE(integrated drive electronics)接口的本意是把"硬盘控制器"与"盘体"集成在一起构成硬盘驱动器。IDE接口随着接口技术的发展已经逐渐被淘汰,其后发展出更多类型的硬盘接口,如ATA、Ultra ATA、DMA、Ultra DMA等。其特点为价格低廉、兼容性强、性价比高、数据传输慢、不支持热插拔等。IDE 接口如图 2-18 所示。

2) SCSI 接口

SCSI(small computer system interface)接口并不是专门为硬盘设计的接口,是一种广泛应用于小型机上的高速数据传输技术。SCSI 接口具有应用范围广、多任务、带宽大、CPU 占用率低以及热插拔等优点,但较高的价格使得它很难如 IDE 硬盘般普及,因此 SCSI 硬盘主要应用于中、高端服务器和高档工作站中。SCSI 接口如图 2-19 所示。

图 2-18　IDE 接口

图 2-19　SCSI 接口

3) SATA 接口

使用 SATA(serial advanced technology attachment)接口的硬盘又叫作串口硬盘,是目前 PC 硬盘的主流。SATA 采用串行连接方式,总线使用嵌入式时钟信号,具备了更强的纠错能力。与以往接口相比,其最大的区别在于能对传输指令(不仅仅是数据)进行检查,如果发现错误会自动矫正,这在很大程度上提高了数据传输的可靠性。串行接口还具有结构简单,支持热插拔的优点。SATA 接口如图 2-20 所示。

4) SAS 接口

SAS(serial attached SCSI)接口可以向下兼容 SATA,两者的兼容性主要体现在物理层和协议层的兼容。在物理层,SAS 接口和 SATA 接口完全兼容,SATA 硬盘可以直接使用在 SAS 的环境中。从接口标准而言,SATA 是 SAS 的一个子标准;在协议层,SAS 由 3 种类型协议组成,根据连接的不同设备使用相应的协议进行数据传输。其中串行 SCSI 协议(SSP)用于传输 SCSI 命令;SCSI 管理协议(SMP)用于对设备进行维护和管理;SATA 通道协议(STP)用于 SAS 和 SATA 之间数据的传输。SAS 接口如图 2-21 所示。

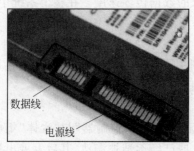

图 2-20　SATA 接口

图 2-21　SAS 接口

5) 光纤通道接口

光纤通道(fibre channel)接口的最初设计也不是为了硬盘设计开发的,是专门为网络系统设计的,但随着存储系统对速度的需求,才逐渐应用到硬盘系统中。光纤通道接口的主要特点是支持热插拔、高速带宽、远程连接、连接设备数量大等。光纤通道接口如图 2-22 所示。

图 2-22 光纤通道接口

2.3.2 硬盘的分区和格式化

1. 硬盘分区基础知识

1) 硬盘分区概述

一个新的磁盘需要经过分区、格式化(创建文件系统)、挂载之后才能正常使用。Linux 系统中磁盘主要有两种分区类型:MBR(master boot record) 和 GPT(GUID partition table)。分区类型代表磁盘上存储分区信息的方式,分区信息包含分区从磁盘哪里开始的信息,让操作系统知道某个扇区是属于哪个分区的,哪个分区是可以启动的等。在磁盘上创建分区时,必须在 MBR 和 GPT 之间作出选择。

2) Linux 硬盘文件名

Linux 系统把设备映射成一个/dev 目录下的系统设备文件。IDE 接口的硬盘设备映射的文件名称前缀为"hd",如/dev/hda 代表连接在第一个 IDE 接口的硬盘;SCSI、SATA、SAS 等接口的硬盘设备映射的文件名称前缀为"sd"(部分虚拟机或云主机的名称可能是其他的,如"vd")。这些文件名后面拼接从"a"开始一直到"z"来区分连接在多个接口上的硬盘设备,在硬盘名称后面拼接数字形式的分区号来区分统一硬盘上的不同分区。例如,文件名/dev/sda1 表示/dev/sda 硬盘上的第 1 个分区。

3) MBR 和 GPT

在常见的计算机系统中,硬盘的分区类型主要有 MBR 和 GPT 两种。下面分别对这两种分区方式进行简要介绍。

MBR 是"主引导记录"的意思,它是存在于驱动器开始部分的一个特殊的启动扇区。这个扇区包含了已安装的操作系统的启动加载器和驱动器的逻辑分区信息。MBR 分区最大支持 2TB。MBR 分为主分区(primary partition)和扩展分区(extension partition)。MBR 的分区数不能大于 4 个,其中最多只能有一个扩展分区。主分区可以马上被挂载使用但不能再分区;扩展分区必须进行二次分区后才能挂载。扩展分区下的二次分区被称为逻辑分区,逻辑分区数量限制视磁盘类型而定。MBR 的主分区号为 1~4,逻辑分区号是从 5 开始累加的数字。

GPT 的每个分区都有一个全局唯一的标识符 GUID。支持的最大磁盘可达 18EB,它没有主分区和逻辑分区之分,每个硬盘最多可以有 128 个分区,具有更强的健壮性与更大的兼容性,将逐渐取代 MBR。GPT 分区的命名和 MBR 类似,只不过没有主分区、扩展分区和逻辑分区之分,分区号可直接从 1 开始累加到 128。

2. 磁盘分区工具 fdisk

fdisk 是一个创建和维护磁盘分区表的程序,它兼容 DOS 类型的分区表,也能支持 BSD 或者 SUN 类型的磁盘列表。需要注意的是,fdisk 不支持 2TB 以上的硬盘分区,超过 2TB 的硬盘分区需要使用 gdisk 工具。

1) 语法格式

```
fdisk [选项] [磁盘设备]
```

2) 选项说明

fdisk 命令的选项说明如表 2-20 所示。

表 2-20　fdisk 命令选项说明

选　　项	功 能 说 明
-l	显示系统中所有设备的分区表
-u	以扇区数显示分区表信息
-s <分区编号>	显示指定分区的大小

3) fdisk 分区子命令

fdisk 分区子命令如表 2-21 所示。

表 2-21　fdisk 分区子命令

命　　令	功 能 说 明	命　　令	功 能 说 明
m	显示菜单和帮助信息	p	显示分区信息
a	活动分区标记/引导分区	q	退出不保存
d	删除分区	t	设置分区号
l	显示分区类型	v	进行分区检查
n	新建分区	w	保存修改
o	创建空的 DOS 分区表	x	扩展应用,高级功能

4) 命令实例

```
#fdisk /dev/sdb
```

执行上述命令,屏幕上将出现如图 2-23 所示的 fdisk 操作界面,此时可以执行相关的分区命令完成磁盘分区操作。

3. 格式化分区工具 mkfs

mkfs 命令用于在特定的磁盘分区上执行创建文件系统即格式化分区操作,用于在 Linux 系统中建立指定类型的文件系统。一个磁盘分区只有经过格式化处理后,才能被挂载到系统中使用。

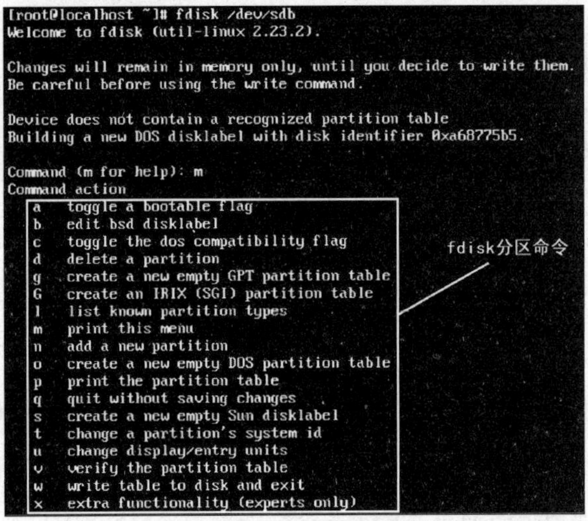

图 2-23 fdisk 磁盘分区工具

1）语法格式

mkfs [-V] [-c] [-t 文件系统格式] 分区设备文件名

2）选项说明

mkfs 命令的选项说明如表 2-22 所示。

表 2-22 mkfs 命令选项说明

选　项	功　能　说　明
-V	显示格式化分区的详细信息
-t	指定格式化的文件系统格式
-c	检查磁盘分区是否有坏道

3）命令实例

#mkfs.xfs /dev/sdb1

上面命令使用 mkfs 命令将/dev/sdb1 分区格式化为 XFS 类型的文件系统，运行结果如图 2-24 所示。

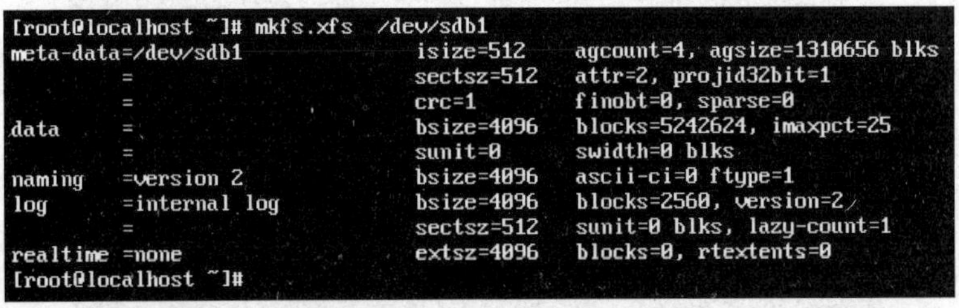

图 2-24 使用 mkfs 格式化分区

2.3.3 使用 Linux 磁盘文件系统

1. 挂载文件系统命令 mount

mount 主要用于将设备或者分区挂载至 Linux 系统的指定目录下。Linux 系统在启动时,将/dev/sda 磁盘的相关分区挂载至系统根目录及/boot 目录。只有把设备挂载到指定目录后,Linux 操作系统才能访问设备存储文件。

1) 语法格式

mount [-t 系统类型] [-L 卷标名] [-o 特殊选项] [-n] 设备文件名 挂载点

2) 选项说明

mount 命令的选项说明如表 2-23 所示。

表 2-23 mount 命令选项说明

选 项	功 能 说 明
-a	将/etc/fstab 中定义的所有文件系统挂载到系统
-t	指定挂载文件系统类型,通常不用指定,mount 会自动选择正确类型
-L	除使用设备文件名(如/dev/sdb5)外,可用文件系统卷标名称挂载
-f	用于排错,此时 mount 并不执行实际挂上的动作,而是模拟整个挂载的过程,通常和 -v 选项一起使用
-o	可以指定挂载的额外选项,如读写权限 rw、只读权限 ro、将文件作为设备挂载 loop 等,如果不指定,则使用默认值(defaults)

3) 命令实例

```
#mount /dev/sdb1 /opt
//将/dev/sdb1 磁盘分区挂载到/opt(需要先创建该目录)
#mount /dev/sr0 /media
//将系统光驱挂载到/media(此时光驱中需有光盘)
```

完成上述挂载操作,用户就可以通过/opt/data 及/media 目录访问/dev/sdb1 磁盘分区以及光驱中光盘上的文件,如图 2-25 所示。

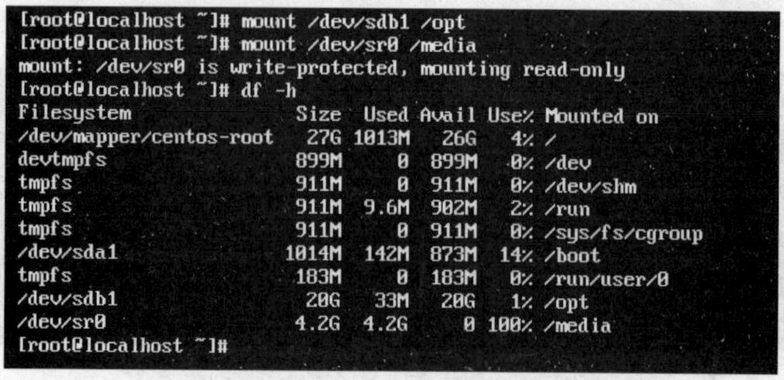

图 2-25 使用 mount 命令挂载磁盘分区

2. 查看文件系统空间命令 df

df 命令用于显示 Linux 文件系统的磁盘使用情况。

1) 语法格式

```
df [选项]
```

2) 选项说明

df 命令的选项说明如表 2-24 所示。

表 2-24　df 命令选项说明

选　　项	功　能　说　明
-a	包含所有的具有 0 个块的文件系统
-h	使用人类可读的格式（默认不加这个选项）
-I	列出 inode 信息，不列出已使用的块
-t	限制列出文件系统的类型

3) 命令实例

```
#df -h
```

以上命令以可读方式显示文件系统的空间使用情况，结果如图 2-25 所示。

3. 卸载文件系统命令 umount

umount 命令用于卸载已经挂载到 Linux 系统目录中的文件系统。执行卸载操作后，相关的设备或磁盘分区在再次挂载到系统之前，将不能再被访问。

1) 语法格式

```
umount [选项][-t<文件系统类型>][文件系统]
```

2) 选项说明

umount 命令的选项说明如表 2-25 所示。

表 2-25　umount 命令选项说明

选　　项	功　能　说　明
-a	卸载/etc/mtab 中记录的所有文件系统
-r	若无法成功卸载，则尝试以只读的方式重新挂载文件系统
-t<FS 类型>	仅卸载选项中指定类型文件系统
-v	执行卸载时显示详细的信息

3) 命令实例

```
umount /dev/sdb1
```

上述命令将卸载之前挂载在系统中的/dev/sdb1 磁盘分区,执行后该磁盘分区中的数据将不能再被访问。

2.3.4 在 Linux 系统中使用新硬盘

1. 在 Linux 虚拟机系统中添加新硬盘

(1) 打开 VMware 虚拟机,编辑 Linux 虚拟机硬件设置。
(2) 在虚拟机硬件添加向导中添加 10GB 的 SCSI 接口硬盘。
(3) 使用默认设置完成虚拟机新硬盘添加,如图 2-26 所示。

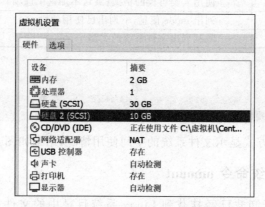

图 2-26 在虚拟机系统中添加新硬盘

2. 完成新硬盘的磁盘分区操作

(1) 登录系统查看系统中的磁盘分区信息。

```
#df  -h                    //Linux 文件系统挂载情况
#fdisk  -l                 //查看 Linux 系统磁盘分区
```

(2) 执行磁盘分区操作。

```
#fdsik /dev/sdb            //对新硬盘/dev/sdb 进行分区
//执行命令 m,理解 fdisk 分区菜单命令及其功能
//在 fdisk 磁盘分区菜单中,执行 n 命令新建分区
//选择 p 选项新建一个主分区,该分区默认使用/dev/sdb 磁盘所有空间
```

(3) 保存并查看磁盘分区信息。

```
//在 fdisk 分区界面执行 w 命令保存分区信息并退出 fdisk
#fdisk -l /dev/sdb
```

以上命令将显示分区操作后/dev/sdb 硬盘分区表信息,如图 2-27 所示。

```
[root@localhost ~]# fdisk -l /dev/sdb
Disk /dev/sdb: 10.7 GB, 10737418240 bytes, 20971520 sectors
Units = sectors of 1 * 512 = 512 bytes
Sector size (logical/physical): 512 bytes / 512 bytes
I/O size (minimum/optimal): 512 bytes / 512 bytes
Disk label type: dos
Disk identifier: 0xa68775b5

   Device Boot      Start         End      Blocks   Id  System
/dev/sdb1            2048    20971519    10484736   83  Linux
```

图 2-27　执行 fdisk 分区后硬盘分区表

3. 完成磁盘文件系统的创建和挂载

(1) 磁盘分区格式化。

```
# man   mkfs                            //了解 mkfs 功能及使用方法
# mkfs.xfs  /dev/sdb1                   //将分区格式化为 xfs 类型
```

(2) 使用 mount 命令挂载磁盘分区。

```
# man mount                             //了解 mount 功能及使用方法
# mkdir  /opt/data                      //创建磁盘挂载目录/opt/data
# mount /dev/sdb1 /opt/data             //将磁盘分区挂载到指定目录
# df  -h                                //查看挂载后文件系统空间情况
//将系统安装光盘镜像文件加载到虚拟机光驱,勾选设备状态中的"已连接"选项
# mount /dev/sr0  /media                //挂载光盘文件系统
# df   -h
# ls  -l  /media                        //查看光盘根目录详细信息
```

(3) 使用新挂载的磁盘分区。

```
# ls   -l  /opt/data                    //挂载目录中文件及子目录信息
# du   -h  /opt/data                    //挂载目录空间使用信息
# mkdir  /opt/data/log                  //创建/opt/data/log 目录
# cp /var/log/ * /opt/data/log          //复制文件到/opt/data/log 目录
# ls   -l  /opt/data                    //查看挂载点下的文件及子目录
# du   -h  /opt/data                    //查看挂载目录空间使用信息
# df   -h
```

(4) 卸载新磁盘文件系统。

```
# man   umount                          //了解 umount 卸载命令使用方法
# umount  /dev/sdb1                     //通过设备名卸载磁盘文件系统
# ls   -l  /opt/data                    //查看卸载后目录中的文件信息
# df   -h
# mount /dev/sdb1 /opt/data             //再次将磁盘分区挂载到指定目录
# ls   -l  /opt/data
```

```
# umount  /opt/data            //通过挂载点卸载磁盘文件系统
# ls  -l  /opt/data            //查看卸载操作后/opt/data 目录内容
```

 任务拓展

通过本次任务的学习,相信读者对计算机硬盘基础知识以及 Linux 文件系统创建及使用方法有了初步了解。课后请在 VMware 虚拟机系统中添加一块 20GB 的新硬盘;将该硬盘划分为两个 10GB 分区:主分区和扩展分区;在扩展分区中创建逻辑分区;分别将主分区和逻辑分区格式化后挂载到系统/opt 目录下的 data1 和 data2 目录中;分别向这两个目录中复制文件;观察文件系统空间使用变化。

项目总结

计算机系统中的绝大部分数据保存在硬盘上的文件系统中,本项目主要学习 Linux 文件系统基本知识及相关使用和管理方法,主要包括 Linux 文件系统类型及其目录结构,Linux 文件的命名及创建,Linux 文件目录操作命令的功能及用法,最后学习了 Linux 文件系统的创建及使用方法。

项目实训

1. 为 CentOS 7 虚拟机系统添加一个 20GB 新硬盘。
2. 将新硬盘划分成两个分区(主分区和扩展分区)。
3. 将分区格式化为 XFS 类型,挂到/opt 的 d1 和 d2 目录。
4. 复制/var/log 目录下所有文件到/opt/d1 子目录。
5. 载入 CentOS 7 系统镜像到光驱,挂载光驱到/mnt。
6. 复制光盘所有文件到/opt/d2,查看系统空间使用情况。

项目 3　网络配置与远程登录

工欲善其事,必先利其器。

——《论语·卫灵公》

项目目标

【知识目标】

(1) 了解计算机网络的基本知识。
(2) 理解 Linux 网络配置文件的功能。
(3) 理解 vi 编辑器的功能和使用方法。
(4) 理解常用网络配置命令的功能。
(5) 理解 SSH 远程登录的基本原理。

【技能目标】

(1) 掌握 Linux 网络配置文件的编辑方法。
(2) 掌握 Linux 网络配置命令的使用方法。
(3) 掌握远程登录 Linux 系统的方法。

项目内容

任务 3.1　Linux 系统网络配置概述
任务 3.2　Linux 系统网络配置方法
任务 3.3　远程登录 Linux 主机

任务 3.1　Linux 系统网络配置概述

任务目标

(1) 掌握 VMware 虚拟网络模式设置方法。
(2) 掌握 vi 编辑器命令的基本使用方法。
(3) 掌握 Linux 网卡配置文件的编辑方法。

任务导入

人类社会早已进入信息化的时代,信息化时代的重要特征就是数字化和网络化。完善的计算机网络可以非常迅速地传递数据和信息,已成为信息化社会最重要的基础设施之一。当前,随着云计算、大数据、人工智能等新一代信息技术迅猛发展,计算机网络的基础作用将进一步加强。下面介绍计算机网络以及 Linux 网络配置的基本知识。

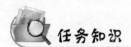

3.1.1 计算机网络简介

1. 计算机网络协议

不同的计算机系统之间要实现通信,除了需要通信技术支持还需要一些规则来进行信息匹配,才能进行信息传输。不同的计算机厂商生产不同类型的计算机,其 CPU、接口等硬件构造不尽相同,要实现通信或信息传输,就需要采用同一种交流规则,这种交流规则就是计算机网络协议。

1) OSI 开放系统互联参考模型

计算机网络协议的出现让不同厂商生产的计算机系统只要支持同一种协议就能实现正常通信,从而进行信息传输。国际标准化组织 ISO 为了协调不同厂商支持的计算机网络协议,制定了 OSI 开放系统互联参考模型。OSI 将计算机网络体系结构划分为七层:物理层、数据链路层、网络层、传输层、会话层、表示层、应用层,OSI 七层模型构成及其功能如图 3-1 所示。

⑦	应用层	各种应用程序协议
⑥	表示层	数据的格式化、数据加密解密、数据的压缩解压缩
⑤	会话层	建立、管理、终止实体之间的会话连接
④	传输层	数据的分段及重组;提供端到端的数据服务(可靠或不可靠)
③	网络层	将分组从源端传送到目的端;逻辑寻址;路由选择
②	数据链路层	将分组数据封装成帧;实现两个相邻节点之间的通信;差错检测
①	物理层	在介质上传输比特;提供机械的和电气的规约

图 3-1 OSI 开放系统互联参考模型

2) TCP/IP(传输控制协议/网际协议)

TCP/IP 即传输控制协议/网际协议,它们构成网络通信的核心骨架。TCP/IP 对常见的计算机网络中各部分进行通信的标准和方法进行规定,定义了电子设备如何接入计算机网络以及数据如何在它们之间进行传输。

TCP/IP 不仅包括 TCP 和 IP 两个协议，还包括用于计算机网络通信的一套协议集合，如 FTP、SMTP、TCP、UDP、IP 等。因为在这个协议集中 TCP 协议和 IP 协议是保证网络数据信息及时、完整传输的两个重要协议，因此被简称为 TCP/IP。TCP/IP 协议相对于 OSI 模型显得更简约，包含五层体系结构，包括应用层、传输层、网络层、数据链路层和物理层，TCP/IP 协议集包含的协议及其与 OSI 七层模型的对应关系如表 3-1 所示。

表 3-1 TCP/IP 协议集与 OSI 七层模型的对应关系

OSI 七层模型	TCP/IP 概念层模型	功能	TCP/IP 协议集
应用层	应用层	文件传送、电子邮件、文件服务、虚拟终端	TFTP、HTTP、SNMP、FTP、SMTP、DNS、Telnet
表示层		数据格式化、代码转换、数据加密	没有协议
会话层		解除或建立与别的接点的联系	没有协议
传输层	传输层	提供端对端的接口	TCP、UDP
网络层	网络层	为数据包选择路由	IP、ICMP、RIP、OSPF、BGP、IGMP
数据链路层	数据链路层	传输有地址的帧以及错误检测	SLIP、CSLIP、PPP、ARP、RARP、MTU
物理层	物理层	以二进制数据形式在物理媒体上传输数据	ISO 2110、IEEE 802、IEEE 802.2

2. IP 地址、子网掩码、MAC 地址和端口号

在利用 TCP/IP 进行网络通信时，有几个比较关键的确认网络身份的信息：IP 地址、子网掩码、MAC 地址和端口号。

1) IP 地址

IP 地址即网际协议地址。IP 地址是 IP 提供的一种统一的地址格式，它为互联网上的每一个网络和每一台主机分配一个逻辑地址，以此来屏蔽物理地址的差异。通俗地说，IP 地址就像是家庭地址，如果要寄东西给某个人，就要知道他(她)的家庭地址，这样快递公司才能把要寄的东西送到。计算机发送信息就好比是快递员，它必须知道对方唯一的"家庭地址"才不致把东西送错地方。生活中，地址使用文字来表示，计算机网络中的 IP 地址用二进制数字来表示。

传统的 IPv4 地址是 32 位的二进制数值(IPv6 是 128 位)，用于标记每台计算机的地址。通常使用点分十进制的方式来表示，如 192.168.1.10 等。每个 IP 地址又可分为两部分，即网络号和主机号：网络号表示该 IP 地址所属的网段编号，主机号则表示在该网段中该主机的地址编号。在使用 IP 地址传输信息的网络中，只有在同一个网络号下的计算机之间才能直接收发信息，不同网络号的计算机要通过网络中的网关计算机才能通信。按照网络号对应的网络规模的大小，IP 地址可以分为 A、B、C、D、E 五类，其中 A、B、C 类是日常网络传输中用到的主要 IP 地址类型，D 类和 E 类一般不用于日常网络传输。IP

地址范围及其默认子网掩码如图 3-2 所示。

类别	第一个字节范围	第一字节	第二字节	第三字节	第四字节	默认子网掩码
A类	1~126	0xxxxxxx				255.0.0.0
B类	128~191	10xxxxxx				255.255.0.0
C类	192~223	110xxxxx				255.255.255.0
D类	224~239	1110xxxx	组播地址			
E类	240~255	1111xxxx	保留用于实验			IPv6前身
浅灰色部分为网络地址部分，深灰色部分为主机地址部分，每字节用十进制表示，最大为255						

图 3-2　IP 地址范围及其默认子网掩码

2）子网掩码

为了让计算机网络可以更灵活地进行组网，IP 网络允许被划分成更小的网络，称为子网。子网需要通过子网掩码实现。子网掩码可以区分一个 IP 地址中的网络地址和主机地址，同时可以判断网络中的两台计算机是否属于同一个子网。通过子网掩码可以将 A、B、C 三类地址划分为若干个子网，从而大大提高了 IPv4 地址的分配效率，有效解决 IPv4 地址资源紧张的状况。在企业内部网络中，为了更好地管理网络，网管人员可以利用子网掩码，将一个较大的内部网络划分为多个小规模的子网，从而有效解决网络广播风暴等网络管理方面存在的问题。

网络中的子网掩码需要配合 IP 地址来使用。子网掩码工作过程中，会将 32 位的子网掩码与 IP 地址进行二进制形式的按位逻辑与（AND）运算，得到网络地址，再将子网掩码二进制按位取反，然后再次和 IP 地址进行二进制的逻辑与（AND）运算，得到的就是主机地址。例如，192.168.1.10 AND 255.255.255.0，结果为 192.168.1.0，其表达的含义为，该 IP 地址属于 192.168.1.0 这个网络，其主机号为 10，即这个网络中编号为 10 的主机。

3）MAC 地址

MAC 地址（media access control address）是物理地址、硬件地址，由网络设备制造商生产网卡时写入在网卡的 EPROM 中。MAC 地址在计算机中以 48 位的二进制方式表示，通常表示为 12 个十六进制数。例如，00-16-EA-AE-3C-30 就是一个 MAC 地址，其中，前 6 位十六进制数 00-16-EA 代表网络硬件制造商的编号，它由 IEEE（电气与电子工程师协会）分配；后 6 位十六进制数 AE-3C-30 代表该制造商所制造的某个网络产品（如网卡）的系列号。每块网卡出厂时，都有一个全世界独一无二的 MAC 地址。

网络中的计算机在进行通信时，当网络交换机接收到来自网上的一个数据包时，会根据该数据包的目的 IP 地址，查看交换机内部是否有与该 IP 地址对应的 MAC 地址，如果有，就会将该数据包转发到对应 MAC 地址的主机上；如果没有，则交换机会根据 ARP 协议将目标 IP 地址映射成 MAC 地址，这样数据包就被转送到对应的 MAC 地址的主机上。

4）端口号

端口号存在于传输层的 TCP/UDP 头部，用于识别网络主机中的应用程序。网络上的一台主机上能运行多个程序,那么系统中接收到的网络数据包到底是发给哪个程序的呢?这就需要通过数据包中的网络端口号来确认。计算机网络端口号使用16位二进制数表示,端口号的取值范围是1~65535(不使用0作为端口号)。在这个取值范围中,1023(含)以下的端口已经分配给常用的一些应用程序,它们紧密绑定于一些服务,通常这些端口的通信明确表明了某种服务的协议。计算机系统通常从1024起分配动态端口,Linux系统中常见网络协议对应的服务端口如表3-2所示,网络服务及其端口的对应关系保存在系统的/etc/services文件中。

表3-2 常见网络协议对应的服务端口

端口号	协议/服务名称	端口号	协议/服务名称
20/21	FTP(文件传送协议)	161	SNMP(简单网络管理协议)
22	SSH(安全登录)	443	HTTPS(安全超文本传送协议)
23	Telnet(远程登录)	873	Rsync(rsync文件传送)
25	SMTP(简单邮件传送协议)	1521	Oracle数据库服务
53	DNS(域名解析)	2049	NFS网络文件系统
69	TFTP(简单文件传送协议)	3306	MySQL数据库服务
80	HTTP(超文本传送协议)	3389	Windows远程桌面
110	POP3(邮局协议3)	6379	Redis数据库服务
111	Rpcbind(远程端口映射)	8080	Tomcat(Web应用服务)
115	SFTP(安全文件传送协议)	10050	Zabbix Agent(代理)
123	NTP(网络时间协议)	10051	Zabbix Server(服务器)
143	IMAP(因特网邮件访问协议)	27017	MongoDB数据库服务

3. 网卡、网关、路由器和DNS

1) 网卡

网络适配器(network adaptor),称为网卡或网络接口卡,是一块被设计用来允许一台计算机在网络上进行通信的计算机硬件。由于其拥有MAC地址,因此属于OSI模型的第2层,通过网卡,可以把网络中的计算机通过网络电缆或无线等传输介质相互连接。图3-3所示为一块带双RJ-45接口的网卡。

2) 网关与路由器

网关(gateway)又称网间连接器、协议转换器。网关在网络层以上实现网络互联。网关地址实质上是一个网络通向其他网络的IP地址。网关分为传输型网关和应用型网关:传输型网关用于在两个网络间建立传输连接,应用网关在应用层上进行协议转换。在网络配置中,有时需要对系统的默认网关进行配置。默认网关是指计算机所在网络边界的网关或路由器,对于网络内部的计算机来说,只有知道了默认网关的位置才能和网络外部通信。

路由器(router)是连接两个或多个网络的硬件设备。路由器在网络间起到网关的作

图3-3 双RJ-45接口千兆网卡

用,它能够理解不同的协议,是一个能读取数据包中的地址然后决定如何传送的专用智能化网络设备。路由器可以分析各种不同类型网络传来的数据包的目的地址,可以把非TCP/IP网络的地址转换成TCP/IP地址,再根据选定的路由算法把各数据包按最佳路径传送到指定位置。

路由器是互联网络的枢纽,很多路由器都集成了网关的功能,路由器通过其内部运行的一系列算法决定网络间数据包传输的最短路径。路由器使用静态路由或动态路由来决定数据传输的最短路径。静态路由需要管理员手动设置,而动态路由使用一些协议来动态发现网络间的最短路径。通常,小型网络使用静态路由,大型复杂网络则使用动态路由。图3-4所示为包含4个路由器的网络拓扑结构图,数据包在不同的网络间传输存在多条不同的传输路径,路由器根据其保存的路由信息确保数据包在网络中的正确传输。

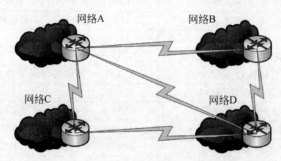

图3-4 包含路由器的网络拓扑结构图

3) DNS服务器

DNS(domain name system,域名系统)在网络中作为计算机域名和IP地址相互映射的一个分布式数据库,能够让用户更方便地访问互联网,而不用去记住能够被机器直接读取的数字IP地址。通过主机名,最终得到该主机名对应的IP地址的过程叫作域名解析,图3-5演示了客户端从DNS服务器查询IP地址的过程。DNS协议运行在UDP协议之上,DNS服务器监听系统的53号端口。

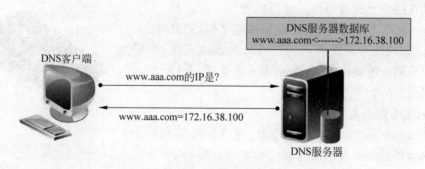

图3-5 DNS客户端域名查询过程

3.1.2 VMware 虚拟机软件的网络模式

VMware Workstation 虚拟机软件(以下简称 VMware)不仅为用户提供虚拟机系统

安装及运行功能,还为用户提供了功能强大的虚拟网络连接服务。

1. VMware 虚拟网络概述

在使用 VMware 创建虚拟机的过程中,配置虚拟机的网络连接是非常重要的环节。当为虚拟机配置网络连接时,可以看到如图 3-6 所示的三种网络连接模式:桥接模式、NAT 模式和仅主机模式。在 VMware 虚拟机中,虚拟网络连接主要是由 VMware 创建的虚拟交换机负责实现,VMware 可以根据需要创建多个虚拟网络。

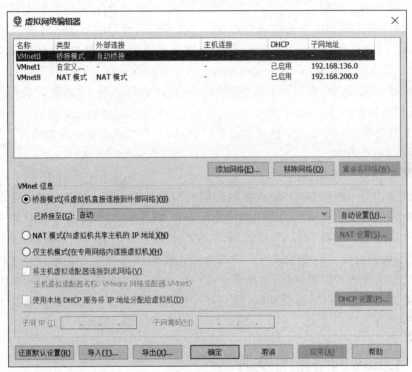

图 3-6 VMware Workstation 虚拟网络编辑器

在 Windows 系统的主机上,VMware 最多可以创建 20 个虚拟网络,每个虚拟网络可以连接任意数量的虚拟机网络设备。在 Linux 系统的主机上,VMware 最多可以创建 255 个虚拟网络,但每个虚拟网络只能连接 32 个虚拟机网络设备。VMware 虚拟网络是以"VMnet+数字"的形式来命名的,如 VMnet0、VMnet1、VMnet2 等。

2. 三种 VMware 网络连接模式

当安装 VMware 时,VMware 会自动为 3 种网络连接模式各自创建 1 个虚拟机网络:VMnet0(桥接模式)、VMnet8(NAT 模式)、VMnet1(仅主机模式),也可以根据需要自行创建更多的虚拟网络。

1) VMware 桥接模式

VMware 桥接模式,是指将虚拟机的虚拟网络适配器与主机的物理网络适配器进行交接,虚拟机中的虚拟网络适配器可通过主机中的物理网络适配器直接访问外部网络。

简而言之，就好像在局域网中添加了一台新的、独立的计算机。因此，虚拟机也会占用局域网中的一个 IP 地址，并且可以和其他终端进行相互访问。桥接模式网络连接支持有线和无线主机网络适配器。如果想把虚拟机当作一台完全独立的计算机看待，并且允许它和其他终端一样地进行网络通信，那么桥接模式通常是虚拟机访问网络的最简单途径。

2）VMware NAT 模式

NAT（network address translation，网络地址转换）模式也是 VMware 创建虚拟机的默认网络连接模式。使用 NAT 模式进行网络连接时，VMware 会在主机上建立单独的专用网络，用以在主机和虚拟机之间相互通信。虚拟机向外部网络发送的请求数据包，都会交由 NAT 网络适配器加上"特殊标记"并以主机的名义转发出去，外部网络返回的响应数据包，也是先由主机接收，然后交由 NAT 网络适配器根据"特殊标记"进行识别并转发给对应的虚拟机，因此，虚拟机在外部网络中不必具有自己的 IP 地址。从外部网络来看，虚拟机和主机在共享一个 IP 地址，默认情况下，外部网络终端也无法访问虚拟机。在一台主机上只允许有一个 NAT 模式的虚拟网络，同一台主机上多个采用 NAT 模式连接的虚拟机可以相互访问。

3）VMware 仅主机模式

仅主机模式是一种比 NAT 模式更加封闭的网络连接模式，它将创建完全包含在主机中的专用网络。仅主机模式的虚拟网络适配器仅对主机可见，并在虚拟机和主机系统之间提供网络连接。相对于 NAT 模式而言，仅主机模式不具备 NAT 功能，因此在默认情况下，使用仅主机模式网络连接的虚拟机无法连接到外部网络。在同一台主机上可以创建多个仅主机模式的虚拟网络，如果多个虚拟机处于同一个仅主机模式网络中，那么它们之间是可以相互通信的；如果它们处于不同的仅主机模式网络，则默认情况下无法进行相互通信。

3.1.3 Linux 网络配置文件

TCP/IP 网络的主要网络配置参数包括网络 IP 地址、子网掩码、网关、DNS 服务器 IP 地址以及系统主机名等，正确配置这些网络参数，就可以访问网络，这些配置参数将在以下配置文件中进行设置。

1. 网络接口配置文件

在 Linux 系统中，网络接口配置文件用于控制系统中的网络接口模块，并通过这些接口实现对网络设备的控制。当系统启动时，系统通过这些接口配置文件决定启动哪些接口以及如何对这些接口进行配置。Linux 系统中网络接口配置文件的名称通常类似于 ifcfg-name，其中 name 与配置文件所控制设备的名称相关。

在 CentOS 7 系统中，网络接口配置文件位于 /etc/sysconfig/network-scripts 目录中，最常见的网络接口配置文件是 ifcfg-eth33。图 3-7 所示是 ifcfg-eth33 网卡配置文件实例，该配置文件中包含 Linux 系统的网卡 IP 地址、子网掩码、网关、DNS 服务器等相关

```
[root@localhost ~]# cat /etc/sysconfig/network-scripts/ifcfg-ens33
TYPE=Ethernet
PROXY_METHOD=none
BROWSER_ONLY=no
BOOTPROTO=dhcp
DEFROUTE=yes
IPV4_FAILURE_FATAL=no
IPV6INIT=yes
IPV6_AUTOCONF=yes
IPV6_DEFROUTE=yes
IPV6_FAILURE_FATAL=no
IPV6_ADDR_GEN_MODE=stable-privacy
NAME=ens33
UUID=09ce8616-9d26-4352-b935-7e00d2fc3b52
DEVICE=ens33
ONBOOT=yes
[root@localhost ~]#
```

图 3-7　Linux 网络接口配置文件

配置参数。通过使用文本编辑器如 vi/vim 修改网络接口配置文件中的配置参数,可以实现对网络接口设备的控制。需要注意的是,网络接口配置文件修改后需要重新启动网络或激活网卡才能生效,如执行 systemctl restart network 命令重启网络。

网卡配置文件 ifcfg-ens33 中相关配置参数及其含义如表 3-3 所示。

表 3-3　Linux 网络接口配置参数

配置参数名称	参数配置说明
DEVICE=name	name 表示物理设备的名称,对于动态寻址的 PPP 设备则是指它的逻辑名称
BOOTPROTO=protocol	protocol 的值可以是以下几种: none——不指定启用协议 bootp——使用 BOOTP dhcp——使用 DHCP
BROADCAST=address	address 表示广播地址。ifcalc 程序会自动计算这个地址,不推荐手动对它进行配置
IPADDR=address	address 的值就是分配给网卡的 IP 地址
NETMASK=mask	mask 表示子网掩码
GATEWAY=address	address 的值为路由器或其他网关设备的 IP 地址
DNS{1,2}=adderss	address 表示域名服务器的 IP 地址。如果 PEERDNS 选项被设置为 yes,这里设置的 IP 地址将会代替/etc/resolv.conf 中的设置
NETWORK=address	address 表示网络地址,ifcalc 程序会自动计算这个地址,不推荐手动对它进行配置
PEERDNS=yes|no	yes——使用 DNS 选项的值代替/etc/resolv.conf 中的配置。如果使用 DHCP,yes 则为这个选项的默认值 no——不更改 /etc/resolv.conf 中的配置
ONBOOT=yes|no	yes——系统启动时激活设备 no——系统启动时不激活设备
USERCTL=yes|no	yes——允许非 root 用户控制这个设备 no——不允许非 root 用户控制这个设备

2. DNS 域名解析配置文件

DNS 域名解析配置文件/etc/resolv.conf 用于设置 Linux 系统的 DNS 服务器的 IP 地址及本地域名，配置文件中还包含了主机的域名搜索顺序。该文件的格式较为简单，每行以一个关键字开头，后接一个或多个由空格隔开的参数。resolv.conf 的配置参数主要有 4 个，如表 3-4 所示。

表 3-4 /etc/resolv.conf 文件配置参数

配 置 参 数	参 数 含 义	配 置 参 数	参 数 含 义
nameserver	定义 DNS 服务器的 IP 地址	search	定义域名的搜索列表
domain	定义本地域名	sortlist	对返回的域名进行排序

3. IP 地址与主机名(域名)映射文件

/etc/hosts 文件是 Linux 系统中一个负责 IP 地址与域名快速解析的文件，文件名为 hosts(不同的 Linux 版本，这个配置文件也可能不同，例如，Debian 的对应文件是/etc/hostname)。

hosts 文件包含了 IP 地址和主机名之间的映射，还包括主机名的别名。在没有域名服务器的情况下，系统中所有网络程序都通过查询该文件来解析对应于某个主机名的 IP 地址，通常可以将常用的域名和 IP 地址映射加入 hosts 文件中，实现域名对应 IP 地址的快速访问。一般情况下 hosts 文件的每行为一个主机，每行由三部分组成，每个部分由空格隔开。hosts 文件的格式如下：

```
IP 地址    网络主机名/域名    网络主机别名
```

当然每行也可以是两部分，只包含网络主机的 IP 地址和主机名，例如：

```
192.168.1.10    WebServer
```

4. 主机名配置文件

计算机网络中每一台计算机，一般都需要有一个主机名。在 CentOS 7 Linux 系统中，系统主机名由/etc/hostname 文件配置，它在系统初始化时被读取，并且内核会根据它的内容设置主机名。实际上，Linux 主机名分三种：static(静态主机名)、pretty(好看、易读的主机名)和 transient(短暂、临时的)。CentOS 7 主机名修改可以使用以下四种方法实现。

1) 使用 hostname 命令修改主机名

使用该方式修改的是系统的 transient 主机名，即临时生效的主机名。例如，执行 hostname LinuxServer 命令将把当前主机名临时设置为 LinuxServer，执行 hostname 命令将直接看到设置后的结果，但是该配置只是临时生效，系统重启或者终端关闭后，设置的主机名将无法保存。

2）直接修改/etc/hostname 文件

该方法可以让主机名修改立刻生效，重启后也生效（因为内核会根据它初始化 transient 主机名）。

3）使用 nmtui 命令在图形化界面修改主机名

该方法会直接修改/etc/hostname 文件，因此主机名修改后也是立刻生效并永久生效。

4）使用 hostnamectl 命令

该方法可以修改并查看 static、transient 或 pretty 三种主机名。当它修改了 static 主机名时，会直接写入/etc/hostname 文件中，因此它也是立刻生效并永久生效的。

3.1.4 使用 vi 编辑器

1. vi 编辑器简介

Linux 系统的配置经常需要通过修改系统的配置文件完成，这些配置文件通常是标准的文本文件，包括前面介绍的 4 个 Linux 网络配置文件。这就需要学习 Linux 命令行界面下的文本编辑工具，以便在需要时编辑修改所需要的配置文件。

vi 编辑器是 Linux 系统中经典的文本编辑器，它工作在命令行界面下，由于不需要图形界面，vi 是效率很高的文本编辑器。尽管在 Linux 上也有很多图形界面的编辑器可用，但 vi 在系统和服务器管理中的功能是那些图形编辑器所无法比拟的。需要注意的是，vi 编辑器并不是一个排版程序，它不像 Word 或 WPS 那样可以对字体、格式、段落等其他属性进行编排，它只是一个文本编辑程序。没有菜单，完全通过命令来完成文件的编辑操作。vim 是 vi 的加强版，比 vi 更容易使用，vi 的命令绝大多数可以在 vim 中使用。

2. vi 编辑器的三种模式

vi 编辑器有三种基本工作模式：命令行模式、文本输入模式和末行模式，通过 vi 中相应的命令可以实现三种工作模式的切换。在启动 vi 编辑器时，首先进入其命令模式，在命令模式下可以执行文本内容复制、删除、粘贴的操作。输入 a、i、o 等会进入 vi 编辑器的输入模式，此时按键盘上的按键视为在文件中输入对应文本内容。从输入模式返回命令模式需要按 Esc 键。如果需要保存文件，则可以输入：，此时将进入 vi 编辑器的末行模式，可以执行文件保存、文件查找、退出 vi 编辑器等操作，如图 3-8 所示。

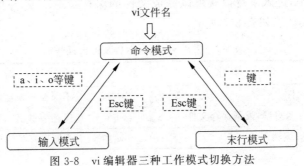

图 3-8 vi 编辑器三种工作模式切换方法

vi 编辑器的三种工作模式及其功能说明如表 3-5 所示。

表 3-5 vi 编辑器三种工作模式

模式	功能
命令模式	在该模式下,用户可以输入各种合法的 vi 命令,用于管理自己的文档
输入模式	在该模式下,用户输入的任何字符都被 vi 视为文件内容保存起来,并将其显示在屏幕上
末行模式	多数文件管理命令都是在此模式下执行,末行命令执行完后,vi 自动回到命令模式

3. 常用的 vi 编辑器命令

vi 编辑器具有强大的文本编辑功能,这些功能可以通过在命令模式下执行相关的编辑命令实现,如复制光标所在的一行文本,可以在命令模式下输入 yy,此时可以将光标移动到需要的位置,输入 p,即可完成一行文本内容的复制和粘贴。常用的 vi 命令操作如表 3-6 所示。

表 3-6 常用 vi 命令输入操作

编辑命令	命令功能	编辑命令	命令功能
h	光标左移一个字符	$	光标移动到当前行的尾部
j	光标下移一个字符	/text	向下搜索 text 文本
k	光标上移一个字符	?text	向上搜索 text 文本
l	光标右移一个字符	nG	光标移动到 n 行
w	向前移动一个单词	:n	光标移动到 n 行
b	向右移动一个单词	G	光标移动到最后一行
e	向前移动一个单词,光标位于单词末尾	dd	删除光标所在的一整行
(	光标移动到当前句子的首部	$n$dd	删除光标所在的向下 n 行
)	光标移动到下一个句子的首部	yy	复制光标所在的一整行
{	光标移动到当前段的首部	$n$yy	复制光标所在的向下 n 行
}	光标移动到当前段的尾部	u	撤销上一个操作
0	光标移动到当前行的首部		

在 vi 编辑器中,进入末行模式可以完成文件的保存及退出 vi 等操作。常用的 vi 编辑器末行命令及其功能如表 3-7 所示。

表 3-7 常用 vi 编辑、保存及退出操作

命令	命令功能	命令	命令功能
:w	保存文件	:q!	不保存并强制退出 vi 编辑器
:w!	若文件为只读,强制保存文件	:wq	保存后退出 vi 编辑器
:q	退出 vi 编辑器	:wq!	强制保存后退出 vi 编辑器

项目 3　网络配置与远程登录

任务实践

3.1.5　使用 vi 编辑网络配置文件

1. 设置虚拟机系统网络模式

在 VMware 虚拟机软件中查看及设置 CentOS 7 系统网络连接模式的方法是,选择"虚拟机"→"设置"命令,选择网络适配器,将虚拟机系统的网络连接模式设置为 NAT,如图 3-9 所示。

图 3-9　设置虚拟机系统的网络连接模式

2. 查看 Linux 网络配置文件

(1) 查看网络接口配置文件。

```
# ip  addr                            //查看系统网络接口信息
# cd  /etc/sysconfig/networ-scripts   //切换到网卡配置文件目录
# ls  -l  ifcfg-*                     //查看相关文件
# cat  ifcfg-ens33                    //查看文件,理解配置参数
```

79

此时可以观察配置参数中 DEVICE、BOOTPROTO、ONBOOT 等参数的取值。

(2) 查看其他相关网络配置文件。

```
# cat  /etc/resolv.conf           //域名解析配置文件
# cat  /etc/hostsIP               //地址与主机名映射文件
# cat  /etc/hostname              //主机名配置文件
# hostname  WebServer             //设置临时主机名
# hostname                        //查看系统主机名
```

3. 使用 vi 编辑器

(1) 练习使用 vi 编辑器命令。

```
# vi  hello.txt                   //进入 vi 编辑器(命令模式)
i                                 //按 i 键进入 vi 文本输入模式
hello world,                      //输入文本
how are you
< Esc >                           //返回 vi 的命令模式
yy                                //在当前位置复制粘贴一行
:p
1G                                //光标跳转到第 1 行
2yy                               //复制文件 2 行,粘贴到末尾
G
:p
:wq                               //保存文件并退出 vi 编辑器
# cat  hello.txt                  //查看编辑的 hello.txt 文件内容
```

(2) 编辑修改网卡配置文件 ifcfg-ens33。

```
# ip  addr                        //查看当前网卡 IP 地址信息
# cd /etc/sysconfig/network-scripts //切换到网卡配置文件目录
# ls  ifcfg- *  -l                //查看目录下的配置文件
# cat ifcfg-ens33                 //查看 ifcfg-ens33 文件内容
# vi  ifcfg-ens33                 //编辑 ens33 网卡配置文件
//移动光标到 ONBOOT 所在行
i
ONBOOT = yes
< Esc >                           //返回 vi 命令模式
:wq                               //保存文件并退出 vi 编辑器
# cat ifcfg-ens33                 //查看 ifcfg-ens33 文件内容
# systemctl  restart  network     //重启系统网络
# ip  addr                        //查看系统网络 IP 地址
```

任务拓展

使用 hostnamectl 命令设置系统主机名为 LinuxServer,查看设置的主机名是否生效。使用 ip addr 命令查看主机 IP 地址,使用 vi 编辑器编辑/etc/hosts 文件,在文件末尾添加一行,输入 IP 地址和主机名映射后保存文件,查看文件是否保存成功。

任务 3.2　Linux 系统网络配置方法

任务目标

（1）掌握 VMware 虚拟网络模式的查看及配置方法。
（2）掌握使用 ip 及 ss 工具查看并配置 Linux 网络的方法。
（3）掌握编辑网卡配置文件配置静态 IP 地址的方法。
（4）掌握传统网络命令 ifconfig 和 netstat 的使用方法。

任务导入

作为当前应用广泛的网络操作系统，Linux 系统为用户提供了完善而强大的网络功能。Linux 系统不仅可以作为客户端连接到网络，还可以作为服务器对外提供网络应用服务。不论是作为网络客户端还是服务器，都需要配置 Linux 连接网络。任务 3.1 中初步介绍了 Linux 网络配置文件，本任务介绍 Linux 系统网络配置的更多内容。

任务知识

3.2.1　Linux 网络配置工具

1. iproute2 工具包简介

传统的 Linux 系统管理员使用 ifconfig、route、arp 和 netstat（统称为 net-tools）等命令来配置网络，诊断和处理网络故障。但多年来，Linux 社区已经停止维护 net-tools 包，一些 Linux 发行版如 CentOS/RHEL 7 等在默认情况下不安装 net-tools 包，默认只安装 iproute2 工具包。

iproute2 工具包作为 Linux 网络配置工具，旨在从功能上取代传统 Linux 系统中的 net-tools 包。net-tools 包通过 procfs(/proc) 和 ioctl 系统调用去访问和改变 Linux 内核的网络配置，而 iproute2 则通过 netlink 套接字接口与内核通信，iproute2 的用户界面比 net-tools 显得更加直观，用户也可使用一致的语法去管理不同的网络资源。iproute2 包中常用的工具有 ip 和 ss 命令，以下对这两个命令的使用方法进行简要介绍。

2. 网络信息查看及配置命令 ip

1）ip 命令功能简介

iproute2 网络配置工具的核心是 ip 命令，在命令行下输入 ip -h 可以了解这个命令的功能。ip 命令中常用选项及功能如表 3-8 所示。

表 3-8　ip 命令常用选项

选项	作用
link	网络设备配置命令，可以启用/禁用某个网络设备等
addr	用于管理某个网络设备与协议有关的地址
rule	管理路由，如添加与删除等
neigh	用于 neighbor/ARP 表的管理，如显示、插入、删除等
tunnel	隧道配置，将数据封装成 IP 包然后在互联网上发出
maddr	多播地址管理，可以持续监控 IP 地址和路由的状态
xfrm	设置 xfrm，xfrm 可以转换数据报的格式

2）ip 命令的使用方法

使用 ip 命令可以实现对系统网络设备的禁用和启用，也可以使用该命令查看及管理网络设备，实现系统路由信息的查看和管理等。表 3-9 列出了 ip 命令的常见使用方法。

表 3-9　ip 命令的常见使用方法

常用命令	命令功能
ip link show	显示链路
ip addr show	显示地址（类似于 ifconfig）
ip route show	显示路由（类似于 route -n）
ip neigh show	显示 ARP 表
ip neigh delete 192.168.200.50 dev eth0	删除 ARP 条目
ip rule show	显示默认规则
ip route del default dev eth0	删除接口路由
ip route show table local	查看本地静态路由
ip route show table main	查看直连路由

3. ss 命令

1）ss 命令功能简介

ss 命令用于显示系统网络的套接字状态，它比其他工具展示更多的协议和状态信息，是一个非常实用、快速、有效的跟踪 IP 连接和数据包的网络工具。表 3-10 列出了 ss 命令的常用选项及其功能。

表 3-10　ss 命令的常用选项及其功能

常用选项	选项功能	常用选项	选项功能
-n	不解析服务名称	-i	显示内部 TCP 信息
-a	显示所有套接字	-s	显示套接字使用统计摘要
-l	显示监听套接字	-t	仅显示 TCP 套接字
-o	显示计时器信息	-u	仅显示 UDP 套接字
-e	显示详细的套接字信息	-w	仅显示 RAW 套接字
-m	显示套接字内存使用量	-x	仅显示 UNIX 域套接字
-p	显示使用套接字的进程信息	-D	将 TCP 套接字原始信息转储到文件

2) 常见的 ss 命令举例

ss 命令功能强大,常见的使用方法如表 3-11 所示。

表 3-11 常见的 ss 命令使用方法

常用命令	功能说明
ss -s	显示 sockets 概要信息
ss -tnl	查看主机监听端口,本地 IP 地址及 TCP 数字端口号
ss -tlr	显示主机监听端口名称
ss -pl	显示每个进程名及其监听端口
ss -tan	显示所有 TCP 连接
ss -uan	显示所有 UDP 连接

3.2.2 配置网卡的静态 IP 地址

1. 网卡静态 IP 地址配置参数

在 CentOS 7 系统中,默认情况下其网络接口没有经过配置。通过启用网卡并重启网络,系统可以自动获取 VMware 虚拟网络分配的 IP 地址、子网掩码等网络参数,从而连接到外部网络。如果需要配置静态 IP 地址,则需要通过修改网卡配置文件中静态 IP 地址配置相关配置参数,包括 BOOTPROTO、IPADDR、NETMASK、GATEWAY、DNS 1/2 等,具体参数如表 3-3 所示。正确配置后重新启动网络就可以生效。

2. 静态 IP 地址配置实践

设置 CentOS 7 虚拟机网络连接模式为 NAT 模式,打开 VMware 虚拟网络编辑器,观察 NAT 虚拟网络的网络地址和网关,此处假定虚拟机 NAT 虚拟网络的网络地址为 192.168.200.0,相关配置操作如下。

```
# cd /etc/sysconfig/network-scripts        //切换到网卡配置文件目录命令
# ls -l ifcfg-*                            //查看系统以太网卡信息和 lo 卡信息
# vi ifcfg-ens33                           //进入 vi 编辑器修改配置参数
i                                          //按 i 键进入编辑状态,修改如下
ONBOOT = yes                               //开机激活网卡
BOOTPROTO = static                         //配置静态方式设置 IP 地址
IPADDR = 192.168.200.10                    //配置静态网卡 IP 地址
NETMASK = 255.255.255.0                    //配置默认的子网掩码
GATEWAY = 192.168.200.2                    //配置系统网关 IP 地址
DNS1 = 192.168.200.2                       //配置系统 DNS 服务器
< Esc >                                    //按 Esc 键
:wq                                        //保存退出 vi 编辑器
# systemctl restart network                //重新启动网络以便配置生效
# ip addr show ens33                       //查看是否获得设置的静态 IP 地址
```

完成上述配置后，重新启动网络服务，查看 Linux 虚拟机系统中的 ens33 网卡的基本信息，如图 3-10 所示。

```
[root@localhost network-scripts]# systemctl  restart network
[root@localhost network-scripts]# ip addr show ens33
2: ens33: <BROADCAST,MULTICAST,UP,LOWER_UP> mtu 1500 qdisc pfifo_fast state UP
00
    link/ether 00:0c:29:52:f5:48 brd ff:ff:ff:ff:ff:ff
    inet 192.168.200.10/24 brd 192.168.200.255 scope global noprefixroute ens33
       valid_lft forever preferred_lft forever
    inet6 fe80::894b:1fd5:dee5:cc17/64 scope link noprefixroute
       valid_lft forever preferred_lft forever
```

图 3-10　配置静态 IP 地址后 ens33 网卡基本信息

3.2.3　常用 Linux 网络诊断命令

1. ping 命令

ping 命令用于检测一台主机是否可达，它使用 ICMP 发出要求回应的信息，若远端主机网络正常，就会回应相应报文信息。

1）语法格式

ping [选项][-c<完成次数>][-i<间隔秒数>][主机名称或 IP 地址]

2）选项说明

ping 命令的常见选项及功能说明如表 3-12 所示。

表 3-12　ping 命令常见选项及功能

常 见 选 项	功 能 说 明
-c<完成次数>	设置完成要求回应的次数
-f	极限检测
-i<间隔秒数>	指定收发信息的间隔时间
-n	只输出数值
-s<数据包大小>	设置数据包的大小
-t<存活数值>	设置存活数值（TTL）的大小
-v	详细显示指令的执行过程

3）命令实例

```
#ping  192.168.200.20                //测试与本地 IP 地址可用性，按 Ctrl+C 组合键终止
#ping -c 4 192.168.200.20            //发送 4 个数据包测试与网关的连通性
#ping -c 4  www.baidu.com            //发送 4 个数据包测试与外网网络连通性
#ping -i 3 -s 1024 -t 255 www.163.com
//以上使用 ping 命令向目标主机(www.163.com)按指定要求发送数据包
//-i 3 表示发送周期 3 秒，-s 设置包大小为 1024 字节，-t 设置 TTL 值为 255
```

2. ifconfig 命令

在 Linux 系统中，ifconfig 命令具有强大的网络配置功能，可以用于设置及显示系统中网络设备的状态。使用 ifconfig 命令前需要安装 net-tools 工具包，安装 net-tools 包的命令如下。

```
# mount /dev/sr0 /media                    //光驱中已加载 CentOS 7 系统镜像
# rpm - ivh /media/Packages/net - tools - 2.0 - 0.25.20131004git.el7.x86_64.rpm
                                            //安装 net - tools 网络工具包
```

以下对 ifconfig 命令的语法格式及使用方法进行简要介绍。
1）语法格式

```
ifconfig [网络设备][down up][add<地址>][del<地址>][<hw<网络设备类型>
<硬件地址>][mtu<字节>][netmask<子网掩码>][-broadcast<地址>]
```

2）选项说明

ifconfig 命令的常见选项及功能说明如表 3-13 所示。

表 3-13 ifconfig 命令的常见选项及功能说明

常见选项	功能说明
add <IP 地址>	设置网络设备 IPv6 的 IP 地址
del <地址>	删除网络设备 IPv6 的 IP 地址
down	关闭指定的网络设备
hw <网络设备类型> <硬件地址>	设置网络设备的类型与硬件地址
mtu <字节>	设置网络设备的 MTU
netmask <子网掩码>	设置网络设备的子网掩码
up	启动指定的网络设备
-broadcast <地址>	将送往指定地址数据包当成广播数据包来处理
[IP 地址]	指定网络设备的 IP 地址
[网络设备]	指定网络设备的名称

3）命令实例

```
# ifconfig                                  //显示网络设备信息
# ifconfig ens33 down                       //禁用 ens33 网卡
# ifconfig eth33 up                         //启用 ens33 网卡
# ifconfig ens33 192.168.200.30 netmask 255.255.255.0
```

以上 ifconfig 命令查看 ens33 网卡的配置信息，并为 ens33 网卡配置一个临时的 IP 地址，命令的运行结果如图 3-11 所示。

3. netstat 命令

netstat 命令用于显示网络状态，利用该命令可了解当前 Linux 系统的网络情况。

```
[root@localhost network-scripts]# ifconfig ens33
ens33: flags=4163<UP,BROADCAST,RUNNING,MULTICAST>  mtu 1500
        inet 192.168.200.10  netmask 255.255.255.0  broadcast 192.168.200.255
        inet6 fe80::894b:1fd5:dee5:cc17  prefixlen 64  scopeid 0x20<link>
        ether 00:0c:29:52:f5:48  txqueuelen 1000  (Ethernet)
        RX packets 688  bytes 68329 (66.7 KiB)
        RX errors 0  dropped 0  overruns 0  frame 0           IP地址已被临时修改
        TX packets 500  bytes 54246 (52.9 KiB)
        TX errors 0  dropped 0  overruns 0  carrier 0  collisions 0

[root@localhost network-scripts]# ifconfig ens33 192.168.200.30 netmask 255.255.255.0
[root@localhost network-scripts]# ifconfig ens33
ens33: flags=4163<UP,BROADCAST,RUNNING,MULTICAST>  mtu 1500
        inet 192.168.200.30  netmask 255.255.255.0  broadcast 192.168.200.255
        inet6 fe80::894b:1fd5:dee5:cc17  prefixlen 64  scopeid 0x20<link>
        ether 00:0c:29:52:f5:48  txqueuelen 1000  (Ethernet)
        RX packets 688  bytes 68329 (66.7 KiB)
        RX errors 0  dropped 0  overruns 0  frame 0
        TX packets 502  bytes 54370 (53.0 KiB)
        TX errors 0  dropped 0  overruns 0  carrier 0  collisions 0
```

图 3-11　使用 ifconfig 命令配置 IP 地址

netstat 命令可以结合 grep 命令查看特定端口或进程的服务运行情况。

1）语法格式

```
netstat [选项]
```

2）选项说明

netstat 命令的常见选项及功能说明如表 3-14 所示。

表 3-14　netstat 命令的常见选项及功能说明

常 见 选 项	功 能 说 明
-a 或 --all	显示所有连接中的套接字
-c 或 --continuous	持续列出网络状态
-C 或 --cache	显示路由器配置的缓存信息
-l 或 --listening	显示监控中的服务器的套接字
-n 或 --numeric	直接使用 IP 地址，而不通过域名服务器
-p 或 --programs	显示正在使用套接字的程序名称
-r 或 --route	显示路由表
-s 或 --statistice	显示网络工作信息统计表
-t 或 --tcp	显示 TCP 的在线状态
-u 或 --udp	显示 UDP 的在线状态
-v 或 --verbose	显示命令执行过程

3）命令实例

```
#netstat -a                    //显示详细的网络状态信息
#netstat -i                    //显示网卡列表
#netstat -ntp                  //显示网络统计信息
#netstat -ntpl | grep :22      //显示网络统计信息
```

以上命令的运行结果如图 3-12 所示。

```
[root@localhost network-scripts]# netstat -i
Kernel Interface table
Iface             MTU    RX-OK RX-ERR RX-DRP RX-OVR    TX-OK TX-ERR TX-DRP TX-OVR Flg
ens33            1500      692      0      0      0      502      0      0      0 BMRU
lo              65536       80      0      0      0       80      0      0      0 LRU
[root@localhost network-scripts]# netstat -ntp
Active Internet connections (w/o servers)
Proto Recv-Q Send-Q Local Address           Foreign Address         State       PID/Program
tcp        0      0 192.168.200.10:22       192.168.200.1:49204     ESTABLISHED 2168/sshd:
[root@localhost network-scripts]# netstat -ntpl | grep :22
tcp        0      0 0.0.0.0:22              0.0.0.0:*               LISTEN      1133/sshd
tcp6       0      0 :::22                   :::*                    LISTEN      1133/sshd
```

图 3-12　使用 netstat 命令查看端口

3.2.4　配置和测试 Linux 系统网络

1. 使用 ip 命令查看及配置网络

1）配置 VMware 虚拟网络连接模式

在进行 Linux 系统网络配置之前，需要连接 Linux 虚拟机网络连接模式的相关信息，此时需要进入 VMware 软件安装目录，双击运行 VMware 软件的虚拟网络编辑器程序 vmnetcfg.exe，在打开的虚拟网络编辑器界面，设置 NAT 虚拟网络的子网 IP 地址为 192.168.30.0，同时可以查看 NAT 虚拟网络的网关地址，如图 3-13 所示。

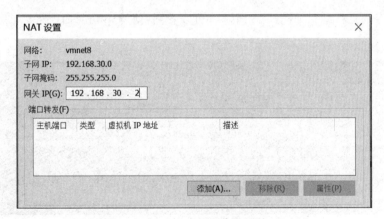

图 3-13　查看 NAT 虚拟网络的网关 IP 地址

2）使用 ip 命令管理 IP 地址

```
# ip a                          //显示全部网卡信息
# ip addr show dev ens33        //查看指定网卡信息
# ip a sh ens33                 //支持简写，功能同上
```

```
# ip -s link ls ens33                          //显示网卡接口的统计信息
# ip addr add 192.168.10.50/24 dev ens33       //为网卡绑定新的 IP 地址
# ip a sh ens33                                //查看网卡配置信息
# ping 192.168.10.50                           //测试网卡绑定的新 IP 地址
```

以上命令的运行结果如图 3-14 所示。

```
[root@localhost ~]# ip addr add 192.168.10.50/24 dev ens33
[root@localhost ~]# ip a sh ens33
2: ens33: <BROADCAST,MULTICAST,UP,LOWER_UP> mtu 1500 qdisc pfifo_fast state UP group
00
    link/ether 00:0c:29:52:f5:48 brd ff:ff:ff:ff:ff:ff
    inet 192.168.200.10/24 brd 192.168.200.255 scope global noprefixroute ens33
       valid_lft forever preferred_lft forever
    inet 192.168.10.50/24 scope global ens33
       valid_lft forever preferred_lft forever
    inet6 fe80::894b:1fd5:dee5:cc17/64 scope link noprefixroute
       valid_lft forever preferred_lft forever
[root@localhost ~]# ping 192.168.10.50
PING 192.168.10.50 (192.168.10.50) 56(84) bytes of data.
64 bytes from 192.168.10.50: icmp_seq=1 ttl=64 time=0.080 ms
64 bytes from 192.168.10.50: icmp_seq=2 ttl=64 time=0.477 ms
64 bytes from 192.168.10.50: icmp_seq=3 ttl=64 time=0.066 ms
^C
```

图 3-14　使用 ip 命令查看和配置网卡 IP 地址

3）使用 ip 命令管理接口链路

```
# ip link set ens33 down                       //禁用 ens33 网络接口
# ip link show ens33                           //显示 ens33 接口链路信息
# ip link set ens33 up                         //启用 ens33 网络接口
# ip link show ens33                           //再次显示 ens33 接口链路
```

以上命令的运行结果如图 3-15 所示。可以看到，使用 ip link 命令可以启用及禁用系统网络接口。

```
[root@localhost ~]# ip route
default via 192.168.200.2 dev ens33 proto static metric 100
192.168.200.0/24 dev ens33 proto kernel scope link src 192.168.200.10 metric 100
[root@localhost ~]# ip addr add 192.168.10.50/24 dev ens33
[root@localhost ~]# ip route
default via 192.168.200.2 dev ens33 proto static metric 100
192.168.10.0/24 dev ens33 proto kernel scope link src 192.168.10.50
192.168.200.0/24 dev ens33 proto kernel scope link src 192.168.200.10 metric 100
[root@localhost ~]# ip route add 192.168.10.2 dev ens33
[root@localhost ~]# ip route
default via 192.168.200.2 dev ens33 proto static metric 100
192.168.10.0/24 dev ens33 proto kernel scope link src 192.168.10.50
192.168.10.2 dev ens33 scope link
192.168.200.0/24 dev ens33 proto kernel scope link src 192.168.200.10 metric 100
```

图 3-15　使用 ip 命令配置 Linux 网络

4）使用 ip 命令实现路由表管理

```
# ip route                                     //查看路由表信息
# ip route add 192.168.10.2 dev ens33          //添加接口静态路由
# ip route                                     //再次查看路由表
```

在 Linux 系统中可以使用 ip route 命令管理系统路由表。通过添加路由表,可以为数据包的网络传输提供路由信息,确保数据包的正常发送和接收。图 3-15 中,可以看到系统路由表已经添加了对应的静态路由项。

2. 为网卡配置静态 IP 地址

1) 查看网卡配置文件

在进行虚拟机系统网络静态 IP 地址配置之前,需要设置好网络模式,默认设置为 NAT 模式;同时需要了解 NAT 模式下网络地址和网关 IP 地址。本次操作中假定网络地址为 192.168.30.0,网关地址为 192.168.30.2。默认情况下 ens33 网络接口以 DHCP 方式自动获取网络配置参数。

```
# cd /etc/sysconfig/network-scripts     //切换到网卡配置文件目录
# ls -l ifcfg-*                          //观察系统以太网卡文件信息
# cat ifcfg-ens33                        //查看网卡配置文件内容
```

2) 编辑网卡配置文件

```
# vi ifcfg-ens33                         //进入 vi 编辑器修改配置参数
i                                        //按 i 键进入文本编辑输入状态,修改如下
ONBOOT = yes                             //开机激活网卡
BOOTPROTO = static                       //配置静态方式设置 IP 地址
IPADDR = 192.168.30.10                   //虚拟网络地址为 192.168.30.10
NETMASK = 255.255.255.0                  //设置子网掩码
GATEWAY = 192.168.30.2                   //虚拟网络网关为 192.168.30.2
DNS1 = 192.168.30.12                     //虚拟网络 DNS 设置为网关
# 按 Esc 键,输入:wq                      //保存并退出 vi 编辑器
# systemctl restart network              //重新启动网络以便配置生效
# ip addr show ens33                     //查看网络接口静态 IP 地址
# cat /etc/resolv.conf                   //查看 DNS 服务器配置信息
# ping -c 4 192.168.30.2                 //使用 ping 测试网关 IP
# ping -c 4 www.baidu.com                //使用 ping 测试外网域名
```

上述命令通过编辑 ens33 网卡的配置文件完成 ens33 网卡的静态 IP 地址,以及网卡的默认网关和 DNS 服务器等网络参数的配置。编辑网卡配置文件后,需要重新启动网络以让网卡配置生效,并通过 ping 网关 IP 及 ping 外网域名测试配置的有效性,命令运行结果如图 3-16 所示。

3. 使用 ifconfig 和 netstat 命令

```
# ifconfig ens33                                              //查看 ens33 网络接口
# ifconfig ens33 192.168.200.30 netmask 255.255.255.0         //配置临时 IP 地址
# ifconfig ens33                                              //再次查看 ens33 网络接口
```

```
[root@localhost network-scripts]# systemctl restart network
[root@localhost network-scripts]# ip a sh ens33
2: ens33: <BROADCAST,MULTICAST,UP,LOWER_UP> mtu 1500 qdisc pfifo_fast state UP group
00
    link/ether 00:0c:29:52:f5:48 brd ff:ff:ff:ff:ff:ff
    inet 192.168.30.10/24 brd 192.168.30.255 scope global noprefixroute ens33   网卡静态IP地址
       valid_lft forever preferred_lft forever
    inet6 fe80::894b:1fd5:dee5:cc17/64 scope link noprefixroute
       valid_lft forever preferred_lft forever
[root@localhost network-scripts]# cat /etc/resolv.conf
# Generated by NetworkManager
nameserver 192.168.30.2                                                         域名服务器IP地址
[root@localhost network-scripts]# ping -c 4 192.168.30.2                        测试网关IP地址
PING 192.168.30.2 (192.168.30.2) 56(84) bytes of data.
64 bytes from 192.168.30.2: icmp_seq=1 ttl=128 time=2.37 ms
64 bytes from 192.168.30.2: icmp_seq=2 ttl=128 time=0.831 ms
64 bytes from 192.168.30.2: icmp_seq=3 ttl=128 time=1.01 ms
64 bytes from 192.168.30.2: icmp_seq=4 ttl=128 time=1.05 ms

--- 192.168.30.2 ping statistics ---
4 packets transmitted, 4 received, 0% packet loss, time 3009ms
rtt min/avg/max/mdev = 0.831/1.319/2.373/0.614 ms
[root@localhost network-scripts]# ping -c 4 www.baidu.com                       测试百度网站域名
PING www.a.shifen.com (14.215.177.39) 56(84) bytes of data.
64 bytes from 14.215.177.39 (14.215.177.39): icmp_seq=1 ttl=128 time=24.5 ms
```

图 3-16　网卡静态 IP 地址配置

```
# ifconfig ens33 hw ether 00:AA:BB:CC:DD:EE    //修改 MAC 地址
# ifconfig ens33 mtu 1500                       //设置最大数据包大小为 1500B
# ifconfig ens33                                //再次查看 ens33 网络接口
# netstat -an                                   //查看详细的网络状态
# netstat -tpln                                 //查看 TCP 端口及其监听程序
# netstat -tpln| grep :22                       //查看指定 TCP 端口监听信息
```

以上的 ifconfig 及 netstat 命令具有查看及配置网络接口相关配置参数的功能,其功能基本上和前面提到的 ip 和 ss 命令类似,此处不再赘述。

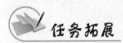任务拓展

试着将 VMware 虚拟网络连接模式设置为桥接模式,编辑修改网卡配置参数,让 CentOS 7 虚拟机系统以和宿主计算机桥接的方式访问互联网。

任务 3.3　远程登录 Linux 主机

任务目标

（1）掌握 OpenSSH 远程登录服务的配置和启动方法。
（2）掌握 SecureCRT 远程登录客户端的使用方法。
（3）掌握基于密钥的远程登录配置及测试方法。

Linux 系统经常作为网络服务器的操作系统。网络服务器经常安装在专用的服务器机房里,为了能更方便地管理 Linux 网络服务器系统,在配置系统联网后,就可以通过网络远程登录方式对 Linux 系统进行运维和管理,接下来介绍如何远程登录 Linux 系统。

3.3.1 SSH 远程登录概述

1. 远程登录简介

1) 远程登录基本概念

远程登录是指在网络远程登录协议的支持下,将用户计算机与远程主机连接起来,用户可以在远程计算机上运行程序,并将远程计算机的屏幕显示内容传送到本地机器。用户通过运行相应的远程登录软件实现远程登录功能。远程登录软件是基于客户/服务器模式的网络服务程序,它由客户端软件、服务器软件以及远程登录协议 3 部分组成。

用户登录的远程计算机称为远程登录服务器或远程主机。本地计算机作为远程登录客户机来使用,它起到远程主机的虚拟终端的作用,用户可以通过它与主机上的其他用户共同使用该远程主机提供的服务和资源。当用户登录远程主机时,必须在这个远程主机上拥有合法的登录凭据(账号或密钥等),否则远程主机将会拒绝登录。

2) 远程登录协议

远程登录协议是远程登录的基础,常见的远程登录协议有以下四种。

(1) RDP(remote desktop protocol),它是 Windows 远程桌面使用的协议。

(2) Telnet 远程登录协议,它是基于命令行界面运行的远程管理协议,几乎所有的操作系统都能支持。Telnet 协议采用明文传输数据,安全性较差。

(3) SSH(secure shell)协议,它是基于命令行界面运行的远程管理协议,几乎所有操作系统都支持。SSH 协议采用加密传输数据,安全性好,目前已基本取代 Telnet 远程登录协议,本任务中将重点介绍 SSH 远程登录方式。

(4) RFB(remote framebuffer)协议,它基于图形化界面运行的远程管理协议,常见的 VNC(virtual network computing)软件就使用该协议。VNC 是当前类 UNIX 系统中主要的图形化远程管理方式。

2. SSH 远程登录

1) SSH 协议

SSH 协议是一种加密的网络传输协议,可在不安全的网络中为网络服务提供安全的传输环境。SSH 通过在网络中创建安全隧道来实现 SSH 客户端与服务器之间的连接。

虽然任何网络服务都可以通过 SSH 实现安全传输,但是 SSH 最常见的用途是远程登录,人们通常利用 SSH 来传输命令行界面和远程执行命令。SSH 协议使用频率最高的是在各种类 UNIX 系统中,2015 年微软公司宣布在 Windows 操作系统中提供原生 SSH 协议支持。在设计上,SSH 是 Telnet 和非安全 shell 的替代品,Telnet 和 Rlogin、Rsh 等协议采用明文传输,使用不可靠的密码,在不安全的网络中容易遭到监听、嗅探和中间人攻击。

2) SSH 身份验证机制

SSH 支持两种方式的身份验证:基于密码的身份验证和基于密钥的身份验证。基于密码的身份验证是指通过提供账号和密码登录到远程主机,所有数据都会被使用密钥加密后进行传输,如图 3-17 所示。基于密钥的身份验证是指首先为远程登录用户创建一对密钥,并将公钥放在需要登录的远程主机上,客户端登录时向服务器请求用密钥进行身份验证,服务器收到请求后,会比较事先保存的公钥和客户端发送的公钥,如果一致,服务器就用公钥加密"质询"并发给客户端,客户端用私钥解密后,将解密结果发给服务器,服务器端验证结果,如果正确,就允许客户端登录远程主机,如图 3-18 所示。

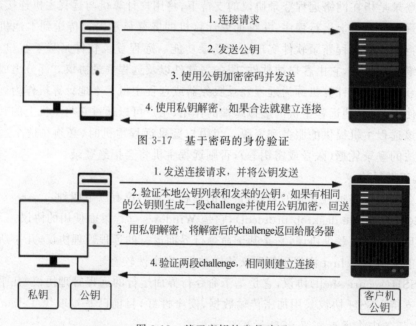

图 3-17　基于密码的身份验证

图 3-18　基于密钥的身份验证

3.3.2　OpenSSH 远程登录服务

1. OpenSSH 软件包简介

1) OpenSSH 软件包构成

OpenSSH 是基于 SSH 协议开发的开源远程登录软件,OpenSSH 提供服务端程序和客户端工具,通过在远程登录和管理中加密数据,大大提高了客户机与服务器数据传输的安全性。OpenSSH 软件包含 openssh-client 客户端、openssh-server 服务器及相关的支持程序。默认情况下，CentOS 7 系统已经安装 OpenSSH 软件包，通过使用 rpm 命令可以查询 OpenSSH 包的安装信息，如图 3-19 所示。

```
[root@localhost ~]# rpm -qa |grep ssh
openssh-server-7.4p1-21.el7.x86_64
libssh2-1.8.0-3.el7.x86_64
openssh-clients-7.4p1-21.el7.x86_64
openssh-7.4p1-21.el7.x86_64
[root@localhost ~]# rpm -ql openssh-clients
/etc/ssh/ssh_config
/usr/bin/scp
/usr/bin/sftp
/usr/bin/slogin
/usr/bin/ssh
```

图 3-19　查询 OpenSSH 软件包安装信息

2）OpenSSH 软件包功能

在 Linux 系统中安装 OpenSSH 软件包后，就可以为授权用户从本地计算机连接到远程主机提供以下功能。

（1）远程登录管理。允许授权用户登录远程主机，像在本地主机上一样执行命令操作。

（2）远程文件复制。允许授权用户在本地主机使用命令将文件复制到远程主机。

（3）远程文件传送。允许授权用户在本地主机和远程主机之间进行文件传送。

2. 管理 OpenSSH 服务

在 CentOS 7 系统中，OpenSSH 服务程序默认在系统开机时自动在系统后台运行。OpenSSH 服务程序为/usr/sbin/sshd，在 CentOS 7 系统中通过 systemctl 服务管理工具可以查看、启动、关闭及重启 sshd 服务程序，相关命令如下。

```
#systemctl restart sshd          //重新启动 sshd 服务程序
#systemctl status sshd           //查看 sshd 服务状态
#ss - tln | grep :22             //查看 22 端口监听情况
#ss - tln | grep :ssh            //查看 ssh 端口监听情况
```

以上命令的运行结果如图 3-20 所示。

```
[root@localhost ~]# systemctl start sshd
[root@localhost ~]# systemctl restart sshd
[root@localhost ~]# systemctl status sshd
● sshd.service - OpenSSH server daemon
   Loaded: loaded (/usr/lib/systemd/system/sshd.service; enabled; vendor preset: enabled)
   Active: active (running) since Sun 2020-03-29 05:28:02 CST; 9s ago
     Docs: man:sshd(8)
           man:sshd_config(5)
 Main PID: 9440 (sshd)
   CGroup: /system.slice/sshd.service
           └─9440 /usr/sbin/sshd -D

Mar 29 05:28:02 localhost.localdomain systemd[1]: Stopped OpenSSH server daemon.
Mar 29 05:28:02 localhost.localdomain systemd[1]: Starting OpenSSH server daemon...
Mar 29 05:28:02 localhost.localdomain sshd[9440]: Server listening on 0.0.0.0 port 22.
Mar 29 05:28:02 localhost.localdomain sshd[9440]: Server listening on :: port 22.
Mar 29 05:28:02 localhost.localdomain systemd[1]: Started OpenSSH server daemon.
[root@localhost ~]# ss -tln |grep :22
LISTEN     0      128          *:22                       *:*
LISTEN     0      128       [::]:22                    [::]:*
[root@localhost ~]# ss -tlr |grep :ssh
LISTEN     0      128          *:ssh                      *:*
LISTEN     0      128       [::]:ssh                   [::]:*
```

图 3-20　查看及管理 sshd 服务

3. OpenSSH 服务配置参数

OpenSSH 服务配置文件为/etc/ssh/sshd_config,用户可以通过修改该配置文件实现对 OpenSSH 服务功能和行为的控制。sshd 服务配置文件的配置参数包括服务基本配置参数和用户身份验证配置参数。用户可以使用 vi 等编辑器修改 sshd_config 配置文件,修改后需要使用 systemctl restart sshd 命令重新启动 sshd 服务程序。

1) 基本配置参数

```
Port 22                              //默认监听端口
ListenAddress 0.0.0.0                //监听地址,0.0.0.0监听所有 IP
Protocol 2                           //SSH 协议版本号
SyslogFacility AUTHPRIV              //日志配置
LogLevel INFO                        //设置日志级别
PidFile /var/run/sshd.pid            //设置 PID 文件
```

2) 身份验证配置参数

```
Allow user1 user2...                 //允许登录的用户
Allow group1 group2...               //允许登录的组
Deny user1 user2...                  //禁止登录的用户
Deny group1 group2...                //禁止登录的组
LoginGraceTime 2m                    //输入超时(登录提示符)
#PermitRootLogin yes                 //允许 ROOT 登录
StrictModes yes                      //严格模式,无家目录,不能登录
MaxAuthTries 6                       //最大密码输错次数
MaxSessions 10                       //最大同时打开的会话连接数
RSAAuthentication yes                //是否启用 RSA 验证
PubkeyAuthentication yes             //是否启用公钥验证
AuthorizedKeysFile                   //公钥验证文件
PasswordAuthentication no            //是否启用密码验证
PermitEmptyPasswords no              //是否允许空密码登录
UsePAM yes                           //是否使用 PAM 验证
PrintMotd yes                        //是否打印/etc/motd 文件
PrintLastLog yes                     //是否打印上次登录的日志
ClientAliveInterval 600              //会话超时时间(秒)
ClientAliveCountMax 3                //会话超时判断次数
UseDNS no                            //是否使用 DNS 反解主机名
```

3.3.3 远程登录 Linux

1. 远程登录客户端工具

1) 远程登录客户端简介

在远程主机上运行了远程登录服务程序如 sshd 等后,就可以在本地计算机通过远程

登录客户端工具进行远程连接。通过运行这些远程登录或远程管理的客户端工具,可以远程连接到运行相关远程登录或管理服务的远程Linux主机,就像在远程主机的本地终端上操作一样。常见的Windows系统中使用的远程登录及远程连接Linux系统的工具包括SecureCRT、Putty、Xshell以及图形界面的VNC viewer等软件。

2) SecureCRT工具

SecureCRT是一款支持SSH(SSH1和SSH2)的终端仿真程序,简单地说是Windows系统中登录UNIX或Linux远程主机的软件。SecureCRT同时支持SSH、Telnet和Rlogin协议,是一个用于连接运行包括Windows、UNIX和VMS等系统的理想工具。SecureCRT的SSH协议支持DES、3DES和RC4密码,同时支持通过用户密码与RSA公钥身份验证,本书主要以SecureCRT为例说明远程登录操作。

3) PuTTY工具

PuTTY是一款支持Telnet、SSH、Rlogin、纯TCP以及串行接口连接软件,能支持Windows及各类Linux、UNIX平台。作为开放源代码的软件,PuTTY主要由Simon Tatham维护,使用MIT licence授权。

4) Xshell工具

Xshell是一款强大的安全终端模拟软件,它支持SSH1、SSH2以及Microsoft Windows平台的Telnet协议。Xshell通过互联网到远程主机的安全连接及其创新性的设计和特色帮助用户在复杂的网络环境中工作。Xshell可以在Windows界面下访问远端不同系统下的服务器,从而比较好地达到远程控制的目的。

2. 基于账号和密码SSH远程登录

通过网络下载SecureCRT工具安装包,直接双击完成软件的安装,将在桌面上自动生成SecureCRT快捷方式。双击运行SecureCRT程序,即可使用该程序的"快速连接"菜单,在"主机名"文本框中输入远程Linux主机的IP地址或主机名,在"用户名"文本框中输入有权限连接远程Linux主机的用户名,单击"连接"按钮,就可以连接远程主机。第一次登录远程主机时,会出现创建主机密钥提示,直接单击"确定"按钮。下一步输入登录密码,就可以登录远程主机,通过网络实现远程登录Linux系统。登录后就可以像在本地终端中一样执行相关操作。如图3-21所示为远程登录系统后,执行who命令查看当前登录用户信息。

3. 基于密钥的SSH远程登录

基于密钥的SSH远程登录大大增强了远程管理的安全性。远程登录时,系统用公钥、密钥进行加密、解密关联验证,大大增强了远程管理的安全性。

1) 配置SSH远程登录服务器

要使用密钥来登录Linux远程主机,首先需要配置远程主机支持密钥登录,为此,需要修改OpenSSH服务器主配置文件/etc/ssh/sshd_config中的相关参数,相关参数及配置值如表3-15所示,此处假设允许root用户基于密钥远程登录系统。配置好相关参数后,需要使用systemctl restart sshd命令重新启动sshd远程登录服务程序。

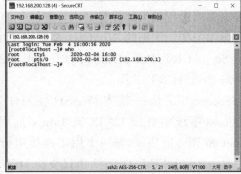

图 3-21　SecureCRT 远程登录界面

表 3-15　允许远程公钥登录配置参数

配置参数及配置值	参 数 含 义
RSAAuthentication/yes	允许 RSA 密钥
PubkeyAuthentication/yes	启用公钥认证
PermitRootLogin/yes	允许 root 登录

2）生成 SSH 远程登录密钥

为了测试基于密钥的 SSH 远程登录，可以在 Linux 远程主机中使用 ssh-keygen 工具生成 RSA 密钥对，并把生成的公钥加入 Linux 远程主机的/root/.ssh/authorized_keys 用户公钥验证文件中，相关操作命令如下。

```
# ssh-keygen -t rsa                                      //生成 RSA 密钥对文件
# ls -l /root/.ssh                                       //查看生成的密钥对文件
# cat /root/.ssh/id_rsa.pub >> /root/.ssh/authorized_keys
# chmod 600 /root/.ssh/authorized_keys                   //设置公钥验证文件的访问权限
```

以上命令生成 root 的密钥文件后，将 root 用户的公钥信息保存到用户公钥认证文件/root/.ssh/authorized_keys 中，还修改了该验证文件的访问权限，命令的操作结果如图 3-22 所示。

图 3-22　使用 ssh-keygen 生成密钥文件

3）配置远程登录客户端

使用 SecureFX 工具可以将服务器上生成的指定用户账号的密钥对文件分发给需要用该用户账号登录的 Windows 计算机。SecureFX 和 SecureCRT 工具一样，是一款由 VanDyke 公司研发的支持普通 FTP 标准和安全数据传送标准（SFTP 或 SSH2）的 FTP 客户端软件，有着类似于 Windows 资源管理器的用户界面，SecureFX 软件工作界面如图 3-23 所示。

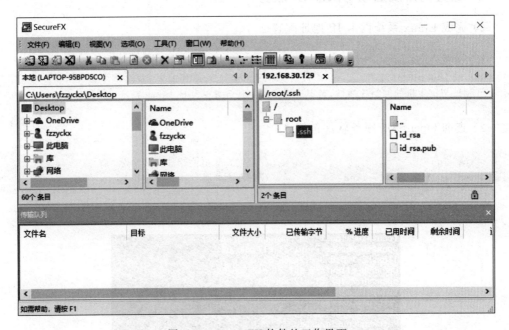

图 3-23　SecureFX 软件的工作界面

客户端获得该用户账号的密钥对文件后，只需在 SecureCRT 中简单设置，就可以使用密钥方式登录 Linux 远程主机。启动 SecureCRT 软件后，单击 SecureCRT 软件中"文件"→"快速连接"菜单项，选中"鉴权"下的"公钥"复选框，单击"属性"按钮配置密钥，就能使用密钥连接并登录服务器，此时不用输入该用户账号的登录密码就可以登录 Linux 远程主机，如图 3-24 所示。

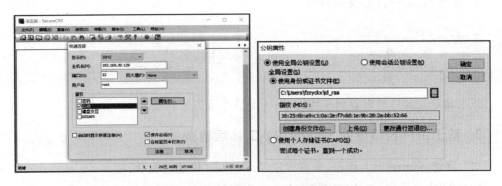

图 3-24　基于密钥的 SSH 远程登录

3.3.4 从 Windows 远程登录 Linux 主机

1. 配置网络及启动 OpenSSH 服务

1）完成 Linux 系统网卡 IP 地址配置

```
# ip addr show ens33              //查看 Linux 主机的 IP 地址
# ping 192.168.30.1               //从 Linux 中 Ping Windows 主机
# 测试与宿主机的网络连通性,若不连通则参照任务 3.2 完成 Linux 系统网络配置
```

2）查询 OpenSSH 服务软件包信息

```
# rpm -qa | grep ssh              //查询 SSH 相关软件安装情况
# rpm -ql openssh-server          //查询 SSH 服务器软件包信息
```

以上命令的运行结果如图 3-25 所示。

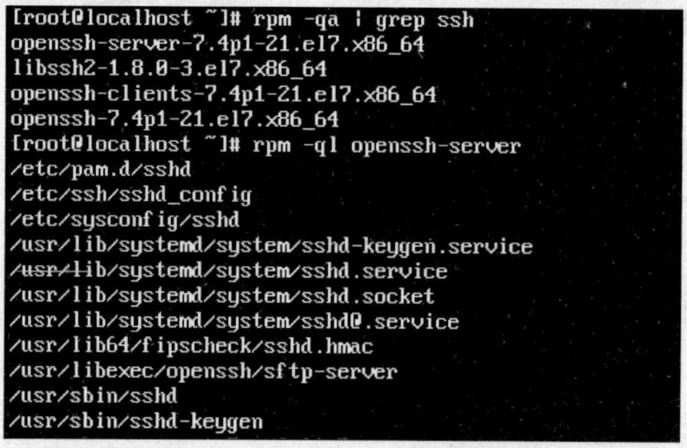

图 3-25　OpenSSH 软件包的安装信息

3）管理 OpenSSH 服务的启动

```
# systemctl status sshd           //查看 sshd 服务状态
# systemctl restart sshd          //重启 sshd 服务
# ss -tln | grep ssh              //查看 ssh 端口监听情况
```

以上命令完成后可以看到系统的 SSH 端口处于监听状态。

2. 基于用户名口令的 SecureCRT 工具远程登录

(1) 启动 SecureCRT 程序,观察程序界面,单击"快速连接"按钮。
(2) 在"快速连接"对话框中输入 Linux 虚拟机的 IP 地址及用户名。

(3)在弹出的对话框中输入登录密码,连接远程主机。

(4)使用 who 命令查看系统登录用户信息。

3. 基于密钥的 OpenSSH 远程登录配置

1) 修改 SSH 服务器配置文件

```
#vi /etc/ssh/sshd_config            //修改 SSH 服务主配置文件
i                                   //按 i 键,修改或添加以下配置参数
RSAAuthentication yes
PubkeyAuthentication yes
PermitRootLogin yes
//按 Esc 键
:wq                                 //保存文件并退出 vi 编辑器
#more /etc/ssh/sshd_config          //查看配置文件内容
#systemctl restart sshd             //重启 sshd 服务程序
```

2) 配置远程主机登录公钥验证文件

```
#ssh-keygen -t rsa                  //生成当前用户密钥对
#ls -l ~/.ssh                       //查看用户密钥对文件
#cat  ~/.ssh/id_rsa.pub  >>  ~/.ssh/authorized_keys
                                    //配置公钥验证文件
#chmod 600 authorized_keys          //设置公钥验证文件权限
```

3) SecureCRT 客户端设置密钥登录

配置好 SSH 远程主机后,可以将远程主机上对应登录密钥对文件(公钥和私钥)传送到客户端计算机。

单击 SecureCRT 程序"文件"→"快速连接"菜单项。

选中"鉴权"下的"公钥"复选框,单击"属性"按钮设置登录密钥文件。

在对话框中选择所获得的登录密钥文件,单击"连接"按钮完成基于密钥的 SSH 远程登录。

此时无须输入用户登录口令就可以登录远程 Linux 主机。

任务拓展

由于允许 root 远程登录存在较大安全隐患,且基于密钥登录方式相对于基于密码登录方式有更好的安全性,因此要在远程主机中修改 OpenSSH 服务配置文件,禁止 root 用户远程登录,且只允许客户端使用密钥方式登录。

项目总结

本项目通过学习计算机网络基础知识、vi 编辑器使用、常用 Linux 网络命令使用以及 SSH 远程登录基础知识,掌握 Linux 网络配置与测试方法,掌握 vi 编辑器的基本使用以及使用 SecureCRT 远程登录 Linux 系统的方法。通过本项目的学习和练习,将为后续

Linux 网络应用服务的搭建与测试打下扎实基础。

项目实训

1. 设置 VMware 虚拟网络模式 NAT 的子网为 192.168.50.0。
2. 启动 Linux 虚拟机,配置静态 IP 地址为 192.168.50.10。
3. 修改主机名为 LinuxServer,将主机名/IP 写入 hosts 文件。
4. 启动 OpenSSH 远程登录服务,测试基于密码的远程登录。
5. 配置基于公钥的远程登录,观察登录时是否需要输入密码。

项目 4 Linux 系统基本管理

物格而后知至，知至而后意诚。

——《礼记·大学》

【项目目标】

【知识目标】
（1）了解 Linux 用户和组的基本知识。
（2）了解 Linux 进程管理的基础知识。
（3）了解 rpm 软件包的管理方法。

【技能目标】
（1）掌握 Linux 用户和组管理命令的使用方法。
（2）掌握 Linux 系统进程管理命令的使用方法。
（3）掌握 rpm 和 yum 软件包管理工具的使用方法。

【项目内容】

任务 4.1 管理 Linux 系统用户和组
任务 4.2 管理 Linux 进程与定时任务
任务 4.3 Linux 系统软件包管理

任务 4.1 管理 Linux 系统用户和组

（1）理解 /etc/passwd、/etc/shadow、/etc/groups 文件的功能。
（2）掌握 useradd、usermod、passwd 等用户管理命令的使用方法。
（3）掌握 groupadd、gpasswd 等用户组管理命令的使用方法。

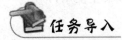

Linux 系统是一个多用户网络操作系统，它允许多个用户同时登录并使用系统资源。

任何要使用系统资源的用户，都需要由系统管理员创建一个系统登录账号，然后以这个账号登录系统，访问系统资源，Linux 用户和组的管理是系统运维管理最重要的工作之一。

4.1.1 用户和组简介

1. Linux 用户类型

Linux 是一个多用户、多任务的分时网络操作系统，如果要使用系统资源，必须向系统管理员申请一个用户账号，然后通过该账号登录系统。Linux 系统的用户分为三种类型：超级用户、系统用户和普通用户。

1）超级用户

超级用户，即用户名为 root 或用户 ID(UID)为 0 的用户，具有系统一切操作权限，可以管理系统中的所有资源。root 用户可以完成基础的文件操作以及特殊的文件管理，另外还可以配置和管理系统网络，可以修改系统中的任何文件，日常工作中应尽量避免使用 root 账号登录系统。

2）系统用户

系统用户是 Linux 系统为了系统正常运行创建的用户，主要是为了满足系统进程对文件属主要求而建立。系统用户一般不具有登录系统的权限，如 bin、daemon、mail 等。在 CentOS 7 系统中，系统用户的用户 ID(UID)范围一般为 1～499。

3）普通用户

普通用户是由系统管理员用户创建，可以登录系统，拥有属于自己的独立目录，并且能够控制属于自己的目录和文件的用户。普通用户一般只能有限度地访问部分系统资源，但是拥有能独立执行自己的任务的权限。在 CentOS 7 系统中，普通用户的用户 ID(UID)范围为 1000～65535。

2. 用户和组管理文件

Linux 系统中的用户及组的管理涉及的系统文件主要包括用户账号文件/etc/passwd、用户密码文件/etc/shadow、用户组文件/etc/group。这三个文件都是文本文件，可以使用 cat 等文本文件查看命令查看其内容。下面分别对这三个文件进行简要说明。

1）用户账号文件/etc/passwd

该文件记录了每个用户的必要信息，文件中的每一行对应一个用户信息，每行的字段之间使用"："分隔，共 7 个字段，如图 4-1 所示。

如果/etc/passwd 文件中某行第一个字符是 *，表示该账号已经被禁止使用，该用户无法登录系统。该文件中的 7 个字段如下。

用户名：用户密码：用户 ID：组 ID：用户注释：主目录：使用的 Shell

```
[root@localhost ~]# cat /etc/passwd
root:x:0:0:root:/root:/bin/bash
bin:x:1:1:bin:/bin:/sbin/nologin
daemon:x:2:2:daemon:/sbin:/sbin/nologin
adm:x:3:4:adm:/var/adm:/sbin/nologin
lp:x:4:7:lp:/var/spool/lpd:/sbin/nologin
sync:x:5:0:sync:/sbin:/bin/sync
shutdown:x:6:0:shutdown:/sbin:/sbin/shutdown
halt:x:7:0:halt:/sbin:/sbin/halt
mail:x:8:12:mail:/var/spool/mail:/sbin/nologin
operator:x:11:0:operator:/root:/sbin/nologin
games:x:12:100:games:/usr/games:/sbin/nologin
ftp:x:14:50:FTP User:/var/ftp:/sbin/nologin
nobody:x:99:99:Nobody:/:/sbin/nologin
systemd-network:x:192:192:systemd Network Management:/:/sbin/nologin
dbus:x:81:81:System message bus:/:/sbin/nologin
polkitd:x:999:998:User for polkitd:/:/sbin/nologin
sshd:x:74:74:Privilege-separated SSH:/var/empty/sshd:/sbin/nologin
postfix:x:89:89::/var/spool/postfix:/sbin/nologin
chrony:x:998:996::/var/lib/chrony:/sbin/nologin
apache:x:48:48:Apache:/usr/share/httpd:/sbin/nologin
mysql:x:27:27:MariaDB Server:/var/lib/mysql:/sbin/nologin
redis:x:997:994:Redis Database Server:/var/lib/redis:/sbin/nologin
[root@localhost ~]#
```

图 4-1 /etc/passwd 用户账号文件

以下对文件中的 7 个字段进行简要说明。

（1）用户名：在 Linux 系统中用唯一的字符串区分不同的用户，用户名可以由字母、数字、下画线组成。注意，Linux 系统中对字母大小写是敏感的，如 User1 和 user1 是两个不同的用户。

（2）用户密码：用于在用户登录时验证用户的合法性。超级用户 root 可以更改系统中所有用户的密码，普通用户登录后可以使用 passwd 命令来更改自己的密码。在/etc/passwd 文件中该字段一般为"x"，这是因为系统出于安全考虑，该字段加密后的密码数据已经保存到/etc/shadow 文件中。

（3）用户 ID：用户 ID（简称 UID）是一个整数值，用于唯一标识 Linux 系统中的用户。在 Linux 系统中最多可使用 65535 个用户名。用户名和 UID 都可以标识用户，相同 UID 的用户被认为是同一用户，具有相同的权限。

（4）组 ID：组 ID（简称 GID）是当前用户所属的默认用户组的标识。当添加用户时，系统会默认建立一个和用户名同名的用户组，多个用户可以属于相同的用户组。一个用户可以同时属于多个组，每个组也可以有多个用户。除了在/etc/passwd 文件中指定用户归属的基本组外，/etc/group 文件中也指明一个组所包含的用户。

（5）用户注释：用于存放一些用户的其他信息，如用户含义说明、用户地址信息等。

（6）主目录：该字段定义了用户的家目录，用户登录后 Shell 将把该目录作为用户的工作目录。超级用户 root 的工作目录为/root，普通用户家目录默认是/home 目标下与用户名同名的目录。

（7）使用的 Shell：这是当前用户登录系统时运行的程序，通常是/bin/bash。用户可以自己指定 Shell，也可以随时更改，比较流行的就是/bin/bash。

2）用户密码文件/etc/shadow

该文件只有超级用户才能读取，普通用户没有权限读取。系统把加密后的密码保存入该文件，并限制只有超级用户 root 才能够读取，有效保证了 Linux 用户密码的安全性。和/etc/passwd 文件类似，shadow 文件由 9 个字段组成，具体如下。

用户名:加密密码:上次修改密码日期:两次修改间隔最少天数:两次修改间隔最多天数:提前警告密码过期天数:密码过期天数:用户过期日期:保留字段

以下对文件中相关字段的含义进行简要说明。

（1）用户名：也称为登录名，/etc/shadow 中的用户名和 /etc/passwd 文件相同，每行都一一对应。

（2）加密密码：该字段是经过加密的，如果这个字段显示为"x"，则表示这个用户账号已经被禁止使用，不能登录系统。

（3）上次修改密码日期：表示从 1970 年 01 月 01 日起到最近一次修改密码的日期间隔，以天数为单位。

（4）两次修改间隔最少天数：该字段如果为 0，表示此功能被禁用；如果是不为 0 的整数表示用户必须经过多少天才能修改密码。

（5）两次修改间隔最多天数：其主要作用是管理用户密码的有效期，增强系统的安全性，如为 99999，表示密码基本不需要修改。

（6）提前警告密码过期天数：在快到有效期时，当用户登录后，系统程序会提醒用户密码将要作废，以便及时更改。

（7）密码过期天数：该字段表示用户密码作废多少天后，系统会禁用此用户。

（8）用户过期日期：该字段指定了用户作废的天数，从 1970 年 01 月 01 日开始的天数。

（9）保留字段：目前为空，未使用。

3）用户组文件 /etc/group

该文件用于保存用户组的所有信息。对用户分组是一种有效管理系统用户的手段。用户组和用户之间属于多对多的关系，一个用户可以属于多个组，一个组也可以包含多个用户，用户登录时默认的组存放在 /etc/group 中。此文件每行包含 4 个字段，具体如下。

用户组名：用户组密码：用户组 ID：组内用户列表

以下对上述 4 个字段进行简要说明。

（1）用户组名：可以由字母、数字、下画线组成，用户组名是唯一的，和用户名一样不可重复。

（2）用户组密码：该字段存放的是用户组加密后的密码，这一字段基本不使用，Linux 系统的用户组都没有密码。

（3）用户组 ID：用户组 ID（简称 GID）和用户 ID 类似，也是一个整数，用于唯一标识一个用户组。

（4）组内用户列表：该列表是属于这个组的所有用户的列表，不同用户之间用逗号分隔，不能有空格。这个用户组可能是用户的主组，也可能是附加组。

4.1.2 管理 Linux 系统用户

1. 添加用户账号命令 useradd

useradd 命令用于创建新用户。可以使用 useradd 命令创建用户账户，使用该命令创建账号时，默认的用户目录在 /home 目录下，默认的 Shell 为 /bin/bash，而且会默认创建一个与该用户同名的基本用户组。

1）语法格式

```
useradd [选项] 用户名
```

2）选项说明

-d：指定用户家目录。

-e：账号到期日期，格式为 YYYY-MM-DD。

-u：指定用户的 UID。

-g：指定一个初始的基本用户组。

-G：指定一个或多个扩展用户组。

-N：不创建与用户同名的基本用户组。

-s：指定该用户默认的 Shell 解释器。

3）命令实例

创建一个普通用户，指定其家目录、UID 和 Shell 解释器。

```
# useradd -d /home/user1 -u 1001 -s /bin/bash user1
```

2. 更改用户账号命令 usermod

usermod 命令用于对系统中已有的用户信息进行修改，该命令可以修改用户的主目录和其他信息。

1）语法格式

```
usermod [选项] 用户名
```

2）选项说明

-d：修改用户登录时的主目录，该参数对应的用户目录需要手动建立

-e：修改账号的有效期

-f：修改在密码过期多少天后关闭该账号

-g：修改用户所属的用户组

-G：修改用户所属的附加组

-l：修改用户名

-L：锁定用户密码使密码无效

-s：修改用户登录后所使用的 Shell

-u：修改用户 ID

-U：解除密码锁定

3）命令实例

```
# usermod -d /home/test/ user1
```

将用户 user1 的家目录改为/home/test,该目录需要手动创建。

3. 删除用户账号命令 userdel

userdel 命令用于删除用户账号,如果确认某个用户账号不再使用,就可以通过 userdel 命令删除该用户账号。在执行删除操作时,该用户的用户目录会默认保留下来,也可以使用-r 选项在删除用户的同时删除其家目录。

1) 语法格式

```
userdel [选项] 用户名
```

2) 选项说明

-f:强制删除用户账号。

-r:删除用户的同时删除用户的家目录。

3) 命令实例

```
userdel -r user2                    //删除用户 user2 及其家目录
```

4. 更改或设置用户密码命令 passwd

passwd 命令用于修改用户密码、过期时间、验证信息等。普通用户只能使用 passwd 命令修改自己的密码,而 root 用户可以直接修改所有用户的密码。

1) 语法格式

```
passwd [选项] [用户名]
```

2) 选项说明

-l:锁定用户,禁止其登录。

-u:解除锁定,允许用户登录。

-d:使该用户可用空密码登录系统。

-e:强制用户在下次登录时修改密码。

-S:显示用户的密码是否被锁定以及密码所使用的加密算法名称。

3) 命令实例

```
#passwd   user2                    //修改用户 user2 的密码
Changing password for user user2.
New password:
BAD PASSWORD: The password is a palindrome
Retype new password:
passwd: all authentication tokens updated successfully.
```

5. 切换用户账号命令 su

su 命令用于在不同的用户之间切换。超级用户 root 切换到其他用户不需要输入密码，而普通用户间切换或者切换到超级用户需要验证密码。su 命令不加任何参数时默认将切换到 root 用户。

1）语法格式

```
su [选项] 用户名
```

2）选项说明

-l：登录并改变到所切换的用户环境。

-c：执行一个命令，然后退出所切换到的用户环境。

3）命令实例

```
#su  root                    //从普通用户切换到 root 用户，不改变环境
```

如果需要切换到 root 用户，并将用户环境变为 root 的用户环境，则需要在执行 su 命令时，加上"-"选项，此时用户的 Shell 命令的环境会同步切换。例如：

```
#su - root                   //从普通用户切换到 root 用户，改变环境
```

4.1.3 管理 Linux 用户组

Linux 提供了一系列的命令管理用户组。用户组是具有某种相同特征的用户集合。每个用户都有一个用户组，系统可以对一个用户组中的所有用户进行集中管理，通过把相同属性的用户定义到同一用户组，并赋予该用户组一定的操作权限，这样用户组下的用户对该文件或目录都具备了相同的权限。

通过命令对/etc/group 文件内容的更新实现对用户组的添加、修改和删除。一个用户可以属于多个组，用户所属的组有基本组和附加组之分，/etc/passwd 文件中定义的用户组为基本组，如一个用户属于多个组，则该用户所拥有的权限是它所在组的权限之和。

1．添加用户组命令 groupadd

groupadd 命令用于在系统中添加一个新的用户组。

1）语法格式

```
groupadd [选项] 用户组名
```

2）选项说明

-g：强制把某个 ID 分配给已经存在的用户组，该 ID 必须是非负且唯一的值。

-o：允许多个不同的用户组使用相同的组 ID。

-p：使用组密码。

-r：创建一个系统组。

3）命令实例

```
# groupadd  group1                    //添加名为 group1 的用户组
```

2. 更改用户组命令 groupmod

groupmod 命令可用于更改用户组 ID 或用户组名称。
1）语法格式

```
groupmod [选项] 用户组名
```

2）选项说明
-g：设置要使用的用户组 ID。
-o：允许多个不同的用户组使用相同的组 ID。
-n：设置要使用的用户组名称。
3）命令实例

```
# groupmod －n group2 group1           //修改用户组 group1 的名称为 group2
# groupmod －g 1005 group2             //修改用户组 group2 的组 ID 为 1005
```

3. 删除用户组命令 groupdel

可用 groupdel 命令从系统中删除用户组。如果该组中仍包括某些用户，则必须先删除这些用户（把这些用户移出该用户组）后才能删除用户组。当该组内的用户存在时，用户组不能被删除。
1）语法格式

```
groupdel 用户组名
```

2）命令实例

```
groupdel group2                       //删除名为 group2 的用户组,组中需没有用户
```

4. gpasswd 在组中管理用户命令

gpasswd 命令用于将一个用户添加到组或者从组中移出。
1）语法格式

```
gpasswd [选项] 用户名 组名
```

2）选项说明
-a：添加用户到组。

-d：从组中删除用户。
-A：指定管理员。
-r：删除密码。
-R：限制用户登入组，只有组中的成员才可以用 newgrp 命令加入该组。
3）命令实例

```
#gpasswd -A user1 group1      //将 user1 设置为 group1 组的管理员
#gpasswd -a user2 group1      //将 user2 设置为 group1 组的成员
```

4.1.4 用户和组管理实战

1. 管理 Linux 系统用户

1）添加用户账号并设置登录密码

```
#useradd user1                //添加用户 user1
#passwd user1                 //设置用户 user1 的登录密码
#cat /etc/passwd              //查看用户账号文件
#cat /etc/shadow              //查看用户密码文件
#useradd -u 2002 user2        //添加用户 user2，并设置其 UID 为 2002
#cat /etc/passwd              //查看账号文件中的 user2 用户
```

完成上述操作后，将在/etc/passwd 文件中观察到新增的 user1 和 user2 用户账号，同时/etc/shadow 文件也将增加对应用户账号的密码配置信息，如图 4-2 所示。

2）使用新用户登录及切换用户

切换虚拟终端，分别使用 user1 及 user2 用户登录系统。

```
#who                          //查看登录用户信息
#su - root                    //切换到 root(需输入密码)
#who                          //再次查看登录用户信息
```

3）修改用户属性

```
#mkdir /home/test2
#usermod -d /home/test2/user2 //将用户 user2 的家目录设为/home/test2
#cat /etc/passwd              //查看账号文件中的 user2 用户
```

4）删除用户账号

```
#useradd user2                //删除 user2 用户账号
#cat /etc/passwd              //查看用户账号文件
```

```
[root@localhost ~]# useradd -u 2002 user2
[root@localhost ~]# cat /etc/passwd
root:x:0:0:root:/root:/bin/bash
bin:x:1:1:bin:/bin:/sbin/nologin
daemon:x:2:2:daemon:/sbin:/sbin/nologin
adm:x:3:4:adm:/var/adm:/sbin/nologin
lp:x:4:7:lp:/var/spool/lpd:/sbin/nologin
sync:x:5:0:sync:/sbin:/bin/sync
shutdown:x:6:0:shutdown:/sbin:/sbin/shutdown
halt:x:7:0:halt:/sbin:/sbin/halt
mail:x:8:12:mail:/var/spool/mail:/sbin/nologin
operator:x:11:0:operator:/root:/sbin/nologin
games:x:12:100:games:/usr/games:/sbin/nologin
ftp:x:14:50:FTP User:/var/ftp:/sbin/nologin
nobody:x:99:99:Nobody:/:/sbin/nologin
systemd-network:x:192:192:systemd Network Management:/:/sbin/nologin
dbus:x:81:81:System message bus:/:/sbin/nologin
polkitd:x:999:998:User for polkitd:/:/sbin/nologin
sshd:x:74:74:Privilege-separated SSH:/var/empty/sshd:/sbin/nologin
postfix:x:89:89::/var/spool/postfix:/sbin/nologin
chrony:x:998:996:/var/lib/chrony:/sbin/nologin
apache:x:48:48:Apache:/usr/share/httpd:/sbin/nologin
mysql:x:27:27:MariaDB Server:/var/lib/mysql:/sbin/nologin
redis:x:997:994:Redis Database Server:/var/lib/redis:/sbin/nologin
user1:x:1000:1000::/home/user1:/bin/bash
user2:x:2002:2002::/home/user2:/bin/bash
```

图 4-2　添加用户账号后的/etc/passwd 文件

完成上述命令操作后,user2 用户账号被从系统中删除,但是用户的家目录并不会自动删除,如果要同时删除用户家目录,需要在删除用户时使用-d 选项。例如:

| #userdel －r user2 | //删除用户账号的同时删除其家目录 |

2. 管理 Linux 用户组

1) 添加用户组

| #groupadd group1 | //添加用户组 |
| #cat /etc/groups | //查看组文件 |

2) 将用户添加到组

#useradd user3	//添加用户 user3
#gpasswd －a user3 group1	//将用户 user3 添加到组
#cat /etc/groups	//查看组文件
#gpasswd －A user1 group1	//把用户 user1 设置为组管理员
#cat /etc/groups	//查看组文件

完成上述命令操作后,在/etc/groups 文件中可以看到 user3 用户已经被添加到 group1 组中,如图 4-3 所示。

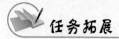
任务拓展

在系统中添加 Alice、Bob、Tom 等用户并设置口令;新建用户组 LinuxGroup,设置

项目 4　Linux 系统基本管理

```
video:x:39:
ftp:x:50:
lock:x:54:
audio:x:63:
nobody:x:99:
users:x:100:
utmp:x:22:
utempter:x:35:
input:x:999:
systemd-journal:x:190:
systemd-network:x:192:
dbus:x:81:
polkitd:x:998:
ssh_keys:x:997:
sshd:x:74:
postdrop:x:90:
postfix:x:89:
chrony:x:996:
apache:x:48:
mysql:x:27:
cgred:x:995:
redis:x:994:
user1:x:1000:
user2:x:2002:
user3:x:2003:
group1:x:2004:user3
```

图 4-3　添加用户到组后的/etc/groups 文件

Alice 为该组管理员；使用 Alice 账号登录系统，把 Bob 和 Tom 用户添加到 LinuxGroup 组；使用命令禁用 Tom 用户，测试用户禁用是否成功。

任务 4.2　管理 Linux 进程与定时任务

（1）掌握使用进程状态查看命令 ps 和 top 的方法。
（2）掌握进程终止命令 kill 的使用方法。
（3）掌握定时任务命令 crontab 的设置方法。

进程是系统中程序的执行过程，是系统中的程序真正发挥作用时的"形态"。Linux 系统是多用户多任务的分时操作系统，系统中同一时刻可能有多个用户的不同任务同时运行，合理地调度和管理系统中的进程是系统管理员日常运维及管理的重要工作。

4.2.1　Linux 进程管理简介

1. 进程的概念

进程是系统中正在执行的一个程序或命令，是计算机操作系统实施资源分配的基本

111

单位。每个进程都是一个运行实体,都有自己的地址空间,并占用一定的系统资源。在 Linux 系统中,一个进程由程序代码段、数据段、堆栈段和进程控制块 PCB(process control block)构成。PCB 中包含系统管理和控制进程所需的所有信息。当程序在计算机系统中被执行时,系统会为该程序创建进程,程序权限属性、程序代码等都被加载到系统内存的进程中,系统会给这个进程分配一个系统唯一的进程 ID,用于在系统中唯一标识这个进程,系统中的进程会根据运行情况的不同发生状态的改变。

2. 进程与程序的关系

程序是一个静态概念,是指令的集合,是使用计算机语言编写的可以实现特定目标或解决特定问题的代码集合。进程是一个动态概念,是计算机系统中正在执行中的程序。进程是程序执行的基本单元,为了让程序完成它的工作,必须让程序运行起来成为进程,进而利用处理器资源、内存资源,进行各种 I/O 操作,从而完成某项特定工作。从这点上看,程序是静态的,而进程是动态的。进程除了包含程序文件中的指令和数据外,还需要在内核中有一个进程控制块(PCB)用以存放进程的相关属性,以便内核更好地管理和调度进程。

3. Linux 进程状态

在 Linux 系统中,进程主要的状态分为 R、S、D、T、Z、X,如图 4-4 所示。

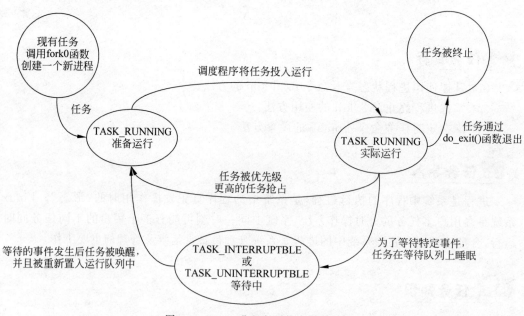

图 4-4 Linux 进程主要状态及其转换

(1) R(TASK_RUNNING),可执行状态。

(2) S(TASK_INTERRUPTIBLE),可中断的睡眠状态。

(3) D(TASK_UNINTERRUPTIBLE),不可中断的睡眠状态。

(4) T(TASK_STOPPED or TASK_TRACED),暂停状态或跟踪状态。
(5) Z(TASK_DEAD - EXIT_ZOMBIE),退出状态,进程成为僵尸进程。
(6) X(TASK_DEAD -EXIT_DEAD),退出状态,进程即将被销毁。

4.2.2 Linux 进程管理命令

1. 进程查看命令 ps

ps 是 process status 的缩写,ps 命令用于显示当前系统中进程的状态,ps 命令列出的是当前所有进程的快照。

1) 语法格式

```
ps [选项]
```

2) 选项说明

-A:列出所有的进程。
-w:加宽显示较多的信息。
-au:显示较详细的信息。
-aux:显示所有包含其他用户的进程。

3) 输出格式

USER:进程所有者。
PID:进程 ID。
%CPU:占用的 CPU 比例。
%MEM:占用的内存比例。
VSZ:占用的虚拟内存大小。
RSS:占用的内存大小。
TTY:终端的次要设备号。
STAT:该进程的状态。

4) 命令实例

```
#ps -u root            //显示 root 用户进程信息
#ps -ef                //显示所有进程信息及其对应的命令行
```

2. 实时显示进程状态命令 top

Linux 中的 top 命令就像是 Windows 中的任务管理器,它会以列表的形式展示出系统的当前状态以及进程信息,并且定时刷新,同时也支持一些交互性的操作。

1) 语法格式

```
top [选项]
```

2）选项说明

-d：改变进程显示的更新频率。

-q：没有任何延迟的显示。

-c：切换显示模式，共有两种模式：①只显示执行文件的名称；②显示完整的路径与名称。

-S：累积模式，会将已完成或消失的子进程的 CPU 时间累积起来。

-s：安全模式。

-i：显示所有闲置（idle）进程或僵尸（zombie）进程。

-n：更新次数，完成后会退出命令。

3）命令实例

```
#top
```

使用 top 查看进程实时状态，如图 4-5 所示。

```
top - 22:46:56 up 11:02,  3 users,  load average: 0.00, 0.01, 0.05
Tasks: 110 total,   1 running, 108 sleeping,   1 stopped,   0 zombie
%Cpu(s):  0.0 us,  0.3 sy,  0.0 ni, 99.7 id,  0.0 wa,  0.0 hi,  0.0 si,  0.0 st
KiB Mem :  1865284 total,  1080324 free,   108392 used,   676568 buff/cache
KiB Swap:  2097148 total,  2097148 free,        0 used.  1561940 avail Mem

  PID USER      PR  NI    VIRT    RES    SHR S %CPU %MEM     TIME+ COMMAND
    1 root      20   0  127920   6548   4104 S  0.0  0.4   0:01.90 systemd
    2 root      20   0       0      0      0 S  0.0  0.0   0:00.02 kthreadd
    3 root      20   0       0      0      0 S  0.0  0.0   0:00.44 ksoftirqd/0
    5 root       0 -20       0      0      0 S  0.0  0.0   0:00.00 kworker/0:0H
    7 root      rt   0       0      0      0 S  0.0  0.0   0:00.00 migration/0
    8 root      20   0       0      0      0 S  0.0  0.0   0:00.00 rcu_bh
    9 root      20   0       0      0      0 S  0.0  0.0   0:01.36 rcu_sched
   10 root       0 -20       0      0      0 S  0.0  0.0   0:00.00 lru-add-drain
   11 root      rt   0       0      0      0 S  0.0  0.0   0:00.30 watchdog/0
   13 root      20   0       0      0      0 S  0.0  0.0   0:00.00 kdevtmpfs
   14 root       0 -20       0      0      0 S  0.0  0.0   0:00.00 netns
   15 root      20   0       0      0      0 S  0.0  0.0   0:00.01 khungtaskd
   16 root       0 -20       0      0      0 S  0.0  0.0   0:00.00 writeback
   17 root       0 -20       0      0      0 S  0.0  0.0   0:00.00 kintegrityd
   18 root       0 -20       0      0      0 S  0.0  0.0   0:00.00 bioset
   19 root       0 -20       0      0      0 S  0.0  0.0   0:00.00 kblockd
   20 root       0 -20       0      0      0 S  0.0  0.0   0:00.00 md
   21 root       0 -20       0      0      0 S  0.0  0.0   0:00.00 edac-poller
   27 root      20   0       0      0      0 S  0.0  0.0   0:00.00 kswapd0
   28 root      25   5       0      0      0 S  0.0  0.0   0:00.00 ksmd
   29 root      39  19       0      0      0 S  0.0  0.0   0:00.18 khugepaged
   30 root       0 -20       0      0      0 S  0.0  0.0   0:00.00 crypto
```

图 4-5　使用 top 命令实时查看进程状态

以下对 top 命令的显示信息进行简要说明。

（1）第 1 行：系统概要信息。

- 22:46:56：当前系统时间。
- up 11:02：从本次开机到当前经过的时间。
- 3 user：当前有几个用户登录到该机器。
- load average：系统 1 分钟、5 分钟、15 分钟内的平均负载值。

（2）第 2 行：进程计数(Tasks)。

- 110 total：进程总数。
- 1 running：正在运行的进程数。

- 108 sleeping：睡眠的进程数。
- 1 stopped：停止的进程数。
- 0 zombie：僵尸进程数。

(3) 第 3 行：CPU 使用率(%CPU(s))。
- us：进程在用户空间(user)消耗的 CPU 时间占比。
- sy：进程在内核空间(system)消耗的 CPU 时间占比。
- ni：调整过用户态优先级进程的 CPU 时间占比。
- id：空闲的(idle)CPU 时间占比。
- wa：等待(wait)I/O 完成的 CPU 时间占比。
- hi：处理硬中断的 CPU 时间占比。
- si：处理软中断的 CPU 时间占比。
- st：当 Linux 系统是在虚拟机中运行时，等待 CPU 资源的时间占比。

(4) 第 4～5 行：物理内存和交换空间。
- total：内存总量。
- free：空闲内存量。
- used：使用中的内存量。
- buff/cache：缓存和 page cache 占用内存量。

(5) 后续所有内容：进程详细信息。
- PID：进程 ID。
- USER：进程所有者的用户名。
- PR：从系统内核角度看的进程调度优先级。
- NI：进程的 nice 值(进程优先级)。
- VIRT：进程申请使用的虚拟内存量。
- RES：进程使用的驻留内存量。
- SHR：进程使用的共享内存量。
- S：进程状态。
- %CPU：进程在一个更新周期内占用的 CPU 时间比例。
- %MEM：进程占用的物理内存比例。
- TIME+：进程创建后至今占用的 CPU 时间长度。
- COMMAND：进程对应的命令。

在 top 界面中，可以输入一些指令实现交互性的操作，较常用的交互命令如下。
- h：显示帮助。
- q：退出 top 程序。
- 空格：立即刷新信息。
- k：终止进程。
- s：改变刷新周期。输入 s 之后，会提示用户输入新的刷新周期，单位为秒。
- n：改变进程列表中显示的进程数量。
- c：在 COMMAND 列中切换显示命令名和完整的命令行。

- u：指定在进程列表中只显示对应用户的进程。
- 1：展开/收起 CPU 统计信息。
- N：按 PID 对进程排序。
- M：按％MEM 对进程排序。
- P：按％CPU 对进程排序。
- T：按 TIME+ 对进程排序。
- H：切换在进程列表中显示所有线程信息。

3. 终止进程命令 kill

kill 命令用于终止系统中正在执行的进程。对于一个后台进程，要终止其运行就必须用 kill 命令。一般需要先使用 ps/pstree/top 等工具获取进程 PID，然后使用 kill 命令来终止该进程。kill 将指定的信号发送给进程，预设的信号为 SIGTERM(15)，可将指定进程终止，也可使用 SIGKILL(9) 信号尝试强制停止进程。

1）语法格式

```
kill [选项] [PID 或 PGID]
```

2）选项说明

-l<信号编号>：不加"<信号编号>"选项，会列出全部的信号名称。
-s<信号名或编号>：指定要发送给进程的信号名。
信号名及编号如图 4-6 所示。

```
[root@localhost ~]# kill -l
 1) SIGHUP       2) SIGINT       3) SIGQUIT      4) SIGILL       5) SIGTRAP
 6) SIGABRT      7) SIGBUS       8) SIGFPE       9) SIGKILL     10) SIGUSR1
11) SIGSEGV     12) SIGUSR2     13) SIGPIPE     14) SIGALRM     15) SIGTERM
16) SIGSTKFLT   17) SIGCHLD     18) SIGCONT     19) SIGSTOP     20) SIGTSTP
21) SIGTTIN     22) SIGTTOU     23) SIGURG      24) SIGXCPU     25) SIGXFSZ
26) SIGVTALRM   27) SIGPROF     28) SIGWINCH    29) SIGIO       30) SIGPWR
31) SIGSYS      34) SIGRTMIN    35) SIGRTMIN+1  36) SIGRTMIN+2  37) SIGRTMIN+3
38) SIGRTMIN+4  39) SIGRTMIN+5  40) SIGRTMIN+6  41) SIGRTMIN+7  42) SIGRTMIN+8
43) SIGRTMIN+9  44) SIGRTMIN+10 45) SIGRTMIN+11 46) SIGRTMIN+12 47) SIGRTMIN+13
48) SIGRTMIN+14 49) SIGRTMIN+15 50) SIGRTMAX-14 51) SIGRTMAX-13 52) SIGRTMAX-12
53) SIGRTMAX-11 54) SIGRTMAX-10 55) SIGRTMAX-9  56) SIGRTMAX-8  57) SIGRTMAX-7
58) SIGRTMAX-6  59) SIGRTMAX-5  60) SIGRTMAX-4  61) SIGRTMAX-3  62) SIGRTMAX-2
63) SIGRTMAX-1  64) SIGRTMAX
[root@localhost ~]#
```

图 4-6 进程信号名及编号

3）命令实例

```
#kill 1234          //终止进程号为 1234 的进程
#kill -HUP 1234     //向指定进程发送 SIGHUP 信号
#kill -9 1234       //强制终止进程号为 1234 的进程
#kill -l            //显示所有可发送给进程的信号名
```

和 kill 命令类似的 killall 及 pkill 命令，可以终止指定名称的进程，例如，pkill cat 命令终止用户的 cat 进程。

4.2.3 定时任务设置命令 crontab

1. crontab 命令简介

crontab 命令用于设置系统中需要周期性执行的命令和 Shell 程序。crontab 命令从输入设备读取指令，并将其存放于 crontab 文件中，以便之后读取和执行。通过 crontab 命令，可以在固定的间隔时间执行指定系统命令或 Shell 程序，定时执行的时间间隔单位可以是分钟、小时、日、月、周的任意组合。

crontab 命令设置的定时任务由系统后台守护进程 crond 负责监视，crond 后台进程每分钟会检查一次是否有预定的作业或任务需要执行，如有，则自动调度执行。在 CentOS 7 系统中，启动、停止及重启 crond 服务进程可以分别使用以下命令完成。

启动：systemctl start crond

停止：systemctl stop crond

重启：systemctl restart crond

2. crontab 任务分类

1) 系统任务调度文件

系统任务调度文件一般用于设置 Linux 系统管理和维护周期性所要执行的工作，如写缓存数据到硬盘、日志清理等。CentOS 7 的系统任务调度文件是/etc/crontab，其内容如图 4-7 所示。

```
[root@localhost yum.repos.d]# cat /etc/crontab
SHELL=/bin/bash
PATH=/sbin:/bin:/usr/sbin:/usr/bin
MAILTO=root

# For details see man 4 crontabs

# Example of job definition:
# .---------------- minute (0 - 59)
# |  .------------- hour (0 - 23)
# |  |  .---------- day of month (1 - 31)
# |  |  |  .------- month (1 - 12) OR jan,feb,mar,apr ...
# |  |  |  |  .---- day of week (0 - 6) (Sunday=0 or 7) OR sun,mon,tue,wed,thu,fri,sat
# |  |  |  |  |
# *  *  *  *  *  user-name  command to be executed

[root@localhost yum.repos.d]#
```

图 4-7 /etc/crontab 系统调度文件

/etc/crontab 文件的前 4 行用来配置 crond 任务运行的环境变量，分别说明如下。

第 1 行：SHELL 变量指定系统要使用的 Shell，这里是 bash。

第 2 行：PATH 变量指定系统执行命令的路径。

第 3 行：MAILTO 变量指定 crond 任务执行信息将通过邮件发送给 root 用户。

第 4 行：HOME 变量指定在执行命令或者脚本时使用的家目录。

2) 用户任务调度文件

用户任务调度文件用于设置用户定期要执行的命令或程序，如用户数据备份、定时邮件提醒等。用户可以使用 crontab -e 命令来定制自己的计划任务。所有用户定义的 crontab 文件都被保存在/var/spool/cron 目录下,其文件名与用户名同名。

3. crontab 命令功能及应用

1)语法格式

```
crontab [-u user] file 或 crontab [-u user] {-l|-r|-e}
```

2)选项说明

-u user:设定指定 user 用户的 crontab 文件,如果不使用-u user,则表示设置当前用户的 crontab 文件。

-e:调用 vi 文本编辑器来设定时间表。

-r:删除当前用户的 crontab 文件。

-l:列出当前用户的 crontab 文件。

crontab 配置文件的格式如图 4-8 所示。

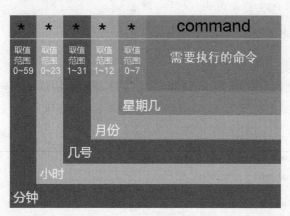

图 4-8　crontab 时程表格式说明

3)基本格式

第 1 列表示分钟,可取值 1~59,每分钟用 * 或者 */1 表示。

第 2 列表示小时,可取值 0~23(0 表示 0 时)。

第 3 列表示日期,可取值 1~31。

第 4 列表示月份,可取值 1~12。

第 5 列表示星期,可取值 0~6(0 表示星期日)。

第 6 列是要运行的命令或 Shell 程序。

4)crontab 文件格式实例

格式:

```
3,30    *    *    *    *    command
```

说明:每小时的第 3 和第 30 分钟执行 command 操作。

格式：

```
5,15  8-10  */2  *  *  command
```

说明：每隔两天的上午 8 点到 10 点的第 5 和第 15 分钟执行 command 操作。
格式：

```
*  */1  *  *  *  systemctl restart sshd
```

说明：每隔 1 小时重启 sshd 服务。
格式：

```
30  22  *  *  *  systemctl restart sshd
```

说明：每晚的 22:30 重启 sshd 服务。
格式：

```
0  22  *  *  6  systemctl restart sshd
```

说明：每星期六晚 10:00 重启 sshd 服务。

任务实践

4.2.4　进程管理和定时任务设置实战

1. 使用命令管理 Linux 进程

1）查看进程信息
使用 root 用户账号登录 Linux 系统，执行以下命令查看进程信息。

```
#ps                    //查看前台进程信息
#ps -ef                //查看系统所有进程
#ps aux                //查看所有进程,观察进程状态
```

用户 user1 在虚拟终端 2 登录系统后，返回虚拟终端 1，使用 ps 命令查看 user1 用户正在运行的进程。

```
#ps -u user1           //查看 user1 的进程
```

2）实时查看进程状态

```
#top                   //查看系统实时进程状态
```

输入 q 可以退出 top 程序，继续执行下列 top 命令，观察进程状态更新的时间间隔是

否发生改变。

```
#top -d 10                    //观察更新时间变化
```

3) 使用 kill 及 pkill 终止进程

```
#kill  -1                     //查看进程信号,编号为 9 的信号名称
#cat                          //在 user1 终端运行 cat
#ps aux | grep cat            //搜索 cat 进程,记录其进程号 1234
#kill -9  1234                //通过进程号 1234 结束 cat 进程的运行
#ps aux | grep cat            //再次搜索 cat 进程,观察它是否存在
#cat                          //再次在 user1 终端运行 cat
#pkill cat                    //终止 cat 进程,查看是否终止成功
```

2. 设置定时任务

(1) 查看 crond 守护进程

```
#ps  aux | grep crond         //查看 crond 后台进程
#pkill cat                    //终止 cat 进程,查看是否终止成功
#ps  aux | grep crond         //查看 crond 后台进程
#systemctl start crond        //启动 crond 服务
#ps  aux | grep crond         //查看 crond 后台进程
```

2) 配置定时任务

```
#date                         //查看系统日期和时间
#crontab -l                   //查看当前用户的定时任务
#crontab -e                   //编辑当前用户的定时任务
3,6  *  *  *  * date >> /root/testfile
//说明:每小时的第 3 和第 6 分钟执行 date 命令操作
#crontab -l                   //查看当前用户的定时任务
#date -s 10:02                //设置系统时间
#ls -l /root/testfile         //等待 2 分钟,观察是否生成文件
```

完成上述定时任务设置操作后,等待 2 分钟,查看/root/testfile 文件,将看到在每小时的第 3 和第 6 分钟执行指示的命令,相关的日期和时间信息已被写入文件,证实上述定时任务设置生效,如图 4-9 所示。

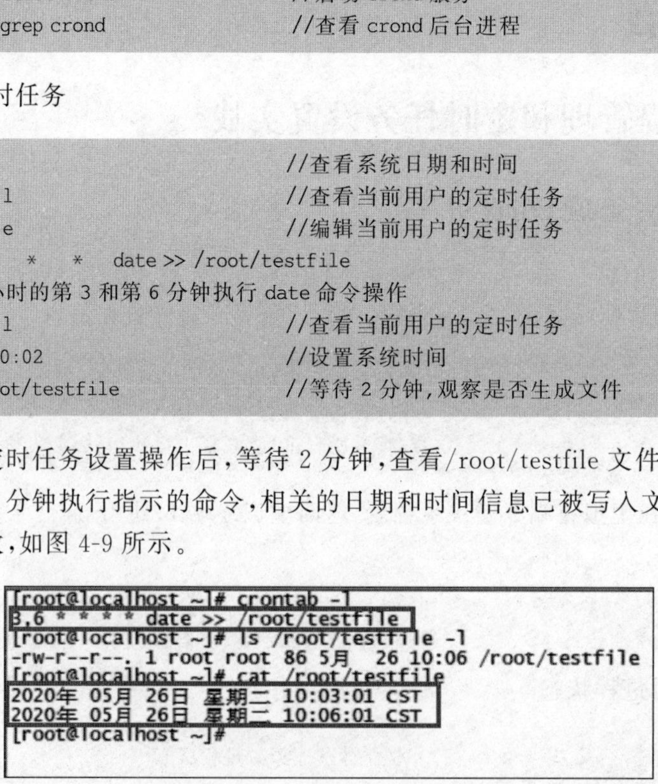

```
[root@localhost ~]# crontab -l
3,6 * * * * date >> /root/testfile
[root@localhost ~]# ls /root/testfile -l
-rw-r--r--. 1 root root 86 5月  26 10:06 /root/testfile
[root@localhost ~]# cat /root/testfile
2020年 05月 26日 星期二 10:03:01 CST
2020年 05月 26日 星期二 10:06:01 CST
[root@localhost ~]#
```

图 4-9 设置 crontab 定时任务

 任务拓展

使用 top 命令查看系统进程状态；理解 top 界面中的输出信息；在 top 界面中使用 h、s、n、c、k 等子命令执行进程管理操作；使用 N、M、P、T 等子命令显示进程统计信息。

任务 4.3　Linux 系统软件包管理

 任务目标

（1）掌握 RPM 包管理工具的基本使用方法。
（2）掌握 YUM 包管理工具的使用方法。
（3）掌握 YUM 软件仓库的配置方法。

 任务导入

在计算机中安装 Linux 操作系统后，为了让系统具有更强大的功能，除系统提供的软件外，还需要安装其他第三方软件。Linux 系统为用户提供了功能强大的软件管理工具，下面介绍管理 CentOS 7 系统软件包的基本方法。

 任务知识

4.3.1　Linux 软件包管理概述

1. 软件包简介

大多数类 UNIX 的操作系统都提供了一种中心化的机制用来搜索和安装软件。软件通常都是存放在一个包中，并以包的形式进行分发。软件包有助于确保系统中使用的代码是经过审查的，并且软件的安装版本已经得到了开发人员和软件包维护人员的认可。

软件包提供了操作系统的基本组件以及共享的库、应用程序、服务和相关文档，处理软件包的工作称为软件包管理。软件包的管理无论对于系统管理员还是开发人员来说，都是至关重要的。在 Linux 系统中，软件包管理系统除可以实现软件的安装外，还提供了工具来更新已经安装的包。

2. 软件包命名及其类型

1) 软件包的命名

大多数 Linux 应用程序的软件包的命名有一定的规律，一般采用"名称-版本-修正版-类型"的格式，如 software-1.2.3-1.tar.gz、software-1.2.3-1.i386.rpm 等，由于 RPM 包

的格式通常是已编译的程序,所以需指明运行平台。

2) 软件包的类型

通常 Linux 应用软件的安装包有以下 4 种。

(1) TAR 包。这种软件包是使用系统的打包工具 tar 打包的。

(2) RPM 包。这种软件包是 Red Hat Linux 提供的一种包封装格式。

(3) DPKG 包。这种软件包是 Debain 系列 Linux 提供的一种包封装格式。

(4) Bin 包。有些 Linux 软件不公开源代码,只发布二进制可执行程序,这类程序一般会以 Bin 包的方式提供。

3) 软件包的内容

一个 Linux 应用程序的软件包中,可能包含两种不同形式的文件。

(1) 二进制文件。

二进制文件是指解包后就能直接运行的文件。在 Windows 系统中的大部分软件包都是这种类型。安装完这个软件包后,就可以直接运行程序,但是一般这种软件包中不包含程序的源代码,而且下载时要注意这个软件包是否与所使用的平台相匹配,不匹配将无法正常安装。RPM、Bin、DPKG 格式的软件包通常直接包含可执行的二进制文件。

(2) 源程序文件。

源程序文件是指软件包解包后,还需要使用编译器将解包后的源程序文件编译成为可执行文件。通常,这种软件包用 tar 工具打包。一般来说,自己动手编译源程序能够更具灵活性,但也更容易遇见各种问题和困难。在 Linux 系统中,一个软件可能会提供多种格式的安装包,可根据实际情况选择使用。

4.3.2 rpm 命令

1. rpm 命令简介

RPM 是 Red Hat package manager 的缩写,是 Linux 系统中最常见的软件打包及安装工具。rpm 命令原本是 Red Hat 公司的 Linux 发行版专门用来管理软件包的程序,由于它遵循 GPL 规则且功能强大方便,逐渐被其他 Linux 发行版所采用。RPM 软件包管理方式的出现,让 Linux 软件更易于安装和升级,促进了 Linux 系统的推广和使用。

rpm 命令是一个数据库管理工具,可以通过读取数据库,判断软件是否已经安装,如果已经安装,可以读取所有文件的所在位置等,并可以删除这些文件。

rpm 命令可以完成安装软件、卸载软件、查询软件信息、升级、降级、检验、打包程序的操作。rpm 命令仅仅能管理符合 RPM 格式的程序包,不能管理源码格式的程序。

2. 使用 RPM 包命令

RPM 包管理工具的命令是 rpm。

1) 语法格式

```
rpm  [选项] [包名]
```

2) 选项说明

-i：安装包。

-v，-vv，-vvv：显示包安装时的详细信息。

-h：以"#"号显示安装进度。

-q：查询包是否已安装。

-a：显示所有的包。

-l：显示包中的文件列表。

-e：卸载指定的包。

-U：升级包，若未安装，则安装软件。

-V：对包进行验证。

--nodeps：忽略包依赖关系。

--test：仅作测试，不真正执行安装或卸载。

--force：忽略包及文件的冲突。

--rebuilddb：重建包数据库。

--percent：以百分比的形式显示安装进度。

3) 命令实例

```
# rpm  - q   openssh-server              //查询 openssh-server 是否安装
# rpm  - ql  openssh-server              //查询 openssh-server 安装的文件
# rpm  - qa | grep tree                  //在系统所有已安装包中查询 tree
# rpm  - ivh  tree-1.6.0-10.el7.x86_64.rpm
//安装 tree-1.6.0-10.el7.x86_64.rpm 软件包，需复制该软件包到当前目录
# rpm  - qi  tree                        //查询 tree 包的详细信息
# rpm  - e   tree                        //卸载 tree 软件包
```

4.3.3 yum 命令

1. yum 命令简介

YUM(yellow dog updater, modified)是一种 RPM 包的管理工具，可以自动解决 RPM 包的依赖关系。yum 命令能够从指定的位置或服务器上自动下载 RPM 包并且安装，可以自动处理 RPM 包安装过程中的依赖性关系，方便系统更新及软件管理，无须像 rpm 命令那样烦琐地一次次下载和安装。

yum 命令通过软件仓库(repository)进行软件的下载、安装等。软件仓库可以是一个 HTTP 或 FTP 站点，也可以是一个本地软件包存储目录。可以在系统中设置多个软件仓库。在 yum 的软件资源库中包含了 RPM 包的头部信息(header)，头部信息中包括软件的功能描述、依赖关系等。通过分析这些信息，yum 命令计算出依赖关系并进行相关的升级、安装、删除等操作，如图 4-10 所示。

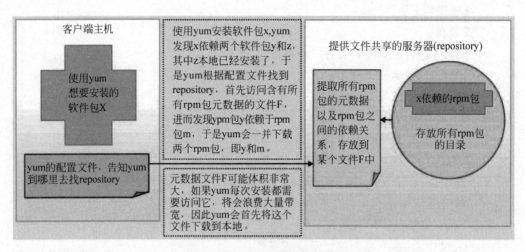

图 4-10　yum 安装软件包的过程

2．yum 命令的使用

1）语法格式

```
yum  ［选项］［命令］［包］
```

2）选项说明

-q，--quiet：静默执行操作。

-v，--verbose：显示详细信息。

-y，--assumeyes：全部问题回答 yes。

3）命令参数

list{all,installed}：列出所有已安装的包。

install：安装软件包。

info：列出可以安装或更新的包的信息。

remove/erase：卸载软件包。

update：升级软件包。

reinstall：重新安装软件包。

clean：清除缓存。

makecache：建立本地缓存。

grouplist：显示所有软件包组的信息。

groupinstall：安装软件包组。

groupremove：卸载软件包组。

groupinfo：显示指定的软件包组信息。

localinstall：安装本地目录中的软件包。

4）命令实例

```
# yum list installed            //查询所有已安装的软件包
# yum info tree                 //查询 tree 软件包信息
# yum clean all                 //清除 yum 缓存
# yum install httpd             //安装 httpd 软件包
# yum grouplist                 //列出所有可安装软件包组的信息
```

4.3.4 配置 YUM 软件仓库

1. YUM 软件仓库简介

YUM 仓库就是使用 yum 命令下载软件包的网络或本地的镜像地址，CentOS 7 系统安装时会设置默认的 YUM 软件包仓库。YUM 仓库的配置文件在系统的 /etc/yum.repos.d 目录下，其中有多个配置文件，这些配置文件的扩展名均为 .repo。该目录中每一个配置文件中都可以配置一个或多个 repository，但最终会被合并为一个交给系统，分解成多个配置文件只是为了方便管理。

2. 配置在线 YUM 仓库

当使用 yum install 命令在线安装 Linux 软件时，经常会遇到从国外镜像地址下载速度较慢，甚至无法下载的情况，此时可以把 YUM 仓库改为国内的镜像地址。阿里云的 YUM 仓库是国内用户最经常使用的 CentOS 系统 YUM 源之一，除了提供常规的 CentOS 系统 YUM 源，阿里云也提供 EPEL 源。EPEL（extra packages for enterprise Linux，企业版 Linux 的额外软件包）是 Fedora 小组维护的一个软件仓库项目，为 RHEL/CentOS 提供他们默认不提供的软件包。这个源兼容 RHEL 以及像 CentOS 等衍生版本。

更换 YUM 仓库的步骤如下（此处以更换为阿里云 YUM 仓库为例）。

```
# mv /etc/yum.repos.d/* /opt                              //备份系统现有 YUM 仓库配置文件
# curl -o /etc/yum.repos.d/CentOS-Base.repo \
> http://mirrors.aliyun.com/repo/Centos-7.repo            //下载 YUM 源配置文件
# curl -o /etc/yum.repos.d/epel.repo \
> http://mirrors.aliyun.com/repo/epel-7.repo              //下载 EPEL 源配置文件
# yum clean all                                           //清除 YUM 缓存
# yum makecache                                           //重建 YUM 缓存
# yum list                                                //列出可安装的包
```

3. 配置本地 YUM 仓库

CentOS 7 系统不仅可以配置在线 YUM 仓库，还允许用户设置自己本地的 YUM 仓库，通过使用系统安装时默认提供的 /etc/yum.repos.d/CentOS-Media.repo 文件，可以快速设置本地 YUM 仓库。

本地 YUM 仓库的配置步骤如下：将系统安装光盘镜像载入虚拟机光驱，设置设备连接为已连接，将虚拟机光驱挂载到/media 目录，相关操作命令如下。

```
# mount /dev/sr0 /media                              //挂载光驱到/media
# mv /etc/yum.repos.d/* /opt                         //备份系统现有 YUM 仓库配置文件
# cp /opt/CentOS-Media.repo /etc/yum.repos.d/        //复制文件
# vi /etc/yum.repos.d/CentOS-Media.repo              //编辑配置文件
//将文件中的路径 file:///media/cdrom 改为 file:///media,将 enabled=0 改为 enabled=1
//保存并退出 vi 编辑器
# yum clean all                                      //清除 yum 缓存
# yum makecache                                      //重建 yum 缓存
# yum list                                           //列出本地光盘 yum 仓库可安装的包
```

4.3.5 Linux 软件包管理实战

1. 使用 rpm 命令管理软件包

1）查询软件包

```
# rpm -q openssh-server          //查询 openssh-server 是否安装
# rpm -ql openssh-server         //查询 openssh-server 文件列表
# rpm -qa | grep tree            //查询是否安装 tree 软件包
```

rpm 命令的-q 选项可以查询软件包是否已经安装以及相关软件包安装的版本信息等，可以在软件安装前或安装后执行查询命令。

2）安装光盘软件包

将系统安装光盘镜像载入虚拟机光驱，设置设备连接为已连接。

```
# mount /dev/sr0 /media                        //挂载光驱到/media
# cd /media/Packages                           //切换到软件包所在目录
# rpm -ivh tree-1.6.0-10.el7.x86_64.rpm        //安装软件包
# rpm -qi tree                                 //查询 tree 包的详细信息
# tree -L /root                                //运行 tree 命令
```

3）卸载软件包

```
# rpm -e tree           //卸载 tree 软件包
# rpm -qi tree          //观察是否卸载成功
```

2. 使用 yum 命令安装软件

1) 熟悉 yum 命令的使用

```
# yum list                    //查询所有软件包
# yum list installed          //查询所有已安装的软件包
# yum list | wc -l            //统计软件包数量
# yum grouplist               //列出所有软件包组信息
# yum info tree               //查询 tree 软件包信息
# yum clean all               //清除 YUM 缓存
# yum install tree            //安装 tree 软件包
```

观察 tree 软件包是否安装成功,执行 tree -L 1 /,观察命令是否执行成功。

2) 更换为阿里云在线 YUM 仓库

```
# mv /etc/yum.repos.d/* /opt                              //备份现有 YUM 仓库配置文件
# curl -o /etc/yum.repos.d/CentOS-Base.repo \
> http://mirrors.aliyun.com/repo/Centos-7.repo
//从网络下载 YUM 源配置文件,需要先配置 Linux 系统联网
# curl -o /etc/yum.repos.d/epel.repo http://mirrors.aliyun.com/repo/epel-7.repo
                                                          //下载 EPEL 源配置文件
# yum clean all                                           //清除 YUM 缓存
# yum makecache                                           //重建 YUM 缓存
# yum list                                                //列出可安装的包
# yum -y install httpd                                    //安装 httpd 软件包
```

完成上述 YUM 仓库配置以及 YUM 安装操作后,就可以使用 yum info httpd 命令查询安装的 httpd 软件包详细信息,如图 4-11 所示。

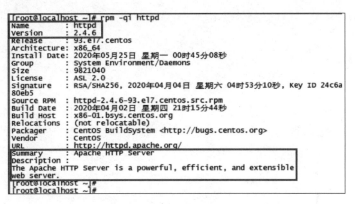

图 4-11 配置 YUM 仓库安装 httpd 软件包

任务拓展

将系统安装光盘上所有文件复制到本地目录/opt/disk 中,备份系统 YUM 仓库配置文件,在/etc/yum.repos.d 目录新建本地硬盘 YUM 仓库配置文件 mylocal.repo,使用该

YUM 仓库安装 httpd 软件,测试本地硬盘 YUM 仓库的可用性。

项目总结

本项目介绍了 Linux 用户和组管理、进程管理以及软件包管理基本知识,以及 Linux 系统日常管理的常见操作。读者通过学习可掌握 Linux 系统用户及组的管理、进程管理、软件包管理等基本操作命令的使用方法,从而为熟练地管理 Linux 系统打下扎实基础。

项目实训

1. 在系统中添加 Alice、Bob、Tom 用户账号,把三个用户账号加入 Group1 组,将 Alice 设置为 Group1 组管理员,使用 Alice 身份远程登录系统,登录后切换为 root 身份。
2. 使用 ps 命令及 top 命令查看系统进程运行状态,理解 top 命令界面显示的信息。分别使用 kill 命令及 killall 命令结束指定用户进程。
3. 设置系统定时任务,要求:每周六晚上 11:00 重新启动 sshd 服务。
4. 配置本地硬盘 YUM 仓库,使用该 YUM 仓库安装 httpd 软件包。
5. 将系统在线 YUM 仓库更换为阿里云 YUM 仓库,查询其支持的软件包。

项目 5 搭建 Linux 应用服务

君子藏器于身，待时而动。

——《周易》

项目目标

【知识目标】

(1) 了解 FTP 服务配置的基本知识。
(2) 了解 Web 服务配置的基本知识。
(3) 了解数据库服务配置的基本知识。

【技能目标】

(1) 掌握 FTP 服务器的安装与测试方法。
(2) 掌握 Web 服务器的安装与测试方法。
(3) 掌握 MySQL 数据库的安装和访问方法。

项目内容

任务 5.1 搭建 FTP 文件传送服务器。
任务 5.2 搭建 Apache Web 服务器。
任务 5.3 搭建 MySQL 数据库服务器。

任务 5.1 搭建 FTP 文件传送服务器

(1) 掌握 FTP 服务器软件的安装和启动方法。
(2) 掌握常见 FTP 客户端工具的使用方法。
(3) 掌握支持虚拟用户的 FTP 服务搭建方法。

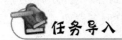

资源共享是计算机网络的一项基本功能，Linux 作为网络操作系统，为人们提供丰富

的资源共享方式,通过搭建 FTP 文件传送服务器,可以方便地实现网络文件资源共享和信息传输。下面介绍基于 Linux 的 FTP 文件传送服务器的搭建方法。

5.1.1 FTP 服务器概述

1. FTP 简介

FTP(file transfer protocol,文件传送协议)是一种基于 TCP 的应用层协议,采用客户/服务器工作模式,如图 5-1 所示。通过 FTP,用户可以使用 FTP 客户端软件在 FTP 服务器中进行文件的上传或下载等操作。虽然现在通过 HTTP 等协议实现文件传送服务的站点有很多,但是由于 FTP 可以很好地控制用户数量和网络带宽分配,快速方便地上传、下载文件,因此 FTP 仍然是网络中文件上传和下载的重要方式。

图 5-1　FTP 客户/服务器工作模式

2. FTP 工作原理

对比 HTTP 等其他网络应用层协议,FTP 要相对复杂一些。一般的 C/S 模型网络应用层协议只会建立一个 TCP 连接,这个连接同时处理服务器和客户端的连接命令和数据传输。而 FTP 会建立两个连接,将命令与数据分开传输,这样提高了文件传送效率。FTP 使用两个端口,分别为控制端口(命令端口)和数据端口。控制端口的端口号一般为 21,数据端口的端口号一般为 20。控制端口用来传输命令,数据端口用来传输数据。每一个 FTP 命令发送后,FTP 服务器就会返回一个字符串,其中包含一个响应码和一些说明信息,其中响应码用于判断命令是否被成功执行。

3. FTP 文件传送模式

在 FTP 客户端和服务器进行文件传送过程中,控制连接用于发送控制命令,随客户端一同存在,而数据连接只是短暂存在的,每次要传输数据时才建立数据连接。数据传输结束就会断开数据连接。FTP 的控制连接总是由客户端向服务器发起的,而数据连接的建立有两种途径,一种是客户端连接到服务器端,另一种是服务器连接到客户端,分别对应两种工作模式:被动模式和主动模式。这里的主动和被动是相对于 FTP 服务器而言的。

1) Port 模式(主动模式)

在 Port 工作模式下,FTP 客户端和 FTP 服务器之间首先需要建立控制连接通道,客户端向 FTP 服务器的 21 端口发起连接,经过 3 次握手建立控制连接通道。控制连接建立后,双方就可以交换信息,在需要传输数据时,在主动模式下,客户端通过控制连接通道发送一个 PORT 命令并告知服务器数据连接通道的端口 B,然后服务器向客户端的端口 B 发出连接请求,数据连接通道建立,就可以进行数据的传输,传输完毕数据连接就会关闭,如图 5-2 所示。

2) Passive 模式(被动模式)

在 Passive 工作模式下,首先也是由 FTP 客户端向服务器端的端口 21 发起连接,经过三次握手建立控制连接通道。被动模式下进行数据传输时,客户端向服务器发送一个 PASV 命令表示进行被动传输,数据通道的建立是由客户端向服务器发起的,此时客户端需要知道连接到服务器的哪一个端口,服务器向客户端发送被动模式的端口 X,之后客户端向服务器的 X 端口发起连接,建立数据通道,如图 5-3 所示。

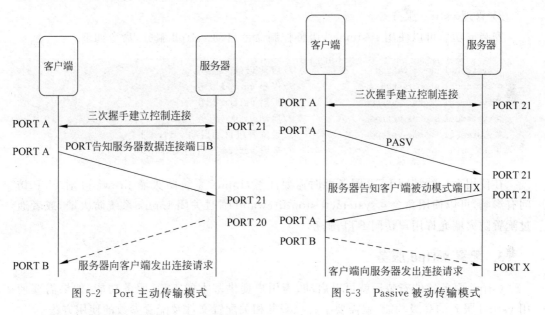

图 5-2 Port 主动传输模式　　　　　图 5-3 Passive 被动传输模式

5.1.2　搭建 vsftpd 文件传送服务

Linux 系统支持多种 FTP 服务软件,vsftpd 服务软件是 Linux 系统中广受欢迎的 FTP 服务软件。本任务将以 vsftpd 服务软件的安装和配置为例说明 Linux 系统 FTP 服务器的搭建方法。

1. vsftpd 服务软件简介

vsftpd(very secure ftp daemon,非常安全的 FTP 守护进程)是一款运行在 Linux 操作系统上的 FTP 服务端程序,不仅完全开源,而且免费。此外,vsftpd 还具有很高的安全性和传输速度,支持网络带宽限制以及虚拟用户验证等其他 FTP 服务程序不具备的特点。

2. 安装和启动 vsftpd 服务

1) 安装 vsftpd 软件

在 CentOS 7 系统光盘中有 vsftpd 软件包的安装包，可以通过 rpm 命令安装 vsftpd 软件包。

```
# rpm -ivh vsftpd-3.0.2-22.el7.x86_64.rpm
```

注意：此处 vsftpd-3.0.2-22.el7.x86_64.rpm 软件包应在当前目录下。
如果系统配置了在线 YUM 仓库并联网，也可以使用 yum 命令安装。

```
# yum -y install vsftpd
```

2) 管理 vsftpd 服务

安装成功后可以使用 systemctl 服务控制命令启动 vsftpd 服务，命令如下。

```
# systemctl start vsftpd              //启动 vsftpd 服务
# systemctl stop vsftpd               //停止 vsftpd 服务
# systemctl restart vsftpd            //重启 vsftpd 服务
# systemctl status vsftpd             //启动 vsftpd 服务
# systemctl enable vsftpd             //设置开机自动启动 vsftpd 服务
# ss -pln | grep :21                  //查看 vsftpd 监听的端口
```

在使用客户端访问 FTP 服务器时需要注意，Linux 系统防火墙 firewalld 对 FTP 访问有影响，可以使用命令 # systemctl stop firewalld 临时关闭 Linux 系统防火墙，或者通过配置防火墙允许用户访问 FTP 服务。

3. 配置 vsftpd 服务

vsftpd 服务软件安装后就可以启动，为用户提供基本的 FTP 服务功能，如果需要使用 vsftpd 服务的高级功能，就需要了解该服务相关配置文件及配置参数的使用方法。

1) vsftpd 配置文件

vsftpd 服务的配置文件主要有 vsftpd.conf、ftpusers、user_list 三个。这三个配置文件均保存于系统的/etc/vsftpd 目录下，其中 vsftpd.conf 为服务器的主配置文件。三个配置文件功能如下。

(1) /etc/vsftpd/vsftpd.conf 文件用于自定义 FTP 服务器的用户登录控制、用户权限控制、超时设置、服务端功能选项、服务端性能选项、服务端响应消息等 FTP 服务器的主要配置。

(2) /etc/vsftpd/ftpusers 文件每行包含一个用户账号，指定了哪些用户账户不能访问 FTP 服务器，如 root 用户等，相当于系统 vsftpd 服务的黑名单文件。

(3) /etc/vsftpd/user_list 文件也是每行包含一个用户账号，和 ftpusers 一样，这些用户在默认情况下也不能访问 FTP 服务，仅当 vsftpd.conf 配置文件中启用 userlist_enable=NO 选项时才允许访问。

2）vsftpd 用户验证模式

vsftpd 服务提供了匿名用户、本地用户和虚拟用户三种不同的登录验证方式，分别说明如下。

（1）匿名用户模式。该模式是系统默认的用户登录模式，是一种较不安全的验证模式，任何人都可以使用 anonymous 账号，无须输入密码即可直接登录 vsftpd 服务。

（2）本地用户模式。该模式是通过 Linux 本地系统的用户账号及密码信息进行认证的模式，相较于匿名用户模式更安全，而且配置起来比较简单。

（3）虚拟用户模式。该模式是三种 FTP 验证模式中最安全的一种，所有的虚拟用户会映射成一个系统用户，访问的文件目录为此系统用户的家目录。虚拟用户模式需要为 FTP 服务单独建立用户数据库文件，虚拟出用来进行身份验证的账号信息，而这些账号信息在服务器系统中实际上并不存在，仅供 FTP 服务程序在客户端登录时验证用户身份。

3）vsftpd.conf 文件的主要配置参数

vsftpd 的主要配置参数及其含义如表 5-1 所示。修改 vsftpd 配置文件后，需要在系统中重新启动 vsftpd 服务，才能让修改的相关配置生效。

表 5-1　vsftpd 主要配置参数及其含义

参　　数	参　数　含　义
listen=［YES｜NO］	是否以独立运行的方式监听服务
listen_address=IP 地址	设置要监听的 IP 地址
listen_port=21	设置 FTP 服务的监听端口
download_enable=［YES｜NO］	是否允许下载文件
userlist_enable=［YES｜NO］ userlist_deny=［YES｜NO］	设置是否启用用户列表文件
max_clients=0	最大客户端连接数，0 为不限制
max_per_ip=0	同一 IP 地址的最大连接数，0 为不限制
anonymous_enable=［YES｜NO］	是否允许匿名用户访问
anon_upload_enable=［YES｜NO］	是否允许匿名用户上传文件
anon_umask=022	匿名用户上传文件的 umask 值
anon_root=/var/ftp	匿名用户的 FTP 根目录
anon_mkdir_write_enable=［YES｜NO］	是否允许匿名用户创建目录
anon_other_write_enable=［YES｜NO］	是否开放匿名用户的其他写入权限（包括重命名、删除等操作权限）
anon_max_rate=0	匿名用户的最大传输速率(B/s)，0 为不限制
local_enable=［YES｜NO］	是否允许本地用户登录 FTP
local_umask=022	本地用户上传文件的 umask 值
local_root=/var/ftp	本地用户的 FTP 根目录
chroot_local_user=［YES｜NO］	是否将用户权限禁锢在 FTP 目录，以确保安全
local_max_rate=0	本地用户最大传输速率(B/s)，0 为不限制

5.1.3　vsftpd 虚拟用户登录配置

1. 建立虚拟用户对应的本地账号

```
#useradd -s /sbin/nologin vu                    //创建虚拟用户对应的本地账号
```

2. 创建虚拟用户数据库文件

```
#vi /etc/vsftpd/vuser.txt                       //编辑 vuser.txt 虚拟账号文件
//在文件中输入用空格间隔的虚拟用户的用户名和密码,每行一个用户
#db_load -T -t hash -f vuser.txt vuser.db
//在/etc/vsftpd/目录下执行上述命令,生成虚拟用户数据库文件
```

3. 建立支持虚拟用户 PAM 认证文件

```
#vi /etc/pam.d/vsftpd.vu
//加入以下两行配置信息
auth required /lib64/security/pam_userdb.so db=/etc/vsftpd/vuser
account required /lib64/security/pam_userdb.so db=/etc/vsftpd/vuser
```

4. 修改 vsftpd.conf 配置文件

```
#vi /etc/vsftpd/vsftpd.conf                     //编辑 vsftpd 主配置文件
guest_enable=YES                                //启用虚拟用户登录配置
guest_username=vu                               //设置虚拟用户对应的本地用户账号
pam_service_name=vsftpd.vu                      //配置虚拟用户 PAM 验证文件
```

该配置文件修改后,重新启动 vsftpd 服务,可以让设置的 FTP 虚拟用户登录。如果需要为不同的虚拟用户提供不同的访问权限及家目录,则还需要在配置文件中加入以下配置参数。

```
user_config_dir=/etc/vsftpd/user_dir            //配置虚拟用户配置文件目录
```

需要在/etc/vsftpd/目录中创建 user_dir 虚拟用户配置文件目录,在该目录中创建和虚拟用户同名的配置文件,配置虚拟用户的个性化参数。

5.1.4　访问 FTP 服务器

由于普通用户的日常工作都在 Windows 系统中完成,以下以 Windows 系统访问 FTP 服务器为例,说明访问 FTP 服务器的三种方法。此时 Windows 系统和基于 Linux

的FTP服务器网络相连,并且系统防火墙需要允许两者间的FTP传送(命令♯systemctl stop firewalld可以暂时关闭Linux系统防火墙)。

1. 使用文件资源管理器访问

打开Windows文件资源管理器,在地址栏中输入以下FTP服务器地址及用户名:ftp://user1@192.168.200.128。此时系统将提示输入用户user1的密码,输入用户登录密码就可以访问FTP服务器上的文件资源,如图5-4所示。

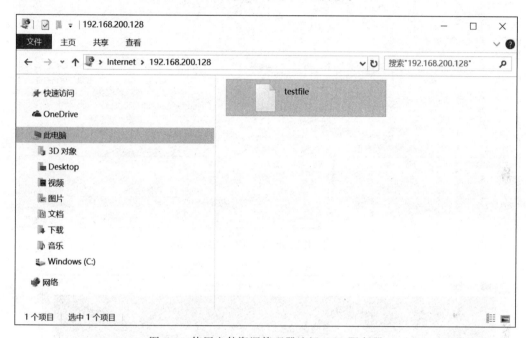

图5-4 使用文件资源管理器访问FTP服务器

2. 使用FTP图形客户端访问

虽然可以使用Windows系统的文件资源管理器实现FTP服务器资源访问,但是如果需要频繁访问FTP服务器资源,一般建议安装专用的FTP客户端工具,如FileZilla客户端软件。在安装好FileZilla客户端软件后,启动该软件,在该软件的界面中输入需要访问的FTP服务器的IP地址、用户名及密码,单击"快速连接"按钮,就可以连接并访问FTP服务器资源,如图5-5所示。

3. 使用ftp命令访问

Windows系统和Linux系统一样,拥有支持输入命令的界面。通过在Windows系统运行框中执行cmd命令,可以打开命令提示符窗口。输入ftp 192.168.200.128,将出现FTP服务器的登录界面,继续输入登录用户名和密码,按Enter键,就可以连接FTP服务器,并用ftp命令行方式上传和下载服务器上的文件,如图5-6所示。

常用的ftp命令行的操作命令及其功能如表5-2所示。

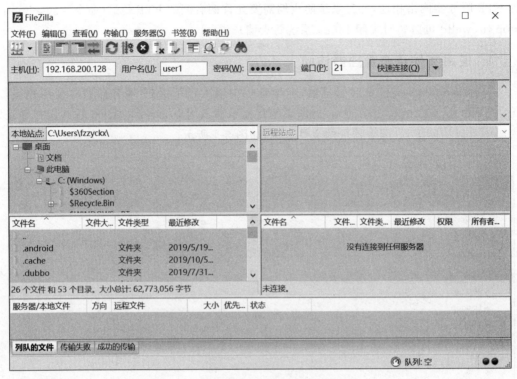

图 5-5 使用 FileZilla 访问 FTP 服务器

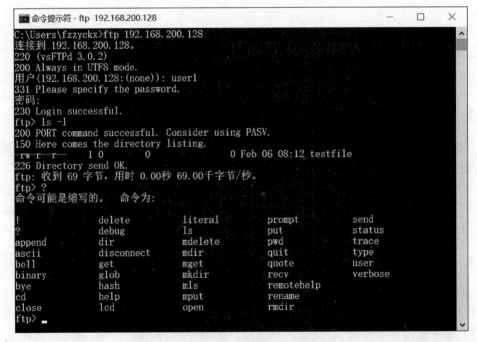

图 5-6 命令行方式访问 FTP 服务器

表 5-2 常用 ftp 命令及功能

命　　令	功　　能
ftp <IP 地址>	登录 FTP 服务器
dir 或 ls	显示 FTP 服务器目录中的文件
cd remote-dir	进入 FTP 服务器指定目录
help[cmd]	显示 ftp 命令的帮助信息
ascii 或 binary	使用 ASCII 或 Binary 模式传输
get remote-file[local-file]	将 FTP 服务器的文件下载到本地文件夹
put local-file[remote-file]	将本地文件上传到 FTP 服务器
mkdir dir-name	在远程主机中创建一个目录
passive	进入被动传输方式
quit 或 bye	退出 FTP 会话

任务实践

5.1.5 搭建 FTP 服务器实战

1. 安装和启动 FTP 服务器软件

1) CentOS 7 系统初始设置

配置系统 YUM 仓库及外网连接,假设 IP 地址为 192.168.200.128。

```
# systemctl stop  firewalld          //为方便测试,关闭系统防火墙
# setenforce 0                       //暂时关闭 SELinux 安全机制
```

2) 安装 vsftpd 服务软件

```
# yum -y install vsftpd              //安装 vsftpd 软件包
# rpm -qi vsftpd                     //查询 vsftpd 软件包信息
```

3) 启动及查看 vsftpd 服务

```
# ss -pln | grep :21                 //查看 vsftpd 监听的端口
# systemctl start vsftpd             //启动 vsftpd 服务
# systemctl status vsftpd            //启动 vsftpd 服务
# ss -pln | grep :21                 //查看 vsftpd 监听的端口
```

2. 使用客户端登录 FTP 服务器

1) 配置 FTP 服务器黑名单

使用 useradd 命令新建 Alice、Bob、Tom 用户并设置密码。

```
#ftp 192.168.200.128
//分别使用 Alice、Bob、Tom 账号登录 FTP 服务器,观察是否可以登录
#vi /etc/vsftpd/ftpusers          //编辑 ftpusers 黑名单文件
//输入 Bob、Tom 用户账号,每行一个用户名
#ftp 192.168.200.128              //再次测试相关账号是否可登录
```

2) 使用文件资源管理器登录 FTP

```
#cp /etc/passwd /home/Alice       //复制 /etc/passwd 到指定目录
```

打开文件资源管理器,在位置栏输入 ftp://Alice@192.168.200.128,观察是否可以访问 FTP 服务器,以及用户默认访问的路径及文件。

3) 使用 FileZilla 工具登录 FTP

在 Windows 系统中,下载并安装 FileZilla 客户端工具。启动 FileZilla,使用 Alice 账号登录 FTP 服务器,下载 passwd 文件。从 Windows 系统中上传一个图片文件到 FTP 服务器。

3. 配置支持虚拟用户的 FTP 服务器

1) 建立虚拟用户对应的本地账号

```
#useradd -s /sbin/nologin vu
```

执行上述命令后,将在系统中添加名为 vu 的系统用户账号,该账户无法直接登录系统,即仅用于实现 FTP 虚拟用户登录。

2) 创建虚拟用户数据库文件

```
#cd /etc/vsftpd                   //切换到 vsftpd 配置目录
#vi /etc/vsftpd/vuser.txt         //编辑虚拟用户文本文件
//输入:
//stud01 123
//stud02 456
//stud03 789
//保存文件并退出 vi 编辑器
#db_load -T -t hash -f vuser.txt vuser.db
```

完成上述操作后,将生成 vuser.db 虚拟用户数据库文件,可以使用 ls 命令观察生成的虚拟用户数据库文件,命令操作如下。

```
#ls -l /etc/vsftpd/vuser.db
```

3) 建立虚拟用户的 PAM 验证文件

```
#vi /etc/pam.d/vsftpd.vu
//加入以下两行
```

```
//auth required /lib64/security/pam_userdb.sodb = /etc/vsftpd/vuser
//account required /lib64/security/pam_userdb.sodb = /etc/vsftpd/vuser
```

4）修改 vsftpd.conf 配置文件

```
#vi /etc/vsftpd/vsftpd.conf
//修改或添加以下配置参数
//guest_enable = YES
//guest_username = vu
//pam_service_name = vsftpd.vu
```

5）测试虚拟用户登录 FTP 服务

```
#systemctl restart vsftpd
#ftp 192.168.200.128
```

在 Windows 10 系统的命令行模式下，使用 stud01 等虚拟用户账号登录 FTP 服务器，此时可以观察到系统将允许使用 stud01 等虚拟用户登录 FTP 服务器。

任务拓展

安装并启动 FTP 服务器，将 CentOS 7 系统安装光盘所有文件复制到 FTP 服务器指定目录，如/var/ftp/pub 目录中，搭建基于 FTP 服务的本地局域网 YUM 软件仓库，通过克隆或新建 CentOS 7 虚拟机测试该 YUM 仓库的可用性。

任务5.2　搭建 Apache Web 服务

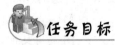
任务目标

（1）掌握 Apache Web 服务器软件的安装方法。
（2）掌握 Apache Web 服务程序的管理方法。
（3）掌握基于 Apache 的虚拟主机配置方法。

任务导入

一台计算机之所以能为人们提供网页浏览服务，是因为这台计算机安装了 Web 网页浏览服务软件——Web 服务器软件。通过在一台 Linux 计算机中安装配置 Web 服务器软件，就可以让这台计算机为用户提供 Web 网页浏览服务。下面介绍如何在 Linux 系统中搭建 Web 服务。

5.2.1 Web 网页浏览服务概述

1. Web 服务基本概念

1) WWW(万维网)、Web 与互联网

WWW 即万维网(world wide web),也称为 Web,是一个通过互联网访问的,由多个互相链接的超文本文件组成的系统。WWW 是信息时代的核心,已成为全球数十亿人在互联网上进行信息交互的主要工具。

WWW 并不等同于互联网,WWW 只是互联网提供的多样化服务之一,它是依靠互联网运行的一项服务。互联网是一个全球互相连接的计算机网络系统,而 WWW 是由超链接和统一资源定位符连接的文件和各种资源的全球集合。

2) HTTP/HTTPS 协议和 HTML

(1) HTTP(hypertext transfer protocol,超文本传输协议)是一种用于分布式、协作式和超媒体信息系统的应用层协议,它是 WWW 的数据通信的基础。WWW 上的资源通常使用 HTTP 或 HTTPS 协议访问,它们是许多互联网通信协议中使用最频繁的一种网络应用层协议,HTTP 协议默认监听的端口是 80。

(2) HTTPS(hypertext transfer protocol secure,超文本安全传输协议)是一种通过计算机网络进行安全通信的传输协议。HTTPS 经由 HTTP 进行通信,但会在传输过程中加密数据包。HTTPS 协议的主要目的是提供对网站服务器的身份验证,保护交换数据的隐私与完整性。HTTPS 协议经常用于万维网上的交易支付和企业信息系统中敏感信息的传输。

(3) HTML(hypertext markup language,超文本置标语言)它通过结合其他的 Web 开发技术(如脚本语言、通用网关接口、组件等)创造出功能强大的网页。HTML 是 Web 编程的基础,超文本作为一种信息组织的方式,通过超链接将文本中的文字、图表与其他信息媒体相关联,将分布在不同位置的信息资源用随机方式进行连接,为人们检索网络信息提供了极大方便。

2. Web 服务器及其工作过程

Web 服务器的主要功能是为用户提供网上信息浏览服务。Web 服务器(也称为 HTTP 服务器)是建立在 HTTP 协议上提供网页浏览的服务器,不仅能够存储静态网页信息,还能让用户在 Web 浏览器提供信息的基础上运行脚本和程序。目前所熟知的 Web 服务器有很多,其中主流的是 Apache、Nginx、IIS 等。

Web 服务器的工作过程如图 5-7 所示,即用户使用网页浏览器向 Web 服务器发送 HTTP 请求,Web 服务器收到这个请求后,会对用户请求进行分析,如果用户请求的是静态 HTML 网页,则直接将该文件发送给用户;如果用户请求的是动态网页程序,则会将请求发给后台处理引擎,由后台程序处理后再把标准的 HTML/JSON 发送给用户,用户通过网页浏览器获得本次 HTTP 网页请求的结果。

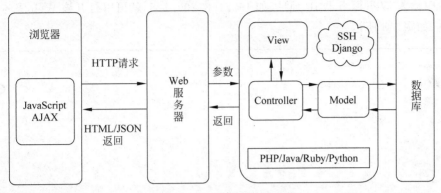

图 5-7　Web 服务器工作过程

5.2.2　Apache Web 服务器概述

1. 简介

Apache Web 服务器是 Apache 软件基金会的一个开放源码的网页服务器,可以在大多数计算机操作系统中运行,由于其多平台和安全性被广泛使用,是最流行的 Web 服务器端软件之一,可以运行在包括 Linux 系统在内几乎所有广泛使用的计算机系统平台上。

2. 安装

CentOS 7 系统的安装光盘上提供了 Apache Web 服务器的软件包 httpd-2.4.6-80.el7.centos.x86_64.rpm,但是默认使用 rpm 命令安装该软件包时存在软件包安装依赖性,需要事先安装其他若干个依赖包,所以一般建议事先配置系统的 YUM 仓库,通过 yum 命令完成安装,安装命令如下。

```
# yum  install -y httpd              //安装 httpd 软件包
# yum  info   httpd                  //查看软件包信息
```

3. 管理

httpd 服务和 vsftpd 服务一样,通过使用 systemctl 服务控制命令可以启动、停止、重启,命令如下。

```
# systemctl start httpd              //启动 httpd 服务
# systemctl status httpd             //启动 httpd 服务
# systemctl enable httpd             //开机自动启动 httpd 服务
# ss -pln | grep :80                 //查看 httpd 监听的端口
```

为方便测试 Web 服务器的访问,使用 systemctl stop firewalld 命令暂时关闭系统防火墙,同时执行 setenforce 0 命令临时关闭 SELinux 安全机制。此时,通过在客户端网页浏览器中输入 Web 服务器 IP 地址,如 192.168.200.128,就可以打开该 Web 服务器的默认首页,如图 5-8 所示。

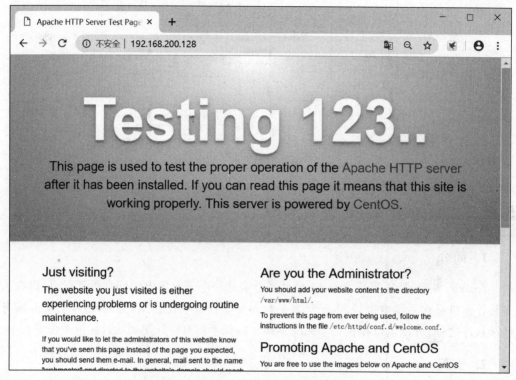

图 5-8　Apache Web 服务器的默认首页

5.2.3　Apache Web 服务器的配置方法

1. Apache Web 服务器的配置文件及其目录

Apache Web 服务器的主要配置文件及目录如表 5-3 所示。

表 5-3　Apache Web 服务器的配置文件及目录

目录或文件	名　　称
配置文件目录	/etc/httpd
主配置文件	/etc/httpd/conf/httpd.conf
虚拟主机配置目录	/etc/httpd/conf.d/
网站数据目录	/var/www/html
访问日志文件	/var/log/httpd/access_log
错误日志文件	/var/log/httpd/error_log

2. httpd 服务的常用配置参数

httpd 服务的常用配置参数及其含义如表 5-4 所示。

表 5-4 httpd 服务的常用配置参数及其含义

配 置 参 数	参 数 含 义
ServerRoot	Web 服务器根目录
ServerAdmin	管理员邮箱
User	运行服务的用户
Group	运行服务的用户组
ServerName	服务器的域名
DocumentRoot	数据目录
Listen	监听的 IP 地址与端口号
DirectoryIndex	默认的索引页（网站首页）
ErrorLog	错误日志文件
CustomLog	访问日志文件
Timeout	网页超时时间，默认为 300 秒
Include	需要加载的其他配置文件，如虚拟主机配置文件

3. 配置 Apache 虚拟主机

1) 虚拟主机简介

虚拟主机是指通过一定的软硬件技术，把一台真实的物理服务器分割成多个逻辑存储单元。每一个逻辑单元都具有单独的 IP 地址（或共享 IP 地址）、独立的域名，并能像真实的物理主机一样为用户提供完整的网络服务（如 WWW、FTP 等）。虚拟主机可以基于不同的 IP 地址、域名以及端口号运行。Apache 支持三种虚拟主机配置，具体如下。

（1）基于 IP 地址的虚拟主机：同一台服务器上使用不同 IP 地址对应不同站点。

（2）基于域名的虚拟主机：同一台服务器上使用不同的域名对应不同站点。

（3）基于端口的虚拟主机：同一台服务器上使用不同的端口对应不同站点。

2) 配置虚拟主机

在 Apache 中配置虚拟主机，需要修改系统的主配置文件，并同时需要在系统的虚拟主机配置目录设置虚拟主机配置文件，并为不同的虚拟主机添加对应的网站数据目录及文件。下面以配置基于 IP 地址的虚拟主机为例说明 Apache 虚拟主机的配置方法。

（1）为系统添加虚拟 IP 地址。

```
# ip addr add 192.168.200.129 dev ens33
```

（2）编辑 httpd.conf 主配置文件，修改以下配置参数。

```
<Directory />
    AllowOverride none
    # Require all denied
```

```
        Require all granted
    </Directory>
```

(3) 创建虚拟主机配置文件/etc/httpd/conf.d/vhost.conf,该文件位于系统的/etc/httpd/conf.d/目录中,该文件中的内容会通过 httpd.conf 配置文件的最后一行 IncludeOptional conf.d/*.conf 被包含到 httpd.conf 主配置文件中。虚拟主机配置文件如下。

```
<VirtualHost 192.168.200.128:80>
    ServerName a.com                    //配置虚拟主机域名
    DocumentRoot "/www/a.com/"          //配置 a.com 网页目录
</VirtualHost>
```

(4) 保存虚拟主机配置文件后,即可根据配置参数创建虚机主机站点目录及测试网页。例如:

```
#mkdir  /www/a.com                      //创建测试站点目录
#vi /www/a.com/index.html               //编辑虚拟主机主页
#输入:<h1>Hello,a.com</h1>
```

(5) 重新启动 Apache Web 服务器,并访问 http://192.168.200.129,观察是否访问到该网站的默认主页。

任务实践

5.2.4　Apache Web 服务器配置实战

1. 安装 Apache Web 服务器软件

1) CentOS 7 系统初始设置

```
//配置系统 YUM 仓库及外网连接,假设其 IP 地址为 192.168.200.128
#systemctl stop  firewalld              //为方便测试,关闭系统防火墙
#setenforce 0                           //暂时关闭 SELinux 安全机制
```

2) 安装 httpd 软件包

```
#yum -y install httpd                   //安装 httpd 软件包
#rpm -ql httpd                          //查询 httpd 软件包安装列表
```

2. 管理 Apache Web 服务器

1) 启动及查看 httpd 服务

```
#ss -pln | grep :80                     //查看 httpd 监听的端口
#systemctl start httpd                  //启动 httpd 服务
```

```
# systemctl   enable vsftpd                    //设置自动启动 httpd 服务
# ss – pln | grep :80                          //查看 httpd 监听的端口
```

2)访问 Web 服务器

```
# curl 192.168.200.128                         //使用 curl 工具访问 Web
//在网页浏览器中输入：http://192.168.200.128
//观察是否可以访问系统默认网页
# vi /var/www/html/test.html                   //编辑一个测试网页
//输入：<H1>Hello World</H1>，保存退出
//在网页浏览器中输入：http://192.168.200.128/test.html
//观察是否可以访问 test.html 测试网页
```

3. 配置基于 IP 地址的虚拟主机

1)为系统添加虚拟 IP 地址

```
# ip addr add 192.168.200.129 dev ens33        //添加新 IP 地址
# ip addr add 192.168.200.130 dev ens33        //添加新 IP 地址
# ip addr                                      //查看 IP 地址
```

2)编辑 httpd.conf 主配置文件

```
# vi /etc/httpd/conf/httpd.conf                //修改 httpd 主配置文件
//修改以下配置参数
//<Directory />
//    AllowOverride none
//    #Require all denied
//    Require all granted
//</Directory>
//IncludeOptional conf.d/*.conf
```

3)创建虚拟主机配置文件

```
# vi /etc/httpd/conf.d/vhost.conf
//输入以下配置参数
//<VirtualHost 192.168.200.129:80>
        ServerName a.com                       //配置虚拟主机域名
        DocumentRoot "/www/a.com/"             //配置 a.com 网页目录
</VirtualHost>
<VirtualHost 192.168.200.130:80>
        ServerName b.com                       //配置虚拟主机域名
        DocumentRoot "/www/b.com/"             //配置 b.com 网页目录
</VirtualHost>
```

4)创建虚机主机 a.com 和 b.com 的测试主页

```
# mkdir – pv /www/{a.com,b.com}                //创建虚拟主机目录
# vi /www/a.com/index.html                     //编辑 a.com 默认主页
```

```
//输入：<h1>Hello,a.com</h1>
# vi /www/b.com/index.html                    //编辑 b.com 默认主页
//输入：<h1>Hello,b.com</h1>
```

5）重启 httpd 服务并访问

```
# httpd -t                                    //测试 Web 服务器配置文件
# systemctl restart httpd                     //重新启动 Web 服务器程序
```

从浏览器访问 http://192.168.200.129、http://192.168.200.130，此时可以发现，使用不同的 IP 地址访问，将看到不同虚拟主机网站的默认主页。

任务拓展

在 CentOS 7 系统中安装 Apache Web 服务器软件；配置 httpd 服务器程序并启用 httpd 服务程序的个人网页服务功能，即允许访问本地用户访问个人主页目录；通过 FTP 服务器从 Windows 10 系统上传网页到个人主页目录。

任务 5.3 搭建 MySQL 数据库服务器

任务目标

（1）掌握 MariaDB 数据库的安装及服务的启动方法。
（2）掌握 MariaDB 常用客户端管理工具的使用方法。
（3）掌握 MariaDB 数据库及数据表的基本操作。

任务导入

数据库是存储数据的仓库，数据库服务为用户提供数据存储、检索等常用功能。日常生活和工作中数据库的应用可以说是无处不在，几乎所有的 Web 服务器运行都离不开数据库的支持。下面介绍基于 MySQL 社区版分支 MariaDB 的数据库服务器的搭建方法。

任务知识

5.3.1 安装及登录 MySQL 数据库

1. MySQL 数据库简介

MySQL 是一个关系型数据库管理系统，最早是由瑞典 MySQL AB 公司开发，目前

属于 Oracle 旗下产品。MySQL 由于其体积小、速度快、总体拥有成本低,尤其是开放源码这一特点,成为一般中小型网站开发的首选数据库。在 Web 应用方面,MySQL 是最好的 RDBMS(relational database management system)应用软件之一。MariaDB 数据库是 MySQL 的一个分支,由于其性能卓越,搭配 PHP 和 Apache 可组成良好的开源开发环境。本书中使用的 MariaDB 等同于 MySQL。

MySQL 是一个多用户、多线程 SQL 数据库服务器,它可以快捷、高效和安全地处理大量的数据。MySQL 采用了双授权政策,分为社区版和商业版。MariaDB 作为 MySQL 的一个社区版分支,主要由开源社区维护,采用 GPL 授权许可。开发这个分支的原因之一是,Oracle 公司收购了 MySQL 后,有将 MySQL 闭源的潜在风险,因此社区采用分支的方式来避开这个风险。MariaDB 的目的是完全兼容 MySQL,包括 API 和命令行,使之能轻松成为 MySQL 的代替品。

2. 安装及启动 MySQL 数据库

下面以 MariaDB 为例说明 MySQL 数据库服务的搭建方法。
1) 安装 MySQL 数据库
CentOS 7 系统的安装光盘上就包含 MariaDB 数据库的安装包,也可以在配置好系统的 YUM 仓库后,使用 yum 命令快速完成 MariaDB 数据库的安装,操作命令如下。

```
# yum install -y mariadb-server        //安装 MariaDB 数据库
# rpm -qa | grep mariadb               //查询安装的 mariadb 软件包
```

2) 启动 MariaDB 数据库服务

```
# systemctl start mariadb              //启动 MariaDB 数据库服务
# systemctl stop mariadb               //停止 MariaDB 数据库服务
# systemctl restart mariadb            //重启 MariaDB 数据库服务
# systemctl enable mariadb             //设置 MariaDB 开机启动
```

3. 设置 MySQL 数据库登录密码

MySQL 数据库服务器软件安装后,默认不需要输入登录密码就可以使用 root 账号登录数据库服务器,存在较大安全隐患。一般而言,在安装好 MariaDB 或 MySQL 数据库服务器后,可以使用 mysql_secure_installation 命令进行数据库初始安全配置。运行该命令后,屏幕出现如图 5-9 所示内容,具体的交互包括如下步骤。

(1) 输入当前密码(默认为空,直接按 Enter 键)。
(2) 是否修改当前密码,建议修改。
(3) 是否删除匿名账号,建议删除。
(4) 是否禁止 root 账号远程登录,建议禁止,确保安全。
(5) 是否删除 test 数据库,根据需要选择。
(6) 是否重新加载表权限,建议重新加载。

```
[root@localhost ~]# systemctl start mariadb
[root@localhost ~]# mysql_secure_installation

NOTE: RUNNING ALL PARTS OF THIS SCRIPT IS RECOMMENDED FOR ALL MariaDB
      SERVERS IN PRODUCTION USE!   PLEASE READ EACH STEP CAREFULLY!

In order to log into MariaDB to secure it, we'll need the current
password for the root user.  If you've just installed MariaDB, and
you haven't set the root password yet, the password will be blank,
so you should just press enter here.

Enter current password for root (enter for none):
OK, successfully used password, moving on...

Setting the root password ensures that nobody can log into the MariaDB
root user without the proper authorisation.

You already have a root password set, so you can safely answer 'n'.

Change the root password? [Y/n] y
New password:
Re-enter new password:
Password updated successfully!
Reloading privilege tables..
 ... Success!
```

图 5-9　使用 mysql_secure_installation 命令

5.3.2　常用的 MySQL 客户端程序

1. MySQL 客户端连接工具

mysql 命令是 MySQL 数据库的连接工具,用户可以通过 mysql 连接到服务器进行一系列的 SQL 操作。mysql 命令有两种模式:交互模式和命令行模式。交互模式下登录服务器以交互方式执行,命令行模式通过特定的-e 选项读取 Shell 命令行中的指令提交到服务器。

1)语法格式

```
mysql [选项] [数据库]
```

2)选项说明

-h:指定 MySQL 服务器的 IP 地址或主机名。

-u:指定登录 MySQL 服务器的用户名。

-P:指定连接的端口号。

-p:指定连接 MySQL 服务器的密码。

-e:指定要执行的 MySQL 内部命令。

3)命令实例

```
#mysql －h 192.168.200.128 －u root －p 123456          //登录远程 MySQL 服务器
```

使用 root 用户登录本地的 MySQL 数据库,输入用户密码 123456 即可。MySQL 数据库的登录界面如图 5-10 所示,命令提示符会一直以 MySQL＞或 MariaDB＞的形式等待用户输入命令。MySQL 客户端界面中的命令不区分大小写,为统一标准,本次任务涉及的相关操作语句均使用大写形式,输入 EXIT 或 QUIT 可以退出 MySQL 客户端界面。

```
[root@localhost ~]# mysql -uroot -p
Enter password:
Welcome to the MariaDB monitor.  Commands end with ; or \g.
Your MariaDB connection id is 12
Server version: 5.5.56-MariaDB MariaDB Server

Copyright (c) 2000, 2017, Oracle, MariaDB Corporation Ab and others.

Type 'help;' or '\h' for help. Type '\c' to clear the current input statement.

MariaDB [(none)]> show databases;
+--------------------+
| Database           |
+--------------------+
| information_schema |
| mysql              |
| performance_schema |
+--------------------+
3 rows in set (0.00 sec)

MariaDB [(none)]>
```

图 5-10　登录 MySQL 数据库

2. mysqladmin 管理工具

mysqladmin 管理工具用于管理 MySQL 数据库,如创建或删除数据库、重载授权表、修改数据库登录密码等。

1)语法格式

```
mysqladmin [选项] 命令
```

2)选项说明

各选项与 mysql 客户端基本相同。

3)命令参数

create [DB_NAME]:创建数据库。

drop [DB_NAME]:删除数据库。

status:输出服务器状态信息。

flush-privileges:刷新配置。

password:修改指定用户的密码。

ping:探测服务器是否在线。

shutdown:关闭 mysql 服务。

4)命令举例

```
mysqladmin -u root -p create db_test            //创建 db_test 数据库
mysqladmin -u root -p password '123456'         //修改 root 用户密码
```

以上命令可将 MySQL 数据库用户 root 的登录密码修改为 123456,修改前要求输入原密码。用 mysqladmin 创建数据库后可以使用 mysqlshow 工具来查看,mysqlshow 是 MySQL 数据库中用于显示数据库、表等相关信息的客户程序。

3. mysqldump 备份工具

mysqldump 备份工具是 MySQL 的一个命令行工具，用于数据库备份，可以将数据库和表的结构以及表中数据导出成 CREATE DATABASE、CREATE TABLE、INSERT INTO 的 SQL 语句。

1）语法格式

```
mysqldump -u [用户名] -p[密码] [数据库名] > [SQL 文件]
```

2）选项说明

mysqldump 的连接选项见 mysql 命令，与 mysql 客户端工具基本相同。
-A，--all-databases：导出所有数据库。
--tables：导出指定表。
-d，--no-data：仅导出表结构，不导出数据。

3）命令举例

```
mysqldump -u root -p db_test > db_test.sql      //将数据库 db_test 导出到文件
```

以上命令将 MySQL 数据库中的 db_test 数据库的所有内容备份到 db_test.sql 文件，该 SQL 文件可以在需要时用于恢复数据库。

5.3.3 MySQL 数据库基本操作

1. 创建和删除数据库

1）创建数据库

登录 MySQL 数据库后，可以使用 CREATE DATABASE 语句创建数据库。
语法格式如下：

```
CREATE DATABASE [IF NOT EXISTS] <数据库名> [[DEFAULT] CHARACTER SET
<字符集名>] [[DEFAULT] COLLATE <校对规则名>];
```

选项说明如下。

<数据库名>：要创建的数据库的名称。数据库名称必须符合操作系统文件夹命名规则，不能以数字开头，尽量要有实际意义。注意在 MySQL 中不区分大小写。

IF NOT EXISTS：在创建数据库之前进行判断，只有该数据库不存在时才执行操作。

[DEFAULT] CHARACTER SET：指定数据库的字符集。要避免在数据库中存储的数据出现乱码，如果不指定则使用系统的默认字符集。

[DEFAULT] COLLATE：指定字符集的默认校对规则。

命令实例如下。

```
MariaDB > CREATE DATABASE New_db;           //创建名为 New_db 的数据库
MariaDB > SHOW DATABASES;                   //显示所有数据库
```

2）删除数据库

在一个数据库不再被需要时，用户可以使用 drop 命令将其删除。在删除数据库时，务必要谨慎，因为在执行 drop 命令删除数据库后，该数据库中所有数据将会消失。

语法格式如下。

```
DROP DATABASE [ IF EXISTS ] <数据库名>
```

命令实例如下。

```
MariaDB > DROP DATABASE New_db;             //删除 New_db 数据库
```

2. 添加 MySQL 数据库用户及授权

1）添加 MySQL 数据库用户

在对 MySQL 数据库的日常管理中，为了减少使用 root 账号带给数据库的风险，通常需要创建具备适当权限的用户账号，确保数据库的安全访问。添加 MySQL 数据库用户账号的语句为 CREATE USER。

语法格式如下。

```
CREATE USER <用户名> [ IDENTIFIED ] BY [ PASSWORD ] <密码>
```

选项说明如下。

<用户名>：指定创建用户账号，格式为 'user_name'@'host_name'。

PASSWORD：可选项，用于指定 Hash 口令。

IDENTIFIED BY：用于指定用户账号对应的密码。

<口令>：指定用户账号的密码。

命令实例如下。

```
MariaDB > CREATE USER 'New_user'@'localhost' IDENTIFIED BY 'New_pass';
```

以上命令使用 CREATE USER 创建一个名为 New_user、密码为 New_pass 的用户，用户允许登录的主机是 localhost。

2）MySQL 数据库用户授权

对于新建的 MySQL 数据库用户，必须对其授权。可以用 GRANT 语句来实现对新建用户的授权，GRANT 语句也可以直接创建一个新的数据库用户。

语法格式如下。

```
GRANT <权限类型> [ ( <列名> ) ] [ , <权限类型> [ ( <列名> ) ] ] ON <对象>
<权限级别> TO <用户>
```

选项说明如下。

<用户>：包括<用户名>［IDENTIFIED］BY［PASSWORD］<密码>。

<列名>：可选项，用于指定权限要授予给表中哪些具体的列。

ON：用于指定权限授予的对象和级别，如授权的数据库名或表名等。

<权限级别>：用于指定权限的级别，如列权限、表权限、用户权限等。

TO：用来设定用户口令以及指定被授权的用户 user。

<权限类型>：常用值包括 SELECT、INSERT、DELETE、UPDATE、CREATE、ALTER、ALL 或 ALL PRIVILEGES 等。

命令实例如下。

```
MariaDB> GRANT SELECT, INSERT ON *.* -> TO 'Testuser'@'localhost'
        IDENTIFIED BY 'Testpwd';
```

以上命令使用 GRANT 创建一个名为 Testuser、密码为 Testpwd 的新用户，同时给 Testuser 用户授予对所有数据有查询、插入权限。用户的数据库访问权限可以通过检索 MySQL 数据库相关数据表获得，如 SELECT * FROM mysql.user \G。使用 GRANT 语句对用户授权后，如果想撤销对用户的授权，可以使用 REVOKE 语句来撤销。

3. 创建数据表

在创建数据库之后，接下来就要在数据库中创建数据表。关系数据库中的数据保存在库中的每一个数据表中。在创建数据表之前，应使用命令"USE <数据库>"选择当前数据库，如果没有选择数据库，就会提示 No database selected 的错误。在 MySQL 中，使用 CREATE TABLE 语句创建数据表。

1）语法格式

```
CREATE TABLE <表名> ([表定义选项])[表选项][分区选项];
```

2）选项说明

<表名>：指定要创建的数据表名称。

<表定义选项>：表定义由列名、列的定义以及可能的空值说明、完整性约束或表索引组成，其格式为<列名1><类型1>[,...]<列名n><类型n>，即表中每个列（字段）的名称和数据类型，如果创建多个列，要用逗号隔开。

3）命令实例

```
MariaDB> USE New_db;                //选择 New_db 作为当前数据库
MariaDB> CREATE TABLE tb_courses    //创建 tb_courses 课程信息表
    -> (
    -> course_id INT NOT NULL AUTO_INCREMENT,
    -> course_name CHAR(40) NOT NULL,
    -> course_grade FLOAT NOT NULL,
```

```
    -> course_info CHAR(100) NULL,
    -> PRIMARYKEY(course_id)
    -> );
```

数据表创建后可以使用 SHOW TABLES 语句查看数据表是否创建成功,也可以使用 DESCRIBE 或 SHOW CREATE TABLE 语句查看数据表的结构。如果需要对数据表的结构进行修改,则可以使用 ALTER TABLE 语句来完成。

4. 查询数据表语句 SELECT

查询是数据库中使用最频繁的操作,MySQL 数据库查询的基本语句为 SELECT 语句,该语句从数据库的数据表中查询数据。

1) 语法格式

```
SELECT{ * |<字段列表>} [ FROM <表 1>, <表 2>… ]
[WHERE <表达式>] [GROUP BY <条件>] [HAVING <表达式>]
[ORDER BY <字段>] [LIMIT[<偏移量>,] <记录数>]
```

2) 选项说明

{ * |<字段列表>}:表示查询的字段,字段列表至少包含一个字段名称。
FROM <表 1>,<表 2>…:表 1、表 2、……表示查询数据的来源。
WHERE 子句:可选项,限定查询行必须满足的查询条件。
GROUP BY <字段>:如何显示查询出来的数据,并按照指定的字段分组。
[ORDER BY <字段>]:按什么样的顺序显示查询出来的数据。
[LIMIT[<偏移量>,] <记录数>]:每次查询出来的数据及条数。

3) 命令实例

```
MariaDB > SELECT * FROM tb_courses;                //从 tb_courses 表中检索数据
```

5. 插入、修改、删除数据

1) 插入数据语句 INSERT

数据库与数据表创建成功以后,即可向数据表中插入数据。在 MySQL 中可以使用 INSERT 语句向数据表中插入一行或者多行数据。INSERT 语句有两种语法形式,分别是 INSERT…VALUES 和 INSERT…SET。下面以前一种为例说明向数据表插入数据的操作方法。

语法格式如下。

```
INSERT INTO <表名> [<列名 1> [, …<列名 n>]] VALUES (值 1) [… , (值 n)];
```

选项说明如下。
<表名>:指定被操作的表名。

<列名>：指定需要插入数据的列名。

VALUES 或 VALUE 子句：该子句包含要插入的数据清单。

命令实例如下。

```
MariaDB> INSERT INTO tb_courses
    -> (course_id,course_name,course_grade,course_info)
    -> VALUES(1,'Cloud',3,'Cloud Computing');
```

以上命令在 tb_courses 数据表中插入一条新记录，course_id 值为 1，course_name 值为 Cloud，course_grade 值为 3，info 值为 Cloud Computing。

2）修改数据语句 UPDATE

在 MySQL 中，可以使用 UPDATE 语句来修改、更新一个或多个表的数据。

语法格式如下。

```
UPDATE <表名> SET 字段1=值1[,字段2=值2[,…字段n=值n] [WHERE 子句 ]
[ORDER BY 子句] [LIMIT 子句]
```

选项说明如下。

<表名>：用于指定要更新的表名称。

SET 子句：用于指定表中要修改的列名及其列值。

WHERE 子句：可选项，用于限定表中要修改的行，不指定则修改表中所有的行。

ORDER BY 子句：可选项，用于限定表中的行被修改的次序。

LIMIT 子句：可选项，用于限定被修改的行数。

命令实例如下。

```
MariaDB> UPDATE tb_courses
 -> SET course_name = 'DB',course_grade = 3.5
 -> WHEREcourse_id = 2;
```

以上语句更新 tb_courses 表中 course_id 值为 2 的记录，将 course_grade 字段值改为 3.5，将 course_name 字段值改为 DB。

3）删除数据语句 DELETE

在 MySQL 中，可以使用 DELETE 语句来删除表的一行或者多行数据。

语法格式如下。

```
DELETE FROM <表名> [WHERE 子句] [ORDER BY 子句] [LIMIT 子句]
```

选项说明如下。

<表名>：指定要删除数据的表名。

ORDER BY 子句：可选项，表示表中各行将按照子句中指定的顺序进行删除。

WHERE 子句：可选项，表示限定删除条件，省略则代表删除表中的所有行。

LIMIT 子句：可选项，用于告知服务器返回到客户端前被删除行的最大值。

注意：在不使用 WHERE 条件时，将删除所有数据。

命令实例如下。

MariaDB > DELETE FROM tb_courses WHERE course_id = 4;

以上命令在 tb_courses 数据表中删除 course_id 为 4 的记录。

5.3.4　MySQL 数据库管理实战

1. 安装并启动数据库

1）安装 MariaDB 数据库软件

```
MariaDB > yum install - y mariadb - server        //安装 MariaDB 数据库软件
MariaDB > rpm - qi mariadb - server               //查询安装的服务器软件
```

2）启动 MariaDB 数据库服务

```
MariaDB > systemctl start mariadb                 //启动 MariaDB 数据库服务
MariaDB > systemctl enable mariadb                //设置数据库服务开机启动
MariaDB > systemctl status mariadb                //查看 MariaDB 服务状态
MariaDB > ss - pln | grep :3306                   //查看数据库服务监听端口
```

完成上述操作后，将可以看到 MySQL 数据库服务程序已经启动，并且监听系统的 3306 端口。

2. 登录并创建数据库和用户

1）数据库服务初始安全设置

```
MariaDB > mysql_secure_installation               //数据库服务初始安全设置
MariaDB > mysql - uroot - p                       //输入密码登录数据库
```

2）创建 sm_db 学生管理数据库及用户（在 MariaDB 中完成）

```
MariaDB > CREATE DATABASE sm_db DEFAULT CHARACTER SET utf8;
MariaDB > SHOW DATABASES;                         //显示 MySQL 中所有数据库
MariaDB > CREATE USER 'sm_user1'@'localhost' IDENTIFIED BY 'sm_pass1';
MariaDB > GRANT SELECT, INSERT, UPDATE, DELETE ON *.*
TO 'sm_user2'@'localhost' IDENTIFIED BY 'sm_pass2';
//创建一个用户名为 sm_user2、密码为 sm_pass2 的新用户并授权
//该用户对所有数据库具有增、删、改、查的权限
MariaDB > SELECT * FROM mysql.user WHERE user = 'sm_user2'\G;
//查询 sm_user2 用户的数据库权限
```

完成上述操作后将创建存储数据的字符集格式为 UTF-8、名为 sm_db 的数据库，并为该数据库创建两个用户，通过查询数据库中的 user 表，可以查看两个用户的操作权限。

3. 创建数据表并添加数据

1) 创建数据表 tb_college、tb_student

```
MariaDB > USE sm_db;
MariaDB CREATE TABLE tb_college                     //创建二级学院信息表
(
    collid int not null auto_increment comment '学院编号',
    collname varchar(50) not null comment '学院名称',
    collmaster varchar(20) not null comment '院长姓名',
    collWeb varchar(200) default '' comment '学院网址',
    primary key (collid)
);
MariaDB > DESC tb_college;                          //查看数据表结构
MariaDB > CREATE TABLE tb_student                   //创建学生信息表
(
    stuid int not null comment '学号',
    sname varchar(20) not null comment '学生姓名',
    gender tinyint default 1 comment '性别',
    birth date not null comment '出生日期',
    addr varchar(255) default '' comment '籍贯',
    collid int not null comment '所属学院编号',
    primary key (stuid)
);
MariaDB > DESC tb_student;                          //查看数据表结构
```

2) 向数据表添加数据

```
MariaDB > INSERT INTO tb_college                    //插入学院数据
(collname, collmaster, collWeb)
VALUES
    ('信息工程学院', '晁盖', 'http://www.info.com'),
    ('交通工程学院', '宋江', 'http://www.traff.com'),
    ('经济管理学院', '卢俊义', 'http://www.econo.com');
MariaDB > SELECT * FROM tb_college;                 //查询数据表
MariaDB > INSERT INTO tb_student
(stuid, sname, gender, birth, addr, collid)
VALUES
    (1001, '杨志', 1, '1998-1-20', '四川成都', 1),
    (1012, '林冲', 1, '1999-2-8', '湖南长沙', 2),
    (1026, '孙二娘', 0, '1997-12-3', '湖北武汉', 1);
MariaDB > SELECT * FROM tb_student;                 //查询数据表
```

4. 修改、删除数据

1）修改数据

```
MariaDB > UPDATE tb_student SET addr = '湖南岳阳' WHERE stuid = 1012;    //修改数据
MariaDB > SELECT * FROM tb_student WHERE id = 1012;                      //查看修改结果
```

（2）删除数据

```
MariaDB > DELETE FROM tb_student where sname = '杨志';    //删除数据
MariaDB > SELECT * FROM tb_student;                      //查看删除结果
```

5. 管理及备份恢复数据库

（1）管理数据库 mysqladmin

```
# mysqladmin -uroot -p123456 version              //查看版本
# mysqladmin -uroot -p123456 'abcdef'             //修改密码,原密码为123456
# mysqladmin -uroot -p create db_test             //创建数据库
# mysqlshow -uroot -pabcdef                       //查看数据库
```

2）备份数据库 mysqldump

```
# mysqlshow -uroot -p123456                       //查看数据库
# mysqldump -uroot -p sm_db > sm.sql              //备份 sm_db 数据库
# ls -l sm.sql                                    //查看备份文件
# more sm.sql                                     //查看备份文件内容
```

3）恢复数据库 mysqldump

```
# mysqladmin -uroot -p drop sm_db                 //删除数据库
# mysqlshow -uroot -p123456                       //查看数据库
# mysqladmin -uroot -p create sm_db               //创建数据库
# mysql -uroot -p sm_db < sm.sql                  //恢复数据库
# mysqlshow -uroot -p123456                       //查看数据库
```

任务拓展

在 CentOS 7 虚拟机中安装 MySQL 8.0 数据库软件；添加数据库用户并授权用户从局域网中远程计算机访问数据（用 Windows 10 宿主机模拟局域网远程计算机）；完成数据库和数据表创建，执行数据的添加、查询、修改、删除等操作。

项目总结

本项目介绍了 FTP 服务器、Web 服务器及数据库服务器的基本知识，通过学习读者可以掌握基于 CentOS 7 系统的 FTP 服务器、Apache Web 服务器及 MySQL 数据库服务器的搭建及配置方法。

项目实训

1. 搭建支持虚拟用户登录的 vsftpd 服务。
2. 搭建配置支持虚拟主机的 httpd 服务。
3. 在 MariaDB 数据库中创建和管理数据库。

项目 6　架设开发及部署平台

君子欲讷于言而敏于行。

——《论语·里仁》

项目目标

【知识目标】
（1）了解 Linux 源码软件安装知识。
（2）了解 Java EE 环境配置基本知识。
（3）了解 LAMP 环境配置基本知识。

【技能目标】
（1）掌握源码软件包安装与运行方法。
（2）掌握 Java EE 应用环境搭建方法。
（3）掌握 LAMP 环境项目部署方法。

项目内容

任务 6.1　编译和安装源码软件包
任务 6.2　搭建 Java EE 开发环境
任务 6.3　部署 LAMP 应用项目

任务 6.1　编译和安装源码软件包

（1）掌握 tar 文件打包命令的使用方法。
（2）掌握 gcc 编译命令的安装和使用方法。
（3）掌握源码软件包的编译、安装方法。

Linux 操作系统是开放源码的，在系统中安装的软件大部分也都是开源软件，如

Apache、Tomcat 和 PHP 等。开源软件多数可为用户提供源码下载,可以通过编译源码的方式来安装所需要的开源软件。下面介绍 Linux 源码软件包的编译和安装方法。

6.1.1 开放源码软件概述

1. 开放源码软件简介

开放源码软件(open source software,OSS)简称开源软件,即软件发布时其源码随软件一起向公众免费开放的软件,任何团体或个人都可以在遵守其许可证规定的前提下,对软件进行使用、复制、传播和修改,同时将修改形成的开源软件衍生版本再次发布。

开源软件最早出现于 20 世纪 70 年代,至今已经经历了数十年的发展历程。开源软件一般由散布在全世界各地的编程人员所开发,同时一些大学、政府机构承包商、协会和商业公司也参与相关开源软件的开发活动。随着计算机技术的发展和互联网的广泛应用,开源软件在操作系统、编译工具、数据库、Web 服务器、移动操作系统等各个方面已经成为主流,图 6-1 所示是几个常见的开源软件 Logo。

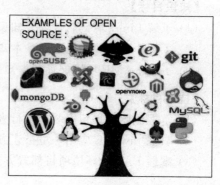

图 6-1 常见的开源软件 Logo

2. 常见的开源许可协议

在安装和使用一个软件时,经常被要求同意该软件的许可协议。虽然开源软件分发时提供源码,但开源软件也有一定的许可协议要求。最经常使用的开源许可协议包括 GPL(GNU general public license)、LGPL(GNU lesser general public license)、BSD(Berkerley software distribution)、Apache License。下面对这四种协议分别进行简要说明。

1) GPL(GNU 通用公共许可协议)

GPL 可以说是在开源项目中使用最广泛的一种许可协议。GPL 要求软件代码的开源及免费使用以及软件相关引用、修改、衍生代码的开源及免费使用,且不允许修改后和衍生的代码作为闭源的商业软件发布和销售。GPL 协议的主要内容是,只要在一个软件中使用 GPL 协议的产品,则该软件产品必须也采用 GPL 协议。

2) LGPL(GNU 宽通用公共许可协议)

LGPL 是为一些开源类库的使用而设计的一种开源许可协议,和 GPL 要求任何使用/修改/衍生的 GPL 类库的软件必须采用 GPL 协议不同,LGPL 允许商业软件通过类库引用的方式使用 LGPL 类库,而不需要开源引用这些类库的商业软件代码,这使得采用 LGPL 协议的开源代码可以被商业软件作为类库引用。但是如果修改 LGPL 协议保护的代码,则所有修改代码及涉及修改部分的衍生代码都必须采用 LGPL 协议。

3) BSD 许可协议

BSD 许可协议是一个给予使用者很大自由的开源软件许可协议,基本上使用者可以"为所欲为",即可以自由地使用、修改源码,也可以将修改后的代码作为开源或者专有软件再发布。但是,当使用者发布或二次开发基于 BSD 许可协议的代码时,一般也要求在源码或软件文档版权声明中包含源代码中的 BSD 许可协议。BSD 许可协议鼓励代码共享,但要求尊重代码作者的著作权。

4) Apache License

Apache License 是著名非盈利开源组织 Apache 采用的许可协议。该许可协议和 BSD 类似,同样鼓励代码共享和尊重原作者的著作权,也允许修改代码或作为开源或商业软件再发布。但该协议要求给再发布代码的用户一份 Apache License。如果修改了代码,需要在被修改的文件中带有原来代码中的协议、商标、专利声明和其他原作者规定需要包含的说明。Apache License 也是对商业应用友好的许可,使用者可以在需要时修改代码来满足软件发布及销售要求。

3. 开源软件的发展和应用

开放源码是信息技术不断发展带来的,是软件行业开放创新、共同创新的典型体现。随着软件产业的加速发展,基于全球智慧的开源开发成为软件技术创新的主导模式。当前,全球开源项目持续增长,基于开源的软件产品和信息技术服务不断涌现,开源架构在云计算、大数据、人工智能等新一代信息技术领域的应用和影响力不断深入和提升。

Openstack 开源平台在云计算领域的应用,为中小型企业云计算系统部署提供了强大的平台支撑;在大数据领域 Hadoop 和 Spark 等开源大数据软件的应用,也为大数据的存储、处理及分析提供了强大支持;TensorFlow 深度学习框架等人工智能开源成果应用,大大降低深度学习在各个行业中的应用难度,极大地推动了人工智能技术应用和发展。

6.1.2 GCC 编译器概述

以高级语言源程序方式提供的开源软件需要被对应语言的编译器或解释器翻译成机器语言形式后,才能在计算机系统中运行。

1. 高级语言处理程序

1) 程序设计语言和语言处理程序

程序设计语言和语言处理程序是两个完全不同的概念。程序设计语言包含三种:机器语言、汇编语言和高级语言。机器语言是由二进制数码 0、1 序列构成的语言,使用机器语言对普通软件开发人员来说难度太大。而汇编语言只是引入了一些英文助记符来对应机器语言指令,还是没有办法按照人类的思维方式去写代码,于是就出现了更接近人类表达和思维习惯的高级语言。

人们一般通过高级程序设计语言与计算机进行交互,但计算机只能理解和执行由

0、1 序列构成的机器语言,因此使用高级程序语言开发的程序需要使用处理工具将其翻译成机器语言程序,才能被计算机理解、执行。语言处理程序就是将汇编语言或高级语言程序处理成机器语言程序的重要工具。一般把将汇编语言处理成机器语言的程序称为汇编程序,把将高级语言处理成机器语言的程序称为高级语言翻译程序。

2) 高级语言程序的编译和执行过程

高级语言翻译程序主要有两种:编译程序和解释程序。解释程序也称为解释器,它用直接解释的方式或把程序翻译成中间代码后解释执行;编译程序也称为编译器,它首先将源程序翻译成目标程序,然后再在计算机上运行该目标程序。高级语言程序在系统中的编译和解释执行过程如图 6-2 所示。

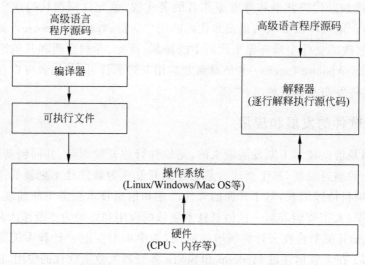

图 6-2　高级语言程序的编译和解释过程

2. GCC 编译器概述

1) GCC 编译器简介

GCC(GNU compiler collection),是以 GPL 许可证发行的自由软件,是 GNU 推出的功能强大、性能优越的多平台编译器,也是 GNU 计划的关键部分。GCC 的初衷是为 GNU 操作系统专门编写一款编译器,现已被大多数类 UNIX 操作系统(如 Linux、BSD、Mac OS 等)采纳为标准的编译器,甚至在 Microsoft Windows 上也可以使用 GCC 编译器。GCC 支持多种计算机体系结构的芯片,如 x86、ARM、MIPS 等,并已被移植到其他多种硬件平台上。

GCC 诞生之初,是 GNU C compiler 的缩写,只是作为 GNU 的 C 语言编译器,只能编译 C 语言程序。但其很快发展,可以处理 C++语言程序,后来又进一步发展为能够支持更多编程语言的编译器套件,如支持 FORTRAN、Pascal、Objective C、Java、Ada、Go 以及各类处理器架构上的汇编语言等,所以现在改名为 GNU 编译器套件(GNU compiler collection)。

2) GCC 编译器工作流程

GCC 编译器编译一个 C 语言程序的基本流程包括预处理、编译、汇编及链接 4 个步骤,程序编译完毕将生成可执行的二进制代码文件。各步骤的主要功能如下。

- 预处理(pre-processing)：插入头文件,替换程序中的宏。
- 编译(compiling)：把预处理后的文件编译成汇编语言程序文件。
- 汇编(assembling)：将汇编语言程序编译成二进制的目标文件。
- 连接(linking)：将二进制目标文件链接到库中,变成可执行的二进制文件。

3. 使用 GCC 编译器

1) 安装 gcc 编译工具

在对源码软件编译之前,需要检查系统是否已经具备编译源码软件的环境,主要检查和源码软件对应的程序语言编译器是否已经安装。CentOS 7 系统在最小化安装时默认没有安装 GCC 编译器(软件包名称为 gcc),配置好系统 YUM 源后,执行以下命令即可以完成 gcc 编译器的安装。

```
# yum -y install gcc
```

2) 语法格式

```
gcc [选项] [文件]
```

3) 选项说明

gcc 编译器的常用编译选项如表 6-1 所示。

表 6-1 gcc 编译器的常用编译选项

选 项 名	作 用
o	生成目标
c	取消链接步骤,编译源码并最后生成目标文件
E	只运行 C 预编译器(头文件、宏等展开)
S	生成汇编语言文件后停止编译(.s 文件)
Wall	打开编译告警(所有)
g	嵌入调试信息,方便用 gdb 命令调试
llib	链接 lib 库
Idir	增加 include 目录头文件路径
LDir	增加 lib 目录(编译静态库和动态库)

4) 命令实例

使用 gcc 编译一个 C 语言程序的过程比较简单,先使用 vi 编辑器输入程序源码,然后输入命令 # gcc -o test.o test.c,即可编译产生名为 test.o 的可执行程序,直接运行 test.o 即可看到程序的运行结果,具体步骤如下。

```
# vi hello.c                              //编辑 C 源程序文件
//以下为 C 语言程序源码
# include <stdio.h>
int main(void)
```

```
{
    printf("Hello World\n");
    return 0;
}
```

保存上述程序文件，并使用以下 gcc 命令编译程序文件。

```
#gcc  -o hello.o hello.c                                  //编译 C 语言源程序文件
```

以上命令将生成可执行代码文件 hello.o。

```
#./hello.o                                                //运行编译生成的二进制文件
```

上述操作过程如图 6-3 所示。

```
[root@localhost ~]# cat hello.c
#include <stdio.h>
int main(void)
{
        printf("Hello World\n");
        return 0;
}

[root@localhost ~]# gcc -o hello.o hello.c
[root@localhost ~]# ll hello.*
-rw-r--r--. 1 root root   79 2月  10 11:45 hello.c
-rwxr-xr-x. 1 root root 8440 2月  10 11:47 hello.o
[root@localhost ~]# ./hello.o
Hello World
[root@localhost ~]#
```

图 6-3　使用 gcc 编译源码文件并运行

6.1.3　源码软件包的安装

在获得 Linux 系统中的源码软件包后，一般还需要经过解压缩源码包、预编译、编译、安装这四个环节，才能在计算机系统中运行该源码软件。

1. tar 包管理工具概述

1）tar 工具简介

一般源码软件对外发布时都包含较多程序代码文件及相关辅助文件，为了便于管理和传输这些文件，一般把它们打包成.tar.gz 的压缩文件。在安装软件前，需要先使用 tar 包管理工具解压缩这些.tar.gz 软件包文件。tar 是 Linux 系统中最常用的包管理工具，可完成对文件目录的打包、压缩、解压缩等操作。

2）语法格式

```
tar [主选项 + 辅选项] 文件或目录
```

3）选项说明

使用 tar 时，主选项必须有，辅选项可以选用。

① 主选项(只能有一个)

-A,--catenate,--concatenate：追加 tar 文件至当前文件。

-c,--create：创建一个新归档文件。

-d,--diff,--compare：找出归档和文件系统的差异。

--delete：从归档文件中删除。

-r,--append：追加文件至归档文件末尾。

-t,--list：列出归档文件内容。

-u,--update：仅追加比归档内容更新的文件。

-x,--extract,--get：从归档中解包出文件。

② 辅助选项

-C,--directory：指定归档目录。

-f,--file：指定归档文件。

-z,--gzip,--ungzip：通过 gzip 处理归档文件。

-j,--bzip2：处理.bzip2 文件(压缩/解压缩)。

-J,--xz：处理.xz 文件(压缩/解压缩)。

-v,--verbose：详细列出每个文件的处理情况。

-Z,--compress,--uncompress：通过 compress 处理归档文件。

4) 命令实例

```
#man tar                              //查看 tar 帮助手册
#tar -help | more                     //直接查看命令帮助
#du -h /etc                           //查看/etc 目录占用的空间
#tar -cvf /tmp/etc1.tar /etc          //打包/etc 目录生成 etc1.tar
#tar -zcvf /tmp/etc2.tar.gz /etc      //打包时用 gzip 压缩文件
#tar -jcvf /tmp/etc3.tar.bz2 /etc     //打包时用 bzip2 压缩文件
#ls -l /tmp                           //查看打包生成的文件
#tar -ztvf /tmp/etc2.tar.gz           //查看打包文件
#tar -zxvf /tmp/etc.tar.gz -C /opt    //将文件解压缩到/opt 目录
#du -h /opt/etc                       //查看/opt/etc 目录占用的空间
#tar -cf archive.tar foo              //创建归档文件 archive.tar
#tar -tvf archive.tar                 //列出 archive.tar 中的所有文件
#tar -czf demo.tar.gz /home/demo/
//将目录/home/demo/整体打包成 gzip 压缩的归档文件 demo.tar.gz
#tar -xzf test.tar.gz -C /home/test/
//解包 gzip 压缩归档文件 test.tar.gz 的内容到指定目录/home/test/中
```

2. 源码软件编译和安装的基本步骤

1) make 编译工具

当程序只有一个源程序文件时，直接用 gcc 命令编译该文件就可以生成可执行程序。但是，Linux 系统中使用的开源软件一般会包含多达数十个源程序及相关辅助文件，此时用 gcc 命令逐个编译，工作量大且容易出错。Linux 系统提供了 make 编译工具来管理编译过程。make 工具本身并没有编译和链接功能,而是通过在需要执行编译操作时,调用 Makefile 文件中的编译命令,使用类似批处理的方式来完成源码软件包文件的批量编译和链接,最终生成可执行程序。Makefile 文件中包含了调用 gcc 等编译器来编译某个源文件的命令。CentOS 7 系统中 make 工具的安装可以用以下命令完成。

```
# yum -y install gcc gcc-c++ kernel-devel make
```

2)源码软件安装的基本步骤

在 Linux 系统中安装一个源码软件包一般包含如下五个基本步骤。
(1)下载需安装的源码软件包。
(2)使用 tar 等工具解压源码软件包。
(3)执行 configure 命令检查编译环境。
(4)执行 make 命令执行编译。
(5)执行 make install 命令执行安装。

6.1.4　编译并安装 Nginx 源码包实战

1. Nginx 软件简介

Nginx 是一款高性能的 HTTP 服务器、反向代理服务器及电子邮件代理服务器,其功能强大、运行稳定。Nginx 软件的源码包可以在其官网 http://nginx.org 上下载,用户在下载 Nginx 源码软件包后,通过解压缩、预编译、编译以及安装等步骤,即可在系统中运行和配置 Nginx。

2. 准备 GCC 编译器环境

```
# systemctl stop firewalld                               //暂时关闭系统防火墙
# yum -y install gcc pcre-devel openssl openssl-devel
                                                         //安装 gcc 编译器及辅助工具包
# rpm -qi gcc                                            //了解 gcc 编译器工具安装信息
```

3. 下载并解压缩 Nginx 源码软件包

1)下载 Nginx 源码软件包

```
# yum -y install wget                                    //安装 wget 下载工具
# wget http://nginx.org/download/nginx-1.16.1.tar.gz     //在线下载源码安装包
```

2）解压缩 Nginx 源码包

```
#tar -zxvf nginx-1.16.1.tar.gz        //解压缩软件包
#ls -l ./nginx-1.16.1                 //查看解包目录
```

4. 安装及运行 Nginx 软件

1）编译安装 Nginx

```
#cd  nginx1.16.1                              //进入源码软件包解包目录
#./configure --prefix=/usr/local/nginx
                                              //预编译并设置软件安装目录
#make && make install                         //完成 Nginx 软件编译和安装
```

2）运行 Nginx 程序

Nginx 软件安装成功后，可以执行/usr/local/nginx/sbin 目录下的可执行程序 nginx 来运行软件。

```
#/usr/local/nginx/sbin/nginx          //运行 nginx 程序
#ss -pln | grep :80                   //查看 nginx 监听的端口
```

若软件运行成功，可以在网页浏览器中输入服务器网址，打开 Nginx 服务的默认首页，如图 6-4 所示。

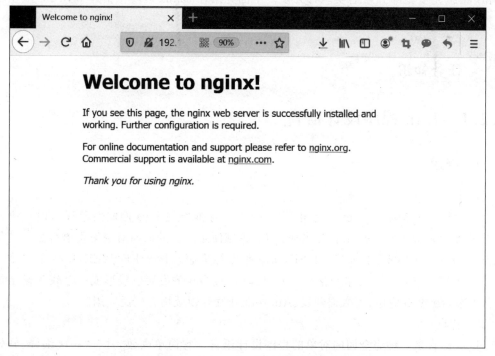

图 6-4　访问 Nginx 服务的默认首页

任务拓展

在 Linux 系统中安装 gcc 编译工具,完成包含 3 个以上 C 语言程序文件的程序编译;在系统中下载 Apache httpd 源码软件包 httpd-2.4.41.tar.gz,以源码编译方式安装 Apache httpd 源码软件包。

任务 6.2　搭建 Java EE 开发环境

 任务小结

(1) 掌握 Linux 系统下 JDK 环境的配置方法。
(2) 掌握 Linux 系统下 Tomcat 软件安装方法。
(3) 掌握 Linux 系统下 MySQL 8.0 数据库安装方法。
(4) 掌握 IDEA 集成开发环境的安装方法。

 **任务导入**

Java 是一种流行的计算机编程语言,广泛用于 Web 应用、云计算、大数据等领域。Linux 系统完全支持 Java 各类软件开发。下面介绍在 Linux 环境中搭建 Java EE 应用项目开发环境的方法。

 **任务知识**

6.2.1　Java 程序设计语言

1. 概述

1) 简介

Java 是 Sun Microsystems 公司于 1995 年 5 月推出的 Java 面向对象程序设计语言和 Java 平台的总称。Java 语言是当前在 IT 领域使用广泛的面向对象编程语言之一。早期 Java 分为三个体系:Java SE(J2SE,Java 平台标准版)、Java EE(J2EE,Java 平台企业版)、Java ME(J2ME,Java 平台微型版)。Java 经过多年的发展已经形成一个较为健全的语言生态,在 Web 应用、大数据开发、Android 开发等领域均有广泛应用。

2) 特点

Java 语言是一种完全面向对象的程序设计语言。它简单高效,具有"一次编译、到处运行"的平台无关性,具备强大的网络交互功能,灵活的多线程和动态内存管理机制。

3) 应用范围

Java 语言可以用于开发企业 Web 网站系统、大数据处理系统、金融交易系统、Android 应用程序、桌面应用程序、嵌入式设备程序、科学计算程序以及电子游戏程序等。使用 Java 语言,开发人员可以在各种硬件和软件平台进行软件开发。除了计算机系统,Java 程序还可以运行在如电视、电话、手机等大量的电子设备上,如图 6-5 所示。

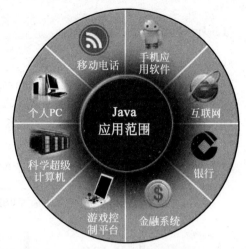

图 6-5 Java 语言应用范围

2. Java 虚拟机简介

1) Java 虚拟机

Java 虚拟机(Java virtual machine, JVM)是一个虚拟及仿真机器的软件,拥有自己完善的硬体架构,如处理器、堆栈、寄存器等,还具有相应的指令系统。Java 虚拟机屏蔽了与具体操作系统平台相关的信息,使得 Java 程序只需生成在 Java 虚拟机上运行的目标代码(字节码),就可以在多种平台上不加修改地运行。

2) Java 跨平台特性

任何应用软件都必须要运行在操作系统之上,而使用 Java 语言编写的软件可以运行在任何的操作系统上,这个特性被称为 Java 语言的跨平台特性,该特性就是由 Java 虚拟机机制实现的,即编写的程序运行在 JVM 上,而 JVM 运行在操作系统上。

3. JRE 和 JDK 简介

1) JRE(Java runtime environment)

JRE 即 Java 的运行环境,面向 Java 程序的使用者,让计算机系统可以运行 Java 应用程序。如果下载并安装了 JRE,那么系统就能运行 Java 程序。JRE 是运行 Java 程序所必需的环境的集合,包含 JVM 标准实现及 Java 核心类库和支持文件,不包含开发工具(编译器、调试器等)。JRE 自带的基础类库主要是 rt.jar 文件,该文件包含了 Java 平台标准版的所有类库。

2) JDK(Java development kit)

JDK 即 Java 开发工具包,是 Java 开发的核心部分,它包含了 Java 的运行环境(JVM、Java 系统类库)和 Java 工具。JDK 提供了 javac 编译器等工具,用于将 Java 文件编译为.class 字节码文件,还提供了 JVM 和 Runtime 辅助包,用于解析.class 文件使其得到运行。如果下载并安装了 JDK,那么不仅可以开发 Java 程序,也同时拥有了运行 Java 程序的平台,包括 Java 运行环境(JRE)、Java 工具 tools.jar 和 Java 标准类库 rt.jar。如果想要运行一个已有的 Java 程序,那么只需安装 JRE 即可;但是如果想要开发一个全新的 Java 程序,那么必须安装 JDK 开发工具包。

6.2.2 配置 Linux 系统 JDK 环境

1. Java 程序运行步骤

Java 程序开发分为编写、编译、运行三个步骤,即首先使用文本编辑器编写 Java 源程序,Java 源程序文件的扩展名为 .java。Java 源程序编写好后使用事先安装好的 JDK 工具包中的 javac 编译器,就可以将源程序编译为 .class 字节码文件。需要运行时,也是使用 JDK 工具包中的 java 工具把字节码文件载入 JVM 虚拟机运行,最后得到程序的运行结果如图 6-6 所示。需要注意的是,Java 源程序文件名和文件中的类名必须一致,当源程序被修改后,需要重新编译源程序,生成新的字节码文件。

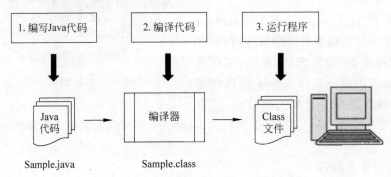

图 6-6 Java 程序编译及运行流程

2. JDK 环境配置方法

在 CentOS 7 系统中配置 JDK 环境,首先需要登录 Oracle 官网下载 JDK 的 Linux 平台安装包,如 jdk-8u241-linux-x64.tar.gz。将下载的 JDK 安装包解压到 Linux 系统的指定目录如 /usr/local 中,然后对系统的环境变量进行配置,就能使用 JDK 工具包中的 javac 编译器等相关工具。

具体配置如下:执行 vi /etc/profile,编辑 Linux 环境变量配置文件,在文件最后输入以下环境变量配置信息。

```
JAVA_HOME = /usr/local/jdk8
PATH = /usr/local/jdk8/bin: $ PATH
export JAVA_HOME PATH
```

保存文件后,执行 source /etc/profile 或重新登录系统让变量配置生效。

通过使用 JDK 工具编译运行一个 Java 程序,可以测试 JDK 环境是否可用。编辑一个简单的 Java 程序文件,如 vi hello.java,代码如下。

```
public class hello{
    public static void main(String args[]){
```

```
        System.out.println("hello, java!");
    }
}
```

保存文件后,执行 javac hello.java,生成 Java 字节码文件 hello.class,再输入 java hello 将可以看到程序的运行结果,如图 6-7 所示。

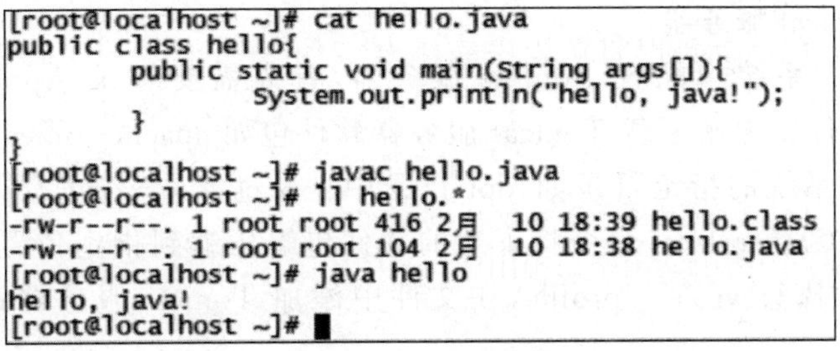

```
[root@localhost ~]# cat hello.java
public class hello{
        public static void main(String args[]){
                System.out.println("hello, java!");
        }
}
[root@localhost ~]# javac hello.java
[root@localhost ~]# ll hello.*
-rw-r--r--. 1 root root 416 2月  10 18:39 hello.class
-rw-r--r--. 1 root root 104 2月  10 18:38 hello.java
[root@localhost ~]# java hello
hello, java!
[root@localhost ~]#
```

图 6-7 使用 JDK 工具编译及运行程序

6.2.3 Java EE 开发环境配置

1. Web 开发环境配置简介

不同的 Java 软件开发需要不同的开发环境支持,Java Web 应用开发是 Java 软件开发的主要领域。以下以 Java Web 应用软件开发来说明开发 Java 软件所需要做的系统环境准备。如前所述,简单 Java 程序的编写,可以直接使用文本编辑器编辑 Java 程序文件,然后使用 JDK 工具包完成程序的编译和运行。但是对于复杂一些的 Java 程序,特别是 Java Web 应用软件开发,为了提高软件开发效率,除了 JDK 和 JRE 工具包外,还需要安装专门的软件开发环境以及辅助工具。Java Web 应用软件开发所需要准备的系统环境主要包括以下四个方面。

(1) 安装与配置 JDK 开发工具包。
(2) 安装与配置 Tomcat 服务器软件。
(3) 安装与配置 MySQL 等数据库软件。
(4) 安装与配置软件集成开发环境,如 Eclipse、IDEA 等。

上述系统环境配置中,JDK 开发工具包的安装配置前面已经介绍,此处不再赘述。以下就 Tomcat 服务器、MySQL 数据库以及 Eclipse 集成开发环境的安装配置进行简要说明。

2. 安装与配置 Tomcat 服务器

1) Tomcat 服务器简介

Tomcat 是 Apache 软件基金会的 Jakarta 项目中的一个核心项目。Tomcat 是一个免费的开放源码的 Web 应用服务器,属于轻量级 Web 服务器,在中小型系统和并发访问用户不是很多的场合下被普遍使用,是开发和调试 Java Web 程序的首选。当在系统中正确配置 Apache 和 Tomcat 服务器后,Apache 将为 HTML 页面的访问提供服务,而 Tomcat 作为 Apache 服务器的扩展模块,为 JSP 页面和 Servlet 的运行提供支持。虽然 Tomcat 也具有处理 HTML 页面的功能,但其处理静态 HTML 的能力不如 Apache 服务器。

2) 配置 Tomcat 服务器

在 CentOS 7 系统中配置 Tomcat 服务器,首先需要登录 Apache 官网 http://apache.org 或软件镜像站下载 Tomcat 服务器软件包如 apache-tomcat-9.0.30.tar.gz。然后将其上传到系统的指定目录如/opt 目录中。通过 # tar zxvf /opt/apache-tomcat-9.0.30.tar.gz -C /usr/local 命令将下载的软件包解压缩到指定位置,如/usr/local 目录中。然后通过执行 vi /etc/profile,在文件中添加 Tomcat 服务器运行所需的环境变量。

```
TOMCAT_HOME = /usr/local/tomcat9
PATH = /usr/local/tomcat9/bin: $ PATH
export TOMCAT_HOME PATH
```

执行 source /etc/profile 或重新登录系统,使环境变量配置生效,继续执行 startup.sh 命令,启动 Tomcat 服务。此时在网页浏览器中输入 http://服务器 IP 地址:8080,就看到 Tomcat 服务器默认首页。

3. 安装与配置 MySQL 数据库

Java Web 软件一般都涉及大量数据的存储和处理,需要相关数据库管理软件的支持。在项目 5 中已经对 CentOS 7 系统中 MySQL 的分支 MariaDB 数据库的安装进行介绍,本任务将对 MySQL 数据库社区版 mysql80-community(以下简称 MySQL)安装进行说明。

1) 安装 MySQL 数据库

由于默认情况下 CentOS 7 系统并不提供对 MySQL 的支持,所以,为避免软件冲突,首先执行 yum remove mysql * 命令卸载系统中旧版的 MySQL 或 MariaDB。MySQL 数据库支持通过配置 YUM 仓库完成安装,可以通过在线安装其 YUM 仓库配置软件包来实现。例如:

```
# rpm -Uvh https://dev.mysql.com/get/mysql80-community-release-el7-3.noarch.rpm
# yum -- enablerepo = mysql80-community install mysql-community-server
```

以上命令将完成 MySQL 8.0 数据库社区版安装的 YUM 仓库配置,以及安装 MySQL 8.0 软件包。因为 MySQL 8.0 数据库社区版涉及较多辅助软件,根据网速情况,以上命令的执行时间可能较长。

2) 设置 root 用户登录密码

MySQL 8.0 软件安装成功后,就可以执行 service mysqld start 命令启动 MySQL 数据库,也可以通过 service mysqld status 命令查看数据库服务状态。MySQL 8.0 数据库安装后,出于安全考虑,系统会自动在安装日志中记录其临时登录密码。该临时登录密码是一个复杂密码,用户可以通过检索 mysql 日志文件获得。例如:

```
#grep "A temporary password" /var/log/mysqld.log        //检索临时登录密码
```

以上命令在/var/log/mysqld.log 文件中查找 MySQL 8.0 数据库的管理员 root 用户的临时登录密码。使用临时密码登录 MySQL 数据库,执行以下命令完成 root 密码的修改。

```
#mysql -u root -p                                        //登录 MySQL 数据库
MySQL > ALTER USER 'root'@'localhost' IDENTIFIED BY 'newPWD@123!';  //修改 root 账号密码
```

需要注意的是,修改的密码需要满足 MySQL 8.0 数据库的密码规则要求,一般要求是一个复杂密码,如上述命令中的 newPWD@123!。

4. 安装 Java EE 集成开发环境

Java EE 开发常用的集成开发环境有 IDEA、Eclipse、MyEclipse 等。通过安装集成开发环境,可以大大提高软件的开发效率。以下以 IDEA 软件的安装为例,说明 CentOS 7 系统图形环境中 Java 软件集成开发环境的安装。

1) IDEA 集成开发环境简介

IDEA 全称为 IntelliJ IDEA,是流行的 Java 编程语言的集成开发环境。IDEA 在智能代码助手、代码自动提示、程序重构、Java EE 支持、各类版本工具(git、svn 等)、JUnit、CVS 整合、代码分析、创新的 GUI 设计等方面的功能非常出色。IDEA 的旗舰版本还支持 HTML、CSS、PHP、MySQL、Python 等编程语言,免费版只支持 Python 等少数编程语言。

2) IDEA 集成开发软件的安装

(1) 安装 CentOS 7 图形环境。集成开发环境一般是图形化环境,如果 CentOS 7 系统是最小化安装,就需要首先安装图形桌面环境,如 GNOME 图形桌面。可以通过 yum -y groupinstall 'GNOME Desktop'命令完成 GNOME 图形桌面环境的安装。安装后,执行 systemctl set-default graphical.target 命令将图形界面设置为默认启动界面,此时重新启动系统将自动登录到图形界面。

(2) 安装 IDEA 集成开发环境。登录 JetBrains 公司官网 https://www.jetbrains.com,下载 IDEA Linux 安装包文件,如 ideaIU-2019.3.2.tar.gz,将下载的安装包保存到/opt 目录,并使用 tar zxvf ideaIU-2019.3.2.tar.gz 命令解压缩安装包文件。进入解压缩目录下的 bin 目录,执行./idea.sh 命令就可以按照提示完成软件安装。

6.2.4 搭建 Java EE 开发环境实战

1. 配置 JDK 运行环境

1) 下载并解压缩 JDK 安装包

```
# systemctl stop firewalld                              //关闭 firewalld 防火墙
# setenforce 0                                          //关闭 SELinux
//下载 jdk-8u241-linux-x64.tar.gz 包，使用 SecureFX 上传到/opt 目录
# mkdir /usr/local/jdk8                                 //创建 JDK 解压缩目录
# tar zxvf /opt/jdk-8u241-linux-x64.tar.gz  -C /usr/local/
# mv /usr/local/jdk1.8.0_241 /usr/local/jdk8
//重命名解压缩目录为/usr/local/jdk8
# ls -l /usr/local/jdk8                                 //查看 JDK 解压缩文件
```

2) 配置及测试 JDK 环境

```
# vi /etc/profile                                       //编辑/etc/profile 环境文件
//在文件最后添加以下环境变量
JAVA_HOME = /usr/local/jdk8
PATH = /usr/local/jdk8/bin: $ PATH
export JAVA_HOME PATH
# source /etc/profile                                   //使环境变量配置生效
# vi hello.java                                         //编辑 Java 程序
//输入以下内容
public class hello{
    public static void main(String args[]){
        System.out.println("hello, java!");
    }
}
# javac hello.java                                      //生成.class 字节码文件
# java hello                                            //测试 Java 程序运行环境
```

2. 安装 Tomcat 服务器软件

1) 下载并安装 Tomcat 包

```
//下载 apache-tomcat-9.0.30.tar.gz，上传到/opt 目录
# tar zxvf /opt/apache-tomcat-9.0.30.tar.gz  -C /usr/local
# mv /usr/local/apache-tomcat-9.0.30/ /usr/local/tomcat9
//重命名解压缩目录为/usr/local/tomcat9
# ls -l /usr/local/tomcat9                              //查看 Tomcat 解压缩文件
```

2）配置并测试运行 Tomcat

```
#vi /etc/profile
//在文件最后添加以下环境变量
TOMCAT_HOME = /usr/local/tomcat9
PATH = /usr/local/tomcat9/bin: $ PATH
export TOMCAT_HOME PATH
#source /etc/profile              //让环境变量配置生效
#startup.sh                       //启动 Tomcat 服务
```

此时，在网页浏览器中输入 http://虚拟机 IP 地址:8080，将出现如图 6-8 所示的 Tomcat 服务器默认首页。

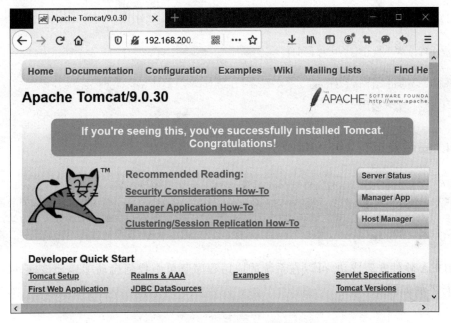

图 6-8　Tomcat 服务器默认首页

3. 安装 MySQL 8.0 数据库

1）卸载旧版 MySQL 软件

```
#rpm -qa|grep mysql               //查询所有旧版 MySQL 信息
#yum remove mysql *               //卸载所有旧版 MySQL 软件
```

2）安装 MySQL 8.0 数据库

```
#rpm -Uvh https://dev.mysql.com/get/mysql80-community-release-el7-3.noarch.rpm
//配置 MySQL 8.0 安装源
#yum --enablerepo=mysql80-community install mysql-community-server
//在线安装 MySQL 8.0 数据库（根据网速情况，可能时间较长）
```

3) 启动 MySQL 数据库服务

```
#service mysqld start              //启动 MySQL 数据库服务
#service mysqld status             //查看数据库服务运行状态
```

4) 修改 root 默认登录密码

```
#grep "A temporary password" /var/log/mysqld.log
//查找默认生成的 root 用户临时登录密码
#mysql -u root -p                  //登录 MySQL 8.0 数据库
MySQL> alter user 'root'@'localhost' identified by 'newPWD@123!';
MySQL> FLUSH PRIVILEGES;           //修改 root 账号登录的密码
```

5) 授权远程访问 MySQL 8.0 数据库

```
//执行以下 MySQL 用户远程访问授权命令
MySQL> create user 'root'@'%' identified with mysql_native_password by 'root';
MySQL> grant all privileges on *.* to 'root'@'%' with grant option;
MySQL> flush privileges;
```

4. 安装及运行 IDEA 集成开发环境

```
//下载 IDEA Linux 安装包文件到/opt 目录
#tar zxvf ideaIU-2019.3.2.tar.gz           //解压缩 IDEA Linux 版安装包
#cd /opt/idea-IU-193.6015.39/bin           //切换到解压缩目录下的 bin 目录
#./idea.sh                                 //按照向导提示完成软件安装
```

IDEA 软件安装成功,可以在系统的应用程序菜单中找到启动项启动该软件。IDEA 的运行界面如图 6-9 所示。

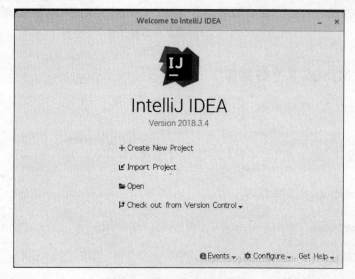

图 6-9 IDEA 集成开发软件

项目 6　架设开发及部署平台

 任务拓展

在 Linux 系统中安装配置 JDK、Tomcat、MySQL 等 Java Web 开发所需软件；安装 GNOME 图形界面；下载 IDEA 安装包到 Linux 系统并安装；使用 IDEA 新建一个 Java Web 项目，并将该项目部署到 Tomcat 服务器。

任务 6.3　部署 LAMP 应用项目

 任务目标

（1）掌握 LAMP 环境相关软件包安装及启动的方法。
（2）掌握 LAMP 环境 PHP 版本升级及测试的方法。
（3）掌握 WordPress 博客软件配置和部署的方法。

 任务导入

LAMP 是 Linux、Apache、MySQL 及 PHP/Perl/Python 的简称。通过大量生产环境的实践证明，在网络应用和开发环境支持方面，LAMP 组合提供了非常强大的功能。下面介绍如何搭建及配置 LAMP 环境，并且基于 LAMP 部署一个功能强大的 WordPress 博客平台。

 任务知识

6.3.1　LAMP 环境简介及搭建

1. LAMP 环境简介

LAMP 是目前应用非常广泛的 Web 应用框架。LAMP 架构所有的组成产品都是开源软件，它们本身都是独立的程序，因为经常放在一起使用而有越来越高的兼容度。LAMP 架构具有轻量、开发快速和资源丰富等特点，因此很多企业在搭建网站时都会把 LAMP 作为首选平台，也因其开放灵活、开发迅速、部署方便、高可配置、安全可靠、成本低廉等优势，与 Java 平台和 .NET 平台鼎足而立，受到广大中小企业的软件开发者的欢迎。

2. LAMP 环境构成

LAMP 环境的构成组件包含 Linux、Apache、MySQL/MariaDB、PHP/Perl/Python 等四个组成部分，以下对这四个构成部分进行简要说明。

177

1) Linux 操作系统

Linux 是免费开源操作系统软件，Linux 操作系统是 LAMP 架构的基础组成部分。Linux 操作系统有很多不同的发行版，每一个发行版都有不同的特色，本任务中使用的 CentOS 7 操作系统具有较好的稳定性。

2) Apache 网站服务器

Apache 是一个广受欢迎的开源 Web 服务器软件。Apache 可以运行在几乎所有的计算机平台上，支持加载众多模块，性能稳定。Apache 本身是静态解析，但可以通过扩展脚本、模块加载等支持动态页面访问等。

3) MySQL/MariaDB 数据库服务器

MySQL 用于存储账号信息、产品信息等数据资料。一个网站应用服务器在搭建初期，可以把 MySQL 数据库和 Web 服务器放在一起，当访问量达到一定规模后可以将 MySQL 数据库服务独立出来运行。

4) PHP/Perl/Python 语言

PHP/Perl/Python 都可在 Linux 系统中用于网页脚本编程，并且都是解释执行，具有较好移植性，都可以开发 Web 应用程序。Python 可用于云计算、科学计算及人工智能等领域；Perl 可以编写功能强大的脚本，在 UNIX/Linux 下很方便地完成系统管理工作；PHP 是在 Web 开发中用得较多的编程语言。

3. LAMP 环境工作的过程

客户端发送请求连接 Web 服务器的 80 端口，由 Apache 处理用户的静态请求；如果客户端请求的是 PHP 动态资源，由 Apache 加载调用支持 PHP 处理的 libphpX.so 模块进行解析处理；如果本次请求需要和后台 MySQL 数据库进行交互，也是由 PHP 程序调用 MySQL 的处理接口来完成的；PHP 程序将处理结束后的结果以 HTML 方式返回给 Apache，由 Apache 将结果返回给客户端，如图 6-10 所示。

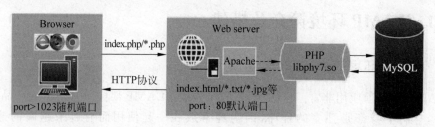

图 6-10　LAMP 环境工作过程

4. 搭建 LAMP 环境基本方法

在 CentOS 7 系统中可以通过 yum 命令分别安装 Apache httpd、MariaDB 以及 PHP 相关软件包。为了确保软件正常安装以及客户端正确连接服务器，需要配置系统连接互联网以及在线基本 YUM 仓库，同时对 firewalld 防火墙和 SELinux 安全设置也要进行相对的调整。此处假设系统已经正常联网并配置好基本 YUM 仓库，具体步骤如下。

1)防火墙及 SELinux 安全配置

```
# systemctl stop firewalld           //临时禁用 firewalld 防火墙
# system status firewalld            //查看防火墙状态
# setenforce 0                       //临时禁用 SELinux 机制
# getenforce                         //查看 SELinux 配置
```

2)安装 Apache httpd 软件包

```
# yum -y install httpd               //安装 httpd 软件包
# systemctl enable httpd             //设置 httpd 开机自动运行
# systemctl start httpd              //启动 httpd 服务
```

3)安装并启动 MariaDB 数据库

```
# yum -y install mariadb-server mariadb-devel
# systemctl enable mariadb           //设置数据库开机自动运行
# systemctl start mariadb            //启动 MariaDB 数据库服务
# mysql_secure_installation          //数据库初始安全配置
```

4)安装 PHP 及相关组件

```
# yum -y install epel-release        //该包用于自动配置 YUM 仓库
# rpm -Uvh http://rpms.famillecollet.com/enterprise/remi-release-7.rpm
```

以上命令完成 Remi repository 软件仓库的在线安装。

Remi repository 软件仓库中提供了 CentOS 和 RHEL 相关核心包的更新版本,包含新版本的 PHP 和 MySQL 软件包,由 Remi 提供维护。有了这个 YUM 仓库后,用户在安装或升级 PHP 及 MySQL 等软件时,就不需要从源码开始进行烦琐编译,可以直接使用 yum 命令安装或更新 PHP、MySQL 等相关程序。该软件包的安装结果如图 6-11 所示。

```
# yum --enablerepo=remi-php54 install php php-mysql
```

以上命令安装 PHP 5.4 版本及对应的 php-mysql 接口模块。

5)重启 Apache httpd 及 MySQL 服务

```
# systemctl restart httpd            //重启 httpd 服务
# systemctl restart mariadb          //重启 MariaDB 数据库服务
# cd /var/www/html                   //切换到网页数据目录
# vi test.php                        //编辑 PHP 测试网页
//输入:<?php phpinfo(); ?>           //PHP 模块测试代码
```

通过在网页浏览器中访问 test.php 测试网页测试系统对 PHP 网页程序的支持,如 http://虚拟机 IP 地址/test.php,运行结果如图 6-12 所示。

图 6-11　remi-release 包的仓库配置文件

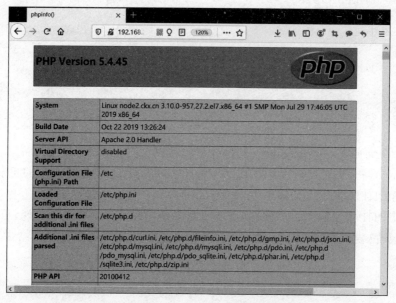

图 6-12　访问 LAMP 环境中 PHP 测试页面

6.3.2　部署 WordPress 博客系统实战

1. WordPress 软件简介

WordPress 是使用 PHP 语言开发的能让用户建立出色网站、博客或应用的开源软件。小到个人博客，大到新闻网站，都可以通过 WordPress 软件搭建，用户甚至可以把

WordPress 当作一个内容管理系统(CMS)来使用。WordPress 安装方式简单,拥有众多功能强大的插件和主题模板样式,其主要功能如下。

(1) 文章发布、分类、归档、收藏,统计阅读次数。
(2) 提供文章、评论、分类等多种形式的 RSS 聚合。
(3) 提供链接的添加、归类功能。
(4) 支持评论的管理,垃圾信息过滤功能。
(5) 支持多样式 CSS 和 PHP 程序的直接编辑、修改。
(6) 在 Blog 系统上方便地添加所需页面。

WordPress 博客软件设计美观,功能强大。有关 WordPress 更多内容,读者可以参阅 WordPress 官网或国内相关站点。

2. WordPress 运行环境要求

作为一个基于 PHP 语言的开源软件,WordPress 可运行在安装了对应 PHP 版本的 LAMP 环境下。以下以 WordPress 5.3.2 简体中文版为例,使用 yum 命令安装为主,说明 WordPress 软件部署过程。对源码安装比较熟悉的读者也可以通过编译源码包方式完成 LAMP 环境相关软件的配置及部署。

WordPress 5.3.2 简体中文版需要安装的 PHP 版本为 7.0 以上,CentOS 7 系统安装光盘镜像中默认只提供 PHP 5.4 版本,为此需要将系统中原来安装的 PHP 5.4 版升级到 PHP 7.0 版以上。本书后续步骤中将以升级到 PHP 7.3 版为例说明 PHP 版本升级过程。

3. 配置 Linux 及 Apache 环境

1) 配置 CentOS 7 系统基础环境

```
# ping www.baidu.com              //测试系统互联网连接
# yum list                        //查看系统在线 yum 仓库
# systemctl stop firewalld        //临时禁用系统防火墙
# setenforce 0                    //禁用 SELinux 安全机制
```

2) 安装并启动 Apache httpd 服务

```
# yum -y install httpd            //安装 Apache httpd 软件包
# systemctl enable httpd          //设置 httpd 服务开机自动运行
# systemctl start httpd           //启动 httpd 服务
```

用户可以在网页浏览器中输入 http://虚拟机 IP 地址,访问默认站点首页。

3) WordPress 虚拟主机配置(基于 8080 端口)

```
# vi /etc/httpd/conf/httpd.conf   //编辑 httpd.conf 配置文件
Listen 8080                       //添加监听 8080 端口
```

完成主配置文件编辑后，保存退出，继续编辑 WordPress 虚拟主机配置文件，相关内容如下。

```
# vi /etc/httpd/conf.d/wordprss.conf              //输入以下配置参数
< VirtualHost * :8080 >
    ServerName www.myblog.com                     //配置虚拟主机域名
    DocumentRoot "/var/www/wordpress"             //配置虚拟主机站点目录
    DirectoryIndex index.html index.php           //配置站点默认页面
    < Directory "/var/www/wordpress">             //配置站点访问权限
        Options - Indexes + FollowSymlinks
        AllowOverride All
        Require all granted
    </Directory>
</VirtualHost>
```

4. MySQL 数据库安装及初始化

1）安装并启动 MariaDB 数据库

```
# yum - y install mariadb-server mariadb-devel    //安装 MariaDB 数据库
# systemctl enable mariadb                        //设置 MariaDB 开机自动运行
# systemctl start mariadb                         //启动 mariadb 服务
# mysql_secure_installation                       //数据库初始安全配置
```

2）创建 WordPress 数据库并授权

```
# mysql - uroot - p                               //登录 MariaDB 数据库
MariaDB > create database wordpress;              //创建 WordPress 数据库
MariaDB > grant all on wordpress.* to 'wpuser'@'localhost' Identified by 'your_password';
                                                  //创建数据库用户并授权
MariaDB > flush privileges;                       //刷新 MySQL 数据库权限表
```

5. 升级 PHP 版本为 php7.3

1）安装升级 PHP 所需 YUM 仓库配置文件

```
# yum - y install epel-release                    //安装配置 epel 包
# rpm - Uvh http://rpms.famillecollet.com/enterprise/remi-release-7.rpm
                                                  //安装配置 PHP 7 仓库的 remi 包
```

2）安装 PHP 7.3 软件包

```
# yum remove - y php*                             //卸载系统中的旧版本 PHP
# yum --enablerepo=remi-php73 install php php-mysql   //安装 PHP 7.3 模块
# yum --enablerepo=remi-php73 install php-xml php-soap php-xmlrpc\
php-mbstring php-json php-gd php-mcrypt           //续上一行输入安装包名
```

3) 测试

```
#vi /var/www/html/test.php                //编辑 PHP 测试网页
//输入以下内容
<?php phpinfo(); ?>                       //PHP 模块测试代码
#systemctl restart httpd                  //重启 httpd 服务软件
```

访问 test.php 测试网页,在网页浏览器中输入 http://虚拟机 IP 地址/test.php,将出现如图 6-13 所示的 PHP 7.3 模块相关信息。

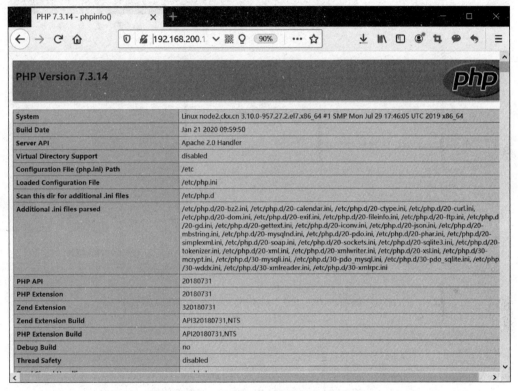

图 6-13　访问版本升级后 PHP 测试网页

6. 安装 WordPress 博客系统

1) 下载并设置 WordPress 源码包

```
#yum -y install wget                                //安装 wget 下载工具
#wget http://wordpress.org/latest.tar.gz            //下载 WordPress 源码包
#tar zxvf latest.tar.gz                             //解压缩 WordPress 源码包
#mv ./wordpress/ /var/www/                          //移动到虚拟主机配置的站点目录
#chown -R apache.apache /var/www/wordpress          //设置 WordPress 目录权限
```

以上命令将 WordPress 网站目录的用户及用户组均设置 Apache httpd 服务的运行账号 apache。

2）重新启动 Apache httpd 和 mariadb 服务

```
# systemctl restart httpd                    //重启 httpd 服务
# systemctl restart mariadb                  //重启 MySQL 数据库
```

在网页浏览器中访问 http://虚拟机 IP 地址:8080，将出现如图 6-14 所示的安装提示界面，用户在准备好安装过程所要用到的信息后，单击界面中的"现在就开始"按钮即可开始安装 WordPress 博客系统。

图 6-14　开始安装 WordPress 博客系统

3）完成 WordPress 博客系统安装

在如图 6-15 所示的安装界面中，输入本次 WordPress 软件安装的数据库相关配置信息，如系统数据库名称、数据库用户名、登录密码、数据库主机以及表前缀等信息后，单击"提交"按钮进入下一步安装。

在如图 6-16 所示的安装界面中，继续输入本次 WordPress 安装中的博客系统的站点信息配置，如 WordPress 博客站点标题、管理员用户名、管理员登录密码以及管理员电子邮箱，单击"安装 WordPress"按钮即可完成 WordPress 博客系统的安装。

安装结束，单击界面上的"登录"按钮，输入之前设置的站点管理员用户名和登录密码，就可以登录到 WordPress 博客系统后台进行管理，如图 6-17 所示。至此已成功完成 WordPress 博客系统的部署。

项目 6　架设开发及部署平台

图 6-15　设置 WordPress 安装中的数据库信息

图 6-16　配置 WordPress 博客系统管理员

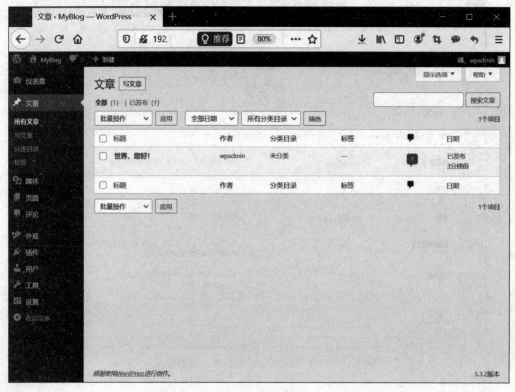

图 6-17　WordPress 博客系统后台管理界面

 任务拓展

基于 CentOS 7 系统搭建 LAMP 环境；部署 WordPress 最新版软件；登录 WordPress 系统的管理后台，完成 WordPress 软件平台主题设置及常见插件安装。

项目总结

本项目介绍了 Linux 系统中几种不同程序设计语言软件的安装和运行方法基本知识、Linux 系统中安装源码软件包以及搭建 Java Web 开发环境以及部署 LAMP 应用环境的基本方法，可帮助读者基于 Linux 完成相关软件项目的开发和部署打下扎实基础。

项目实训

1. 在系统中安装 GCC 编译器及 JDK 开发工具包。
2. 安装与配置 Tomcat 服务器，访问 Tomcat 默认首页。
3. 安装与配置 MySQL 数据库软件，授权允许远程登录。
4. 安装 Linux 图形界面，在图形界面中安装配置 IDEA 环境。
5. 在 IDEA 新建 Java Web 项目，将其发布到 Tomcat。
6. 搭建 LAMP 环境，部署 WordPress 博客平台项目。

项目 7 配置 Git 版本库服务器

天时不如地利,地利不如人和。

——《孟子·公孙丑下》

项目目标

【知识目标】
(1) 了解软件版本控制的基本知识。
(2) 理解 Git 软件的基本操作方法。
(3) 掌握 Git 服务器搭建的基本知识。

【技能目标】
(1) 掌握 Git 软件的安装及初始化配置方法。
(2) 掌握 Git 的基本操作和分支管理方法。
(3) 掌握 Git 服务器的搭建及使用方法。
(4) 掌握 GitHub 代码托管平台的使用方法。

项目内容

任务 7.1 认识 Git 版本控制软件
任务 7.2 Git 基本操作和分支管理
任务 7.3 搭建 Git 版本库服务器

任务 7.1 认识 Git 版本控制软件

任务目标

(1) 了解 Git 版本控制的基本概念、功能和应用。
(2) 掌握 Git 版本控制软件的安装方法。
(3) 掌握 Git 软件初始化和进行基本配置的方法。

任务导入

Linux 系统的日益完善,离不开分布在世界各地的 Linux 社区志愿者的协作开发。和其他大型软件项目一样,Linux 内核项目作为大型的多人协作软件项目,也需要合理地进行版本控制和管理。为了更好地管理 Linux 内核代码开发,Linux 创始人 Linus 于 2005 年用 C 语言写了一个分布式版本控制软件 Git,目前 Git 已经成为软件开发领域流行的版本控制软件。

任务知识

7.1.1 软件开发与版本控制概述

1. 软件开发

软件开发是根据用户要求建造出软件系统或者系统中的部分软件的过程。从软件工程的角度看,软件开发主要分为六个阶段:需求分析阶段、概要设计阶段、详细设计阶段、编码阶段、测试阶段、安装及维护阶段。一个软件项目在开发过程中可能要面临诸多问题:在有限的时间和预算资金内,要满足不断增长的软件产品质量要求,同时软件开发的环境日益复杂,代码共享也日益困难,程序的规模日益扩大,软件的重用性和可维护性也越来越困难。

软件配置管理(software configuration management,SCM)是一种标识、组织和控制软件项目修改的技术。在软件项目开发过程中,需求及代码的变更有时是不可避免的,这加剧了软件项目开发过程中可能出现的混乱。软件配置管理的目标是标识变更、控制变更、确保变更能正确实现,并向项目有关人员报告变更,它将有效地控制和管理软件开发过程的变更。软件配置管理的最终目的是使软件开发过程中可能出现的错误降为最小并有效地提高软件开发生产效率。软件配置管理的基本流程如图 7-1 所示。

2. 版本控制

1) 软件版本控制

软件版本控制是软件配置管理的主要内容之一,它是指在软件开发过程中对各种程序代码、配置文件及说明文档等文件变更的管理。软件版本控制最主要的功能就是追踪文件的变更,它将参与开发软件的人员,在什么时候、什么人更改了文件的什么内容等信息忠实地记录下来。当然除了记录文件版本变更外,版本控制的另一个重要功能是并行开发。大型软件项目开发往往是多人协同作业,版本控制可以有效地解决不同版本的同步以及不同开发者之间的开发通信问题,提高协同开发的效率。

2) 版本控制软件

版本控制软件是指在软件项目的开发过程中,提供完备的软件项目版本管理功能,并

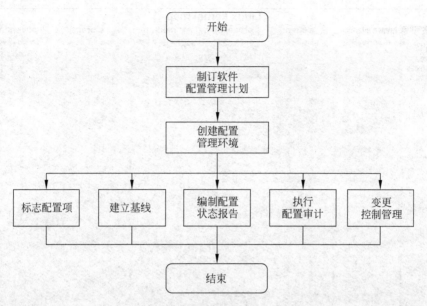

图 7-1 软件配置管理流程图

用于存储、追踪软件项目的目录和文件的修改历史的协同开发软件。版本控制软件是软件开发者的必备工具,也是一个软件公司实施软件项目开发的基础设施。软件版本控制系统的目标,是支持软件公司的软件配置管理活动,追踪软件项目开发过程中多个版本的开发和维护活动,以便能及时发布及交付软件。对于大型的多人协作开发的软件项目,没有使用合适的版本控制软件进行管理将给软件项目的开发和管理带来极大的困难。

常见的版本控制软件有 Git、SVN(subversion)、CVS(concurrent versions system)、VSS(Microsoft Visual SourceSafe)、TFS(team foundation server)、Visual Studio Online 等,目前影响力较大且使用广泛的是 Git 与 SVN。与 SVN 集中式版本控制不同,Git 采用了分布式版本控制方式,即不需要服务器端软件的支持,这让软件项目的协同开发更加方便。

7.1.2 Git 版本控制软件概述

1. Git 软件的诞生

Git 软件的诞生和 Linux 内核开发和维护有着密切关系,实际上 Git 的开发者也正是 Linux 的创始人 Linus Torvalds。Linux 内核开源项目从 1991 年诞生以来,在全球有着为数众多的参与者。到 2002 年,绝大多数的 Linux 内核维护工作都花在提交补丁和保存归档的烦琐事务上。Linux 内核代码规模和复杂程度让 Linus 很难继续通过手工方式管理。Linux 内核代码结构如图 7-2 所示。

2002 年,Linux 内核项目组被允许使用一个商业化的分布式版本控制系统 BitKeeper

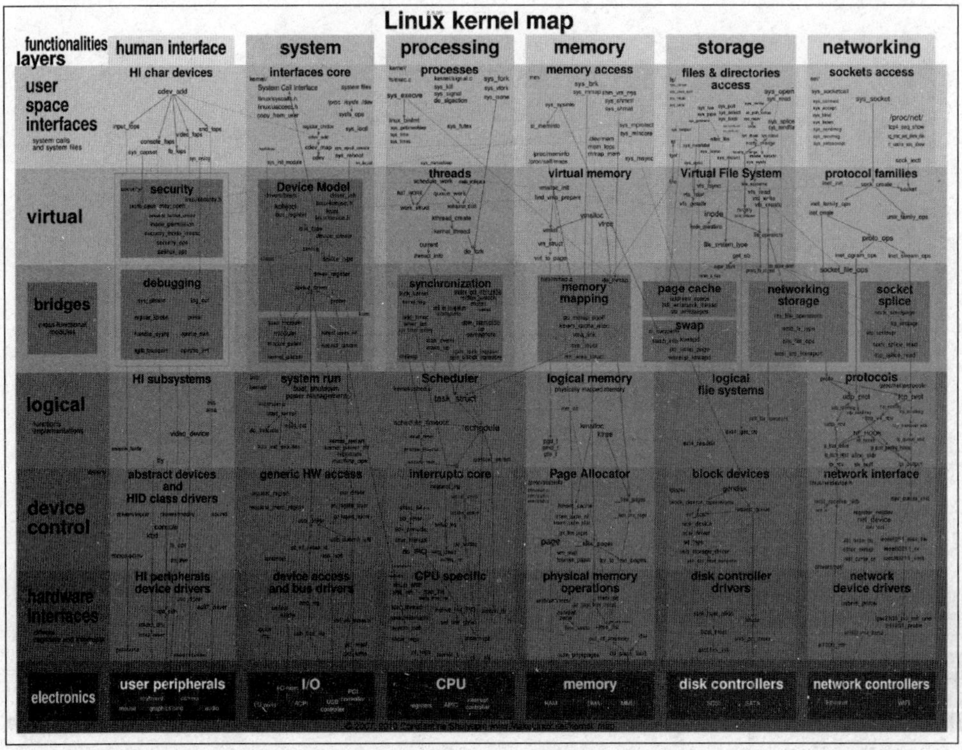

图 7-2　Linux 内核代码复杂结构

来管理和维护代码,2005 年开发 BitKeeper 的公司收回 Linux 内核社区免费使用 BitKeeper 的权力。这迫使 Linux 开源社区,特别是 Linux 的创始人 Linus,准备开发自己的版本控制系统。Linus 对新的版本控制系统制订了若干目标,如简洁高速、完全分布式、并行开发支持、支持超大规模项目等,于是 Git 版本控制软件应运而生。

2. Git 软件的功能

近年来,Git 软件的功能日趋成熟、完善,为 Linux 内核开源项目的管理提供了有力的支撑。Git 在保持高度易用性的同时,仍然保留早期设定的目标,也逐渐发展成今天全球流行的分布式版本控制系统。Git 可以有效、高速地处理从很小到规模庞大的软件项目的版本管理。现在,越来越多的开源软件项目采用 Git 来管理其项目开发过程。2008 年,基于 Git 的 GitHub 网站上线,数以千万计的开源软件项目源码托管在该平台。到 2019 年,GitHub 平台注册用户数达到 4000 万,已经成为全球较大的开源代码托管平台。

3. Git 和 SVN 的区别

Git 和 SVN 是当前软件项目开发中使用较多的两个版本控制软件。SVN 是一个开源的版本控制系统,SVN 管理着随时间改变的软件项目数据。这些数据放置在一个 SVN 中央档案库(repository)中,这个档案库很像一个普通的文件服务器,不过它会记住库中每一次文件的变动。在 SVN 的管理下，用户可以把项目档案数据恢复到旧的版本，或者浏览文件的变动历史。

相较于 SVN 集中式版本控制方式，Git 采用的是分布式的版本控制方式。简而言之，每一个拉取下来的 Git 仓库项目都是主仓库的一个分布式版本，仓库的内容完全一样。而 SVN 则不然，它需要一个中央版本库来进行集中控制，如图 7-3 所示。采用分布式版本控制方式的好处是，软件项目的开发者不再依赖于网络，当有更改需要提交时，只需要把更改提交到本地的 Git 仓库。后续连接上网络时，再把本地仓库和远程仓库进行同步，这样极大地方便了开发者间的并行开发工作。当然，分布式版本控制和集中式版本控制各有优缺点，从目前情况看，Git 分布式版本控制正逐渐被越来越多的人所接受并推广。

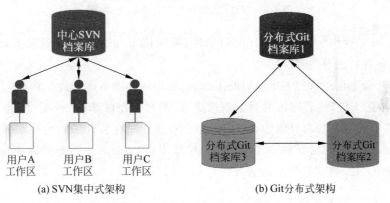

图 7-3　SVN 和 Git 版本控制软件的区别

4. Git 版本库简介

Git 版本库简称 Git 仓库。可以把 Git 版本库简单理解成一个目录，这个目录里面的所有文件都可以被 Git 管理。为了更好地理解 Git 版本仓库的概念，首先来了解有关 Git 工作区、暂存区及版本库的基本概念。

1）工作区、暂存区及版本库基本概念

（1）工作区：是用户在计算机中看到的软件项目目录。

（2）暂存区：是指存放在工作区的.git 目录下的 index 文件(.git/index)，有时用户也把暂存区称为索引(index)。

（3）版本库：是工作区目录中的一个隐藏目录.git，这个目录里面的所有文件都可以被 Git 管理起来。每个文件的添加、修改、删除，Git 都能跟踪，以便任何时刻都可以追踪历史，或者在将来某个时刻进行还原，这个目录就是 Git 版本库。

2）工作区、暂存区和版本库的关系

Git 中的工作区、版本库暂存区和版本库之间的关系如图 7-4 所示。图中左侧区域为工作区，右侧区域为版本库。在版本库中标记为 index 的区域是暂存区(stage,index)，标记为 master 的是 master 分支所代表的目录树。从图中可以看出，此时 HEAD 实际是指向 master 分支的一个游标，在图示的命令中出现 HEAD 的地方可以用 master 来替

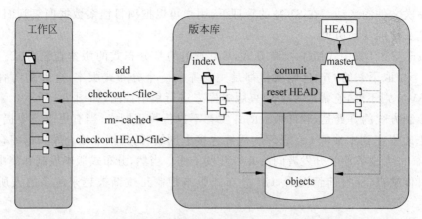

图 7-4 工作区、暂存区和版本库的关系

换,图中 objects 标识的区域为 Git 的对象库,实际位于.git/objects 目录下,里面包含了 Git 创建的各种对象及内容。

使用 git 命令可以管理 Git 项目的工作区、暂存区和版本库文件。例如,当修改(或新增)工作区中的文件时,暂存区的目录树被更新,同时工作区修改(或新增)的文件内容被写入对象库中的一个新的对象中,而该对象的 ID 被记录在暂存区的文件索引中。当执行提交操作时,暂存区的目录树写到版本库(对象库)中,master 分支会做相应的更新,即 master 指向的目录树就是提交时暂存区的目录树。

7.1.3 Git 软件安装和基本配置

最早的 Git 软件是在 Linux 上开发的,很长一段时间内,Git 也只能在 Linux 和 UNIX 系统上运行。不过,慢慢地有人把它移植到了 Windows 上。现在,Git 可以在 Linux、UNIX、Mac OS 和 Windows 等主流操作系统平台上运行。以下以 Linux 平台为例说明 Git 软件的安装和使用方法。

1. 安装 Git 软件

Git 的运行需要调用 curl、zlib、openssl、expat、libiconv 等库的代码,所以在安装 Git 软件包前需要先安装这些依赖工具。在 CentOS 7 系统中,可使用以下 yum 命令安装或更新 Git 软件,如图 7-5 所示。

```
# yum - y install curl - devel expat - devel gettext - devel openssl - devel zlib - devel
                                            //安装 Git 依赖包
# yum - y install git                       //安装 Git 软件包
# git -- version                            //查看 Git 版本号
```

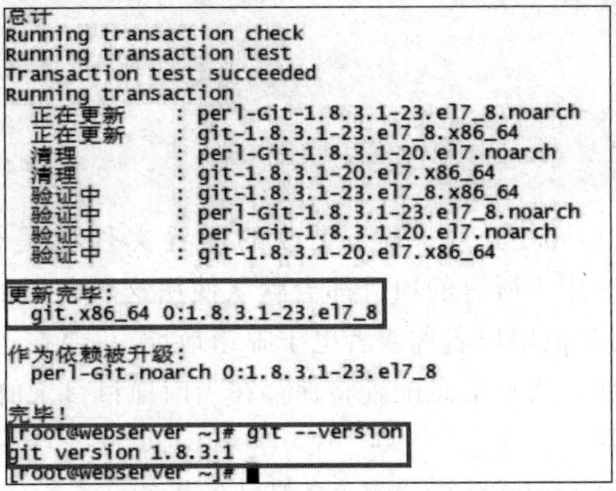

图 7-5 安装及更新 Git 软件

Git 作为开源软件,也可以在 Linux 系统中安装相关依赖包后,到其官网下载其新版本源码包,Git 源码包的下载地址为 https://git-scm.com/download,其源码软件包安装命令如下。

```
#tar-zxvf git-1.7.2.2.tar.gz                     //解压缩 Git 源码包
#cd git-1.7.2.2
#make prefix=/usr/local all
#make prefix=/usr/local install
```

2. Git 配置文件

Git 软件安装后需要进行基本配置才能使用。Git 软件的配置通过 git config 工具来完成,该工具专门用来配置或读取相应的 Git 配置文件相关配置参数,这些配置参数决定了 Git 软件的具体工作方式和行为。在 Linux 系统中,这些配置参数一般存放在以下三个不同目录的配置文件中。

(1) /etc/gitconfig:保存系统中对所有用户都普遍适用的配置,执行 git config --system 命令,Git 将从这个文件读写配置参数。

(2) ~/.gitconfig:即用户目录下的配置文件,只适用于该用户,通过执行 git config --global 命令,Git 将从这个文件中读写配置参数。

(3) ./.git/config:即当前工作目录(当前项目)的.git 目录中的配置文件,此处配置参数只对当前项目有效。每一个级别的配置参数都会覆盖上层的相同配置,所以.git/config 里的配置会覆盖/etc/gitconfig 文件中的同名配置参数。

3. Git 软件的基本配置

1) 配置用户基本信息

在使用 Git 软件之前,需要在 Git 软件中配置用户的基本信息,包括用户名称和电子邮件地址。例如:

```
# useradd Alice
# passwd Alice
# su - Alice                              //切换到Alice用户
# git config --global user.name "Alice"
# git config --global user.email Alice@test.com
```

如果在命令中用--global 选项，那么更改的配置文件就是位于用户主目录下的 ~/.gitconfig 配置文件，用户所有的项目都会默认使用这里配置的用户信息。如果要在某个特定的项目中使用其他用户名称或者电子邮箱地址，只要在上述命令中去掉--global 选项，重新配置即可。新的用户信息配置将保存在当前项目目录的.git/config 文件中。

2）配置文本编辑器

用户还可以使用 git config 命令设置 Git 默认使用的文本编辑器。一般情况下，用户可以配置使用 vi 或 vim，当然，也可以配置其他的文本编辑器如 emacs，也可以重新设置。重新配置文本编辑器为 emacs 的命令如下。

```
# git config --global core.editor emacs
```

3）配置差异分析工具

Git 的基本配置中，还可以配置差异分析工具。该工具用于 Git 合并出现冲突时，决定使用哪个工具进行差异分析，例如，要改用 vimdiff 工具，可用以下配置命令完成。

```
# git config --global merge.tool vimdiff
```

Git 可以理解 kdiff3、xxdiff、emerge、vimdiff 等合并工具的输出信息，用户也可以在 Git 中使用自己开发的差异分析工具。

4. 查看 Git 配置信息

要检查已有的 Git 配置信息，可以使用如下命令。

```
# git config --list
```

有时候会看到重复的变量名，那就说明它们来自不同的配置文件（如/etc/gitconfig 和~/.gitconfig），不过最终 Git 实际采用的是最后一个配置。这些配置信息的查看，用户可以通过直接查看~/.gitconfig 或/etc/gitconfig 配置文件的内容。同时 Git 也支持直接查阅某个配置变量的设定值，只要把特定的参数名称跟在后面即可。例如：

```
# cat ~/.gitconfig                        //查看配置文件，了解 Git 配置信息
# git config user.name                    //用命令查询 Git 中配置的用户信息
```

 任务拓展

搜索 Git 版本控制软件资料，了解软件版本控制软件功能；访问 Git 软件学习网站，如 Git 菜鸟教程，了解 Git 软件使用方法。

任务 7.2 Git 基本操作和分支管理

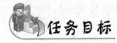

(1) 掌握 Git 常用操作命令的使用方法。
(2) 掌握 Git 分支管理命令的使用方法。
(3) 掌握 Git 日志信息的查看方法。

Git 版本控制软件的主要工作是创建和保存一个软件项目的快照并将其与之后的项目快照进行对比。前面已经对 Git 版本库的初始状态进行了设置,接下来介绍如何使用命令完成 Git 的常见操作以及进行版本库分支管理。

7.2.1 创建 Git 版本库

1. 初始化 Git 版本库

初始化 Git 版本库前可以先创建一个新目录(当然也可以使用现有的目录),创建好后切换到该目录中,执行 git init 命令就可以创建一个空的 Git 版本库。操作命令如下。

```
#mkdir /opt/testproj          //创建 testproj 目录
#cd /opt/testproj             //切换到工作区目录
#git init                     //初始化 git 版本库
```

创建版本库后,在目录/opt/testproj 下将出现一个.git 目录,这个目录是 Git 用来跟踪管理当前项目的版本库,一般不要手动修改这个目录里面的文件,因为手动修改可能会破坏 Git 版本库。这个目录默认是隐藏的,需要使用 ls -ah 命令才可以查看该目录的相关内容。

```
#ls -al ./.git                //查看 Git 版本库文件
```

完成初始化操作后的版本库目录中的文件如图 7-6 所示。

2. 版本库文件格式要求

在向 Git 版本库中添加文件之前,需要注意所有的版本控制软件都只能跟踪文本文

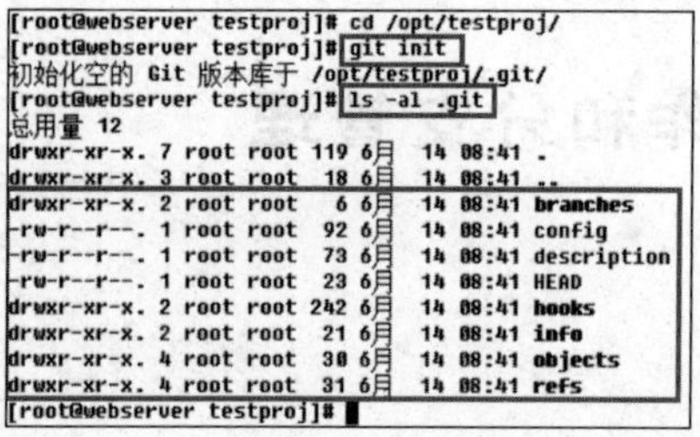

图 7-6 初始化后的版本库目录

件的改动,如 TXT 文件、网页文件、程序源代码文件等。版本控制软件可以告诉用户每次的改动,例如,在第 3 行加了一个单词"Linux",在第 2 行删了一个单词"Windows"。而图片、视频这些二进制文件,虽然可以由版本控制软件管理,但无法跟踪到文件的变化。由于 Microsoft Word 格式是二进制格式,因此,版本控制软件也不能跟踪 Word 文件的改动。如果要真正使用版本控制软件,用户最好用纯文本方式编写文件。文本文件一般会使用指定的编码格式,如中文常用 GBK 编码。建议在 Git 版本库的文件中使用标准的 UTF-8 编码,使用同一种编码,既不会产生编码冲突,又被所有平台所支持。

7.2.2 Git 基本操作命令

使用 Git 软件管理项目的版本库时,需要用到 Git 的相关操作命令,如向版本库添加文件、提交文件、删除文件等。以下涉及 Git 基本操作在初始化 testproj 项目版本库的基础上完成,假设该项目版本库的存放目录为/opt/testproj。

1. git add 添加文件

git add 命令可将指定文件添加到当前项目的缓存区。例如:

```
# touch readme.txt hello.php          //创建测试文件
# git status -s                       //查看项目当前状态
# git add readme.txt hello.php        //向项目中添加两个文件
# git status -s                       //再次查看发现已添加文件
```

使用 git add 添加文件后,如果修改了文件内容,再使用 git status -s 查看文件状态,将看到该文件状态为 AM,即添加到暂存区后又被修改过,此时需要重新执行 git add 命令,如图 7-7 所示。

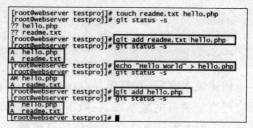

图 7-7 使用 git add 添加文件到缓存

2. git diff 查看缓存信息

git diff 命令用于显示 Git 项目中已写入缓存与已修改但尚未写入缓存的改动的区别。git diff 有四个主要的应用场景。

(1) 查看未缓存的改动:git diff。

(2) 查看已缓存的改动:git diff --cached。

(3) 查看已缓存的与未缓存的所有改动:git diff HEAD。

(4) 显示 Git 版本库摘要信息:git diff --state。

以下以 hello.php 文件的修改及提交为例说明 git diff 命令的输出结果。

```
# vi hello.php                          //使用 vi 编辑 hello.php 文件,输入以下内容:
<?php
    echo 'Hello World';
?>
# git status -s                         //查看项目当前状态,提示文件已修改
# git diff
```

以上命令的输出结果如图 7-8 所示。

从图 7-8 中可以看出,git status 显示用户上次提交更新后的更改或者写入缓存的改动,而 git diff 逐行显示文件改动信息。

3. git commit 添加缓存到版本库

git add 命令把要修改的 Git 项目内容写入缓存,执行 git commit 则将缓存中的内容添加到 Git 版本库中。Git 软件为每一个文件的提交记录用户的名称和电子邮箱地址,所以执行该操作前,首先需要配置当前 Git 项目的用户名和邮箱地址。

```
# git config -- global user.name 'Alice'
# git config -- global user.email Alice@test.com
```

接下来写入缓存,并提交对 hello.php 的所有改动,通过使用-m 选项可以在命令行中提供本次提交的说明信息。

```
# git status                            //提示有未提交的变更
# git add hello.php
# git commit -m '提交 1.0 版'            //显示"提交 1.0 版"说明信息
# git status                            //提示干净的工作区
```

以上命令的执行过程如图 7-9 所示。执行 git commit 提交命令后,用户没有改动任何文件,此时工作区是一个干净的工作目录。

图 7-8 git diff 命令的输出结果

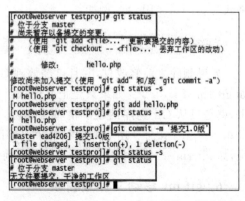

图 7-9 执行 git commit 命令后的工作区状态

使用 git commit 命令时如果没有设置-m 选项，Git 会尝试打开一个编辑器以填写提交信息。如果用户觉得使用 git add 提交文件到缓存区的流程太烦琐，Git 也允许在 git commit 命令中用-a 选项跳过。例如：

```
#vi hello.php                    //用户修改 hello.php 文件
<?php
    echo 'Hello World';
    echo 'Hello Linux';
?>
#git commit –am '修改 hello.php 文件'
```

再次执行 git commit 命令，此时显示文件成功提交到 Git 仓库，本次文件提交就不需要事先执行 git add 操作了。

4. git reset HEAD 清除缓存内容

git reset HEAD 命令用于清除已缓存的内容。如用户修改 readme.txt 及 hello.php 文件内容后，使用 git add 命令将修改文件提交到缓存区，此时如果想要取消 hello.php 的缓存，命令如下：

```
#git reset HEAD hello.php
#git commit –m '只修改 readme.txt 文件'
#git status –s
```

此时，Git 只会把 readme.txt 文件改动提交到库，而 hello.php 文件的修改没有提交。用#git status -s 命令查看状态，提示：M hello.php，可以看出 hello.php 文件已经修改但并未提交。

5. git rm 删除文件

如果直接使用命令从工作目录中手工删除文件，运行 git status 时就会在 Changes not staged for commit 的错误提示。所以，要从 Git 仓库中移除某个文件，就必须要从已跟踪文件清单中移除，此时可以使用 git rm 命令完成 Git 库中文件的删除，该命令的使用格式为 git rm <file>。例如：

```
#git rm hello.php                //在当前 Git 版本库中删除文件
```

如果删除之前修改过，并且已经放到 Git 的暂存区的文件，则必须用强制删除选项-f，如 git rm -f <file>。如果只是把文件从暂存区域移除，但仍然希望保留在当前工作目录中，就是只从 Git 仓库的跟踪清单中删除，此时需使用--cached 选项，即 git rm --cached <file>。git rm 命令还支持递归删除一个目录下所有文件及子目录，此时需要使用-r 选项，如 git rm -r * 命令执行后，将删除当前目录下的所有文件和子目录。

6. git mv 移动文件或目录

git mv 命令用于在 Git 版本库中移动或重命名一个文件、目录及软链接等。假设当前 Git 库中包含 readme.txt 文件,此时需要将其重命名为 readme.md,相关操作命令如下。

```
#git mv readme.txt    readme.md
#git commit -am 'readme.txt 文件改名'
```

此时,将看到如下提示信息,表示文件重命名成功。

```
1 file changed, 0 insertions(+), 0 deletions(-)
rename readme.txt => readme.md (100%)
```

7.2.3　Git 分支管理操作

几乎每一种版本控制软件都以某种形式支持软件项目的分支管理,使用分支意味着用户可以从开发主线上分离开来,然后在不影响主线开发的同时继续工作。

Git 分支管理的主要命令包括 git branch(列出/创建分支)、git checkout(切换分支)、git merge(合并分支)等。用户可以多次合并分支,也可以选择在合并之后直接删除被并入的分支。

以下举例说明 Git 分支管理的基本操作。

```
#mkdir mygitdemo            //创建一个 Git 测试目录
#cd mygitdemo/              //切换到新建的 Git 目录
#git init                   //初始化 Git 版本库
#touch readme.txt           //创建 readme.txt 文件
#git add readme.txt         //添加 readme.txt 到缓存区
#git commit -m '提交 1.0 版' //将缓存区文件提交到 Git 版本库
```

1. git branch 分支管理

1) 列出分支

执行 git branch 命令,将会列出在本地的分支,如 * master,说明当前 Git 库中包含名为 master 的分支,且该分支是当前分支。默认情况下,当用户执行 git init 命令时,Git 软件将自动创建 master 分支。

2) 创建分支

通过 git branch branchname 命令可以手动创建一个分支,如 git branch testgit,此时再次执行#git branch 命令,将显示 master 和 testgit 两个分支,即增加了新分支 testgit,新分支 testgit 会保持用户当前创建的项目内容。

3) 删除分支

如果不再需要某个分支,可以通过 git branch -d branchname 命令删除该分支,如 git branch -d testgit 命令删除前面创建的 testgit 分支。执行 git branch 命令,看到当前 Git 仓库中已不包含 testgit 分支了。

2. git checkout 切换分支

git checkout branchname 命令用于在 Git 中切换到要修改的分支。假设当前在 master 分支中,手动创建分支 testgit 后,在 master 分支中新建 testfile.txt 文件并提交,接下来使用 git checkout testgit 命令切换到 testgit 分支中,查看 testgit 分支内容,会发现并没有包含在 master 中新建的 testfile.txt 文件,具体操作如下。

```
#echo 'test branch' > testfile.txt
#git add .
#git commit -m 'add testfile.txt'
#ls -l
#git checkout testgit
#ls -l
```

此时可以看到 testgit 分支中并没有包含 testfile.txt 文件。

如果希望在 Git 中创建新分支时,立即切换到该分支,则可以使用 #git checkout -b branchname 命令,如 git checkout -b newbranch,此时将直接切换到 newbranch 新分支中进行操作。通过分支切换,用户可以将工作环境进行区分,并根据开发的需要在不同环境中进行切换,使用户可以更灵活地管理软件项目的开发环境。

3. git merge 合并分支

在 Git 中,如果某分支有了有价值的独立内容,用户可能会希望将它合并到主分支,此时,可以使用 git merge 命令将相关分支合并到当前分支中。假设当前 Git 仓库中有 master 和 newbranch 两个分支,具体合并分支操作如下。

```
#git branch                //查看分支
#git merge newbranch       //合并 newbranch 到 master
```

以上实例中用户将 newbranch 分支合并到主分支 master 中。如果某文件只在 master 中,而不在 newbranch 分支中,则该文件将在分支合并时被删除。

当然,在实施 Git 分支合并时,可能会出现合并冲突的情况,即在两个分支中都存在某个同名的文件,假设该文件名为 hello.php,但是两个同名文件内容存在差异,此时合并这两个分支,会出现合并冲突提示"CONFLICT(content): Merge conflict in hello.php"。此时需要用户手动修改发生冲突的文件 hello.php,修改后再执行 git add hello.php 及 git commit 命令,有关本次分支合并产生的冲突将成功解决。

4. git log 查看分支日志

在使用 git commit 提交了若干更新之后,若要回顾当前 Git 项目的提交历史,可以使用 git log 命令来查看项目的提交日志信息。git log 命令具有强大的项目历史记录查看功能,常用的命令选项如下。

--oneline:查看提交历史记录的简洁版本。

--graph：查看历史中分支、合并的时间。
--reverse：逆向显示所有日志。
--author：查找指定用户的提交日志。
--since：从指定日期开始。
--before：在指定时间之前。
--until：到指定日期为止。
--after：从指定日期之后。

不用任何选项的话，git log 会默认按提交时间列出所有的更新，最近的更新排在最前面。每次更新都有一个 SHA-1 校验和、作者的名字和电子邮件地址、提交时间，最后缩进一个段落显示提交说明。

如果用户要查看当前 Git 版本库中三周前且在 4 月 18 日之后的所有提交，可以执行以下 git log 命令。

```
# git log -- oneline -- before = {3.weeks.ago} -- after = {2010 - 04 - 18} \
-- no - merges
```

7.2.4　Git 版本库管理实战

1．添加和提交版本库文件

1）创建并初始化 git 项目目录

本步骤操作见 7.1.3 小节。

2）向版本库添加文件

```
# echo "Hello Git" > readme.txt              //创建 readme.txt 文件
# ls - al ./
# git add readme.txt                         //向版本库添加文件
# git status                                 //查看版本库缓存信息
# echo "<?php echo 'Hello world' ?>" > hello.php    //修改文件内容
# git add hello.php                          //向版本库添加文件
```

3）向版本库提交文件

```
# git commit - m "My first commit"           //提交文件
# git status
# echo "<?php echo 'Hello commit' ?>" > hello.php
# git commit - am "My second commit"         //直接提交文件
# git status
```

4）清除版本库缓存文件

```
# touch file01 file02
# git add file01 file02
# git reset HEAD file01                    //清除缓存区中的 file01
# git commit -m "My third commit"
# git ls-tree HEAD                          //查看当前版本库管理的文件
```

2. 移动和删除版本库文件

1）移动版本库文件

```
# git mv readme.txt readme.md
# git commit -am 'readme.txt is renamed'
# git ls-tree HEAD
```

2）删除版本库文件

```
# rm file02                                 //删除工作区文件
# git status
# git rm file02                             //删除版本库文件
# git commit -m 'file02 is deleted'         //提交删除
# git ls-tree HEAD
```

3. Git 版本库分支管理

1）列出及添加分支

```
# git branch                                //列出 master 的分支
# git branch testgit                        //添加 testgit 分支
# git branch                                //可以看到已经添加 testgit 分支
```

2）切换及修改分支

```
# git checkout testgit                      //切换到 testgit 分支
# echo "test branch switch" > file03        //创建测试文件
# git add file03                            //添加文件到版本库暂存区
# git commit -m "testgit add file03"        //在 testgit 分支中提交修改
# git ls-tree HEAD
# git checkout master                       //切换回 master 分支
# git ls-tree HEAD
```

此时执行 git ls-tree HEAD 命令可以看到，master 主分支中并没有包含 testgit 分支中已经包含的 file03 文件，如图 7-10 所示。

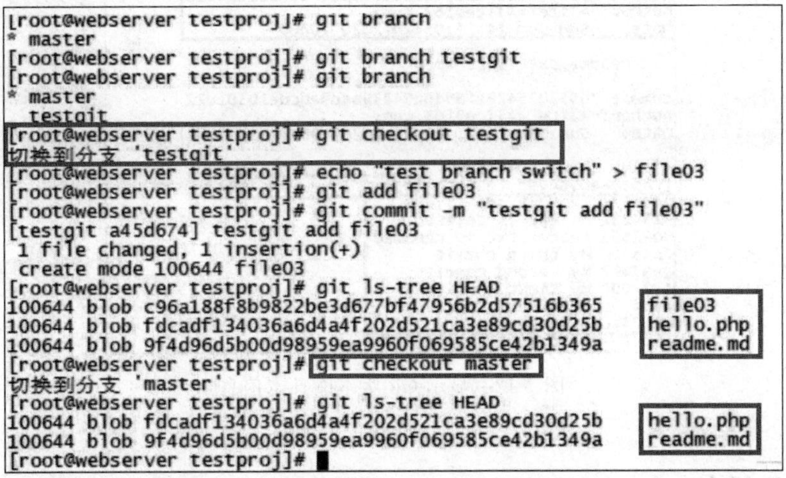

图 7-10 git checkout 切换及修改分支操作

3) 合并 testgit 分支到 master

```
# git merge testgit                    //合并 testgit 分支
# git ls-tree HEAD
```

将 testgit 分支合并到主分支后，testgit 分支中的变动将提交到主分支，即在主分支中可以看到已包含 file03 文件，如图 7-11 所示。

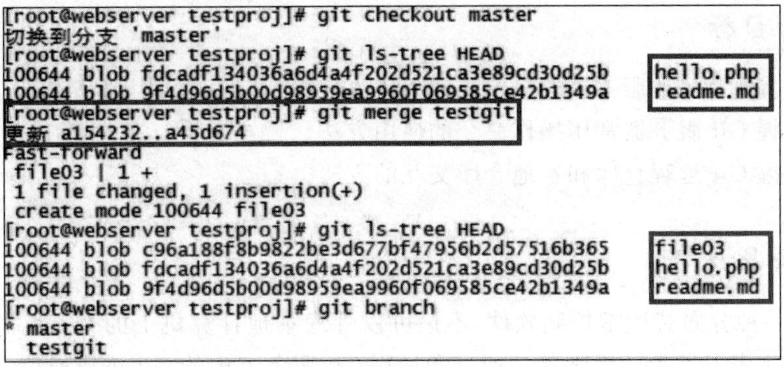

图 7-11 执行 git merge 操作后的主分支文件

4) 删除版本库分支

```
# git branch                           //列出分支
# git branch -d testgit                //删除 testgit 分支
# git branch                           //列出删除 testgit 后的分支
# git log                              //查看 Git 版本库日志
# git log -oneline                     //以简洁形式显示日志
```

上面 git log 命令的显示结果如图 7-12 所示。

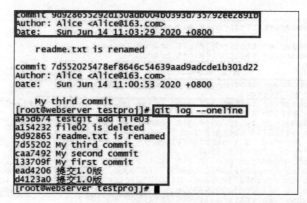

图 7-12　显示 Git 版本库日志信息

完成 Git 软件的安装；初始化配置 Git 版本仓库；创建新分支，完成新分支文件的修改和合并；观察分支管理日志信息。

任务 7.3　搭建 Git 版本库服务器

（1）掌握远程 Git 服务器的搭建和初始化方法。
（2）掌握 Git 服务器常用操作命令的使用方法。
（3）掌握 Git 远程仓库和本地仓库交互的方法。

Git 是一种分布式版本控制软件，不仅可以管理本地计算机上的 Git 版本库，也可以管理远程 Git 服务器上的版本库。通过和远程 Git 服务器中的 Git 进行通信，可以方便地实现软件项目的协同开发。下面介绍远程 Git 服务器的搭建和访问方法。

7.3.1　远程 Git 服务器

1. 远程 Git 服务器简介

在本地的计算机中安装 Git 版本控制软件，用户就可以使用 Git 管理本地计算机中的软件版本库。如果一个软件项目需要多人团队通过协作的方式进行开发（如软件公司的开发工作），最好搭建一台远程 Git 服务器，以更好地在项目团队内部进行协调和交流，更高效地完成软件项目开发工作，如图 7-13 所示。远程 Git 服务器可以搭建在公司内部局域网中，也可以搭建在互联网上。

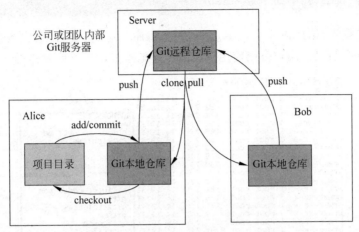

图 7-13　Git 远程仓库和本地仓库的交互

2．远程 Git 服务器功能

软件项目开发中使用的远程版本控制服务器也可以使用公用代码托管平台，如国外的 GitHub、GitLab，国内的 Gitee、Coding 等。但是对于一些视源码如生命的商业公司来说，对公开软件源码有较多顾虑，同时托管到公用代码平台还存在需要缴费的问题，一般会倾向于自己搭建一台 Git 服务器作为公司或团队内部的私有 Git 版本库。

7.3.2　Git 服务器常见的操作命令

本地计算机中的 Git 版本库和远程 Git 服务器中的版本库，需要通过 Git 的一些操作命令进行交互。常见的本地和远程 Git 服务器的交互命令包括 git clone（克隆）、git push（拉取更新）、git pull（推送更新）等。

1．git clone 克隆

1）git clone 简介

git clone 命令可以让用户克隆（复制）一个远程 Git 仓库到本地当前目录。克隆成功后，用户就可以查看该克隆项目的文件代码，或者对项目进行修改。在用户需要与他人合作开发一个项目，或者想要复制一个项目查看、学习代码时，就可以使用 git clone 来克隆项目。

2）语法格式

```
git clone [url] [目录]
```

上述 git clone 命令格式中[url]为用户想要复制的项目地址；[目录]为本地指定目录，如果克隆到当前目录则不需要该参数。

3）命令实例

```
#git clone http://GitHub.com/jquery/jquery.git
```

该命令将克隆 GitHub 平台上 jQuery 的版本库，克隆完成后，会在当前目录下生成一个 jquery 项目目录。用户可以使用 ll -ah 命令查看 jquery 项目内容，如图 7-14 所示。

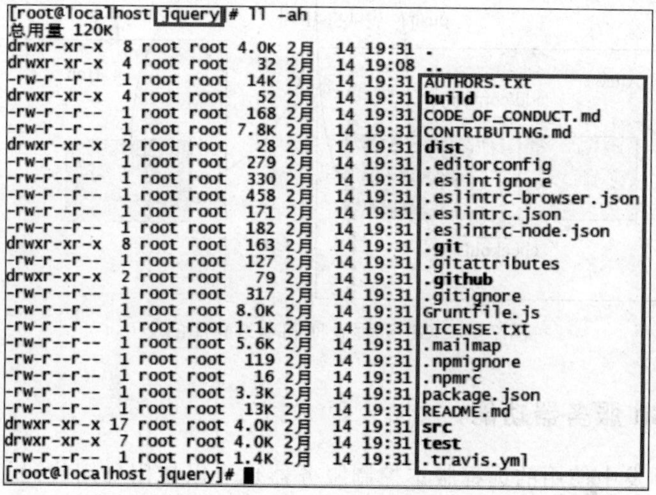

```
[root@localhost jquery]# ll -ah
总用量 120K
drwxr-xr-x  8 root root 4.0K 2月  14 19:31 .
drwxr-xr-x  4 root root   32 2月  14 19:08 ..
-rw-r--r--  1 root root  14K 2月  14 19:31 AUTHORS.txt
drwxr-xr-x  4 root root   52 2月  14 19:31 build
-rw-r--r--  1 root root  168 2月  14 19:31 CODE_OF_CONDUCT.md
-rw-r--r--  1 root root 7.8K 2月  14 19:31 CONTRIBUTING.md
drwxr-xr-x  2 root root   28 2月  14 19:31 dist
-rw-r--r--  1 root root  279 2月  14 19:31 .editorconfig
-rw-r--r--  1 root root  330 2月  14 19:31 .eslintignore
-rw-r--r--  1 root root  458 2月  14 19:31 .eslintrc-browser.json
-rw-r--r--  1 root root  171 2月  14 19:31 .eslintrc.json
-rw-r--r--  1 root root  182 2月  14 19:31 .eslintrc-node.json
drwxr-xr-x  8 root root  163 2月  14 19:31 .git
-rw-r--r--  1 root root  127 2月  14 19:31 .gitattributes
drwxr-xr-x  2 root root   79 2月  14 19:31 .github
-rw-r--r--  1 root root  317 2月  14 19:31 .gitignore
-rw-r--r--  1 root root 8.0K 2月  14 19:31 Gruntfile.js
-rw-r--r--  1 root root 1.1K 2月  14 19:31 LICENSE.txt
-rw-r--r--  1 root root 5.6K 2月  14 19:31 .mailmap
-rw-r--r--  1 root root  119 2月  14 19:31 .npmignore
-rw-r--r--  1 root root   16 2月  14 19:31 .npmrc
-rw-r--r--  1 root root 3.3K 2月  14 19:31 package.json
-rw-r--r--  1 root root  13K 2月  14 19:31 README.md
drwxr-xr-x 17 root root 4.0K 2月  14 19:31 src
drwxr-xr-x  7 root root 4.0K 2月  14 19:31 test
-rw-r--r--  1 root root 1.4K 2月  14 19:31 .travis.yml
[root@localhost jquery]#
```

图 7-14　克隆 jquery 项目后的目录

4）支持的协议

git clone 支持多种网络协议，除了 HTTP(S)以外，还支持 SSH、Git、FTP、本地文件协议等。以下是其支持的协议的一些示例。

```
#git clone http[s]://example.com/path/to/repo.git
#git clone http://git.oschina.net/yiibai/sample.git
#git clone ssh://example.com/path/to/repo.git
#git clone git://example.com/path/to/repo.git
#git clone /opt/git/project.git
#git clone file:///opt/git/project.git
#git clone ftp[s]://example.com/path/to/repo.git
#git clone rsync://example.com/path/to/repo.git
```

2. git pull 拉取更新

1）git pull 功能简介

git pull 操作命令用于取回远程主机某个 Git 版本库的更新，与本地的指定分支进行合并和整合。git pull 和 git clone 命令的区别在于，在执行 git pull 操作之前，首先需要在本地计算机上初始化本地文件夹，创建一个 Git 版本库，才能拉取远程主机上的 Git 版本库信息；而 git clone 直接克隆远程 Git 版本库，不需要在本地计算机上事先创建。

2）命令格式

git pull[选项] <远程主机名> [<远程分支名>][:<本地分支名>]

git pull 命令将远程版本库中的更新合并到当前分支中。git pull 命令与 git fetch 命令的不同在于，git fetch 命令虽然也是从远程主机获取更新到本地计算机，但不会自动合并分支。而 git pull 在默认模式下，相当于 git fetch 和 git merge FETCH_HEAD 命令的组合，能够自动拉取更新并合并分支。

3）命令实例

```
#git pull origin dev01:master
```

以上命令取回远程主机 origin 上的 dev01 分支，并将分支合并到当前分支 master 中。如果远程主机上的分支和本地分支存在追踪关系，则在以上 git pull 命令中可以省略分支名，即 git pull origin。

3. git push 推送更新

1）功能简介

git push 命令用于将本地分支的更新推送到远程主机。使用本地版本库更新远程版本库，同时向远程服务器发送更新所需的对象。

2）命令格式

git push [选项] <远程主机名> <本地分支名>:<远程分支名>

git push 命令的使用格式与 git pull 命令相似。

3）命令实例

```
#git push origin master
```

以上命令将本地主机的 master 分支更新推送到远程服务器 origin 上的 master 分支，如果远程主机 origin 上指定的分支不存在，则 Git 将自动创建该分支。如果将本地主机版本库推送到远程同名版本库，可以直接使用 #git push origin HEAD 命令。

7.3.3 Git 服务器的搭建与测试

在软件项目代码托管领域，有 GitHub(github.com)、Gitee(gitee.com)等提供的免费托管开源码平台。但对于某些源码需要保密的商业公司来说，既不想公开源代码，又不愿意给这些代码托管平台交费，那就可以自己搭建一台 Git 服务器作为组织内部软件项目的私有版本库使用。

1. 初始化 Git 服务器

搭建远程 Git 服务器需要首先在远程服务器上安装 Git 软件，同时为了和远程服务器进行交互操作，本地客户端计算机中也需要安装 Git 软件，该软件的安装方法在本项目任务 7.1 中已作说明，以下介绍基于虚拟机环境搭建一台远程 Git 服务器所需要完成的相关操作。

1）准备 Git 服务器环境

在 VMware 中的虚拟机系统处于关机状态，克隆新虚拟机，命名为 git-server，如图 7-15 所示。

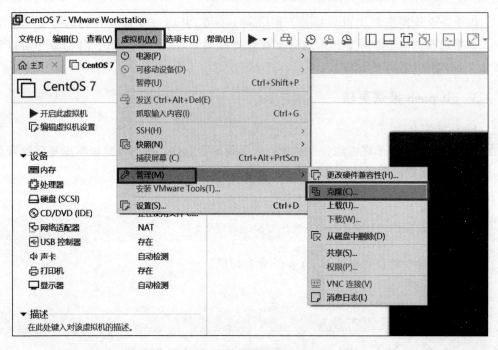

图 7-15　使用克隆虚拟机操作准备 Git 服务器

启动该虚拟机系统，配置主机名为 git-server，设置 Git 服务器的 IP 地址等网络参数，完成网络配置后测试与客户端计算机的连通性，同时在服务器上安装 Git 软件包。

```
# systemctl stop firewalld                    //关闭 firewalld 防火墙
# setenforce 0                                //停用 SELinux 强制模式
# hostnamectl set-hostname git-server         //设置 Git 服务器主机名
# vi /etc/hosts                               //配置服务器主机名 IP 地址映射
//输入：
    192.168.3.128    git-server               //此处 IP 地址为服务器 IP
    192.168.3.130    git-client               //此处 IP 地址为客户端 IP
//保存退出 vi 编辑器
```

以上命令中的/etc/hosts 文件需要复制到客户端计算机的指定目录（如客户端系统为 Linux 系统,则复制为/etc/hosts）中,以便客户端可以使用主机名访问 Git 服务器,相关操作如图 7-16 所示,命令如下。

```
# scp /etc/hosts 192.168.3.130:/etc/hosts      //复制 hosts 文件到客户端
# ping  git-client                              //测试与 Git 客户端网络连通性
# yum -y install git                            //安装 Git
```

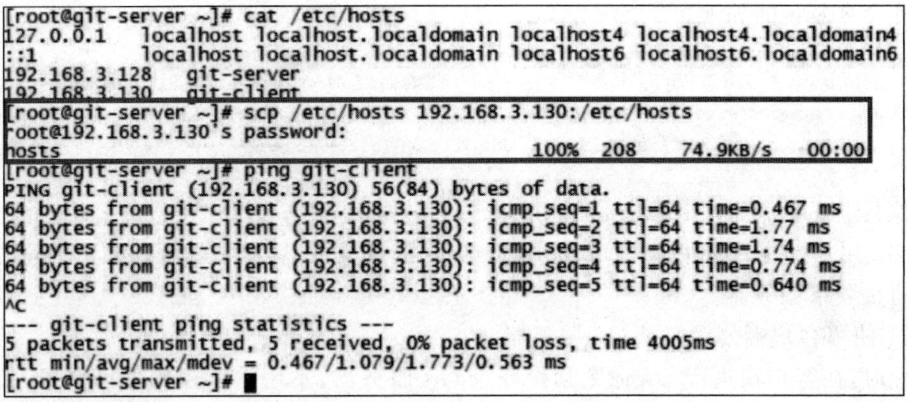

```
[root@git-server ~]# cat /etc/hosts
127.0.0.1    localhost localhost.localdomain localhost4 localhost4.localdomain4
::1          localhost localhost.localdomain localhost6 localhost6.localdomain6
192.168.3.128   git-server
192.168.3.130   git-client
[root@git-server ~]# scp /etc/hosts 192.168.3.130:/etc/hosts
root@192.168.3.130's password:
hosts                                          100%  208    74.9KB/s   00:00
[root@git-server ~]# ping git-client
PING git-client (192.168.3.130) 56(84) bytes of data.
64 bytes from git-client (192.168.3.130): icmp_seq=1 ttl=64 time=0.467 ms
64 bytes from git-client (192.168.3.130): icmp_seq=2 ttl=64 time=1.77 ms
64 bytes from git-client (192.168.3.130): icmp_seq=3 ttl=64 time=1.74 ms
64 bytes from git-client (192.168.3.130): icmp_seq=4 ttl=64 time=0.774 ms
64 bytes from git-client (192.168.3.130): icmp_seq=5 ttl=64 time=0.640 ms
^C
--- git-client ping statistics ---
5 packets transmitted, 5 received, 0% packet loss, time 4005ms
rtt min/avg/max/mdev = 0.467/1.079/1.773/0.563 ms
[root@git-server ~]#
```

图 7-16　从服务器复制 hosts 文件到客户端

2）创建服务器端的 Git 账号

为了让客户端能访问远程服务器上的 Git 版本库,需要在远程服务器上创建 Git 账号。命令如下。

```
# useradd gituser                              //创建服务器 Git 账号
# passwd gituser
# su - gituser                                 //切换到 Git 账号登录
$ ssh-keygen                                   //创建服务器端.ssh 目录及密钥对
$ touch ./.ssh/authorized_keys                 //创建用户身份验证文件
$ exit                                         //切换 root 账号
```

3）初始化 Git 服务器

搭建远程 Git 服务器需要选定一个目录如/srv 作为服务器 Git 版本库目录。同时,一般远程服务器上的 Git 版本库通常以.git 结尾。版本库创建后,还需要把所有者改为 Git 账号。出于安全考虑,搭建的远程服务器仅提供 Git 版本库共享,不需要用户登录版本库的工作区,所以在服务器上创建 Git 版本库时要使用--bare 参数,即创建一个裸 Git 版本库,创建的裸版本库将允许客户端执行 push 命令。相关操作及说明如下。

```
# mkdir /srv                                   //创建服务器 Git 版本库目录
# cd /srv
# git init --bare /srv/demo.git                //初始化服务器端 Git 版本库
# chown -R gituser:gituser demo.git            //设置 gituser 为 demo 版本库属主
```

2. 配置客户端公钥登录服务器

1) 收集登录客户端公钥文件

创建远程服务器用户后,为了让客户端更方便、更安全地访问服务器,需要客户端在本地计算机中生成当前用户(如 Alice)的 SSH 登录密钥(此处以 Linux 系统客户端为例,Windows 系统客户端的操作与 Linux 类似),使用 ssh-copy-id 远程复制命令把公钥文件复制并导入 Git 服务器的 Git 账号目录,此时需要输入服务器端 Git 用户的登录密码,相关操作命令及说明如下。

```
# su - Alice                                        //此处假设 Alice 账号已经创建好
$ ssh-key -t rsa                                    //在客户端上生成密钥对文件
$ ssh-copy-id -i ~/.ssh/id_rsa.pub gituser@git-server    //复制公钥到服务器
```

执行上述命令后,Git 服务器的 Git 账号将收集到客户端用户账号的公钥,并将公钥导入 Git 用户的主目录中.ssh/authorized_keys 验证文件,客户端就可以用无密码(密钥)方式直接登录服务器。

2) 使用客户端公钥登录 Git 服务器

此时,在客户端执行 ssh 命令远程登录 Git 服务器,不用输入密码即可登录,相关命令如下。

```
$ ssh gituser@git-server                            //无密码登录 Git 服务器
$ exit
```

出于安全考虑,建议在服务器上设置 Git 账号只能执行 Git 版本库操作,不能直接登录系统,相关操作命令如下。

```
# usermod gituser -s /usr/bin/git-shell             //不允许 gituser 账号直接登录
```

3. 克隆远程 Git 仓库

1) 克隆 Git 服务器中的项目

搭建好远程服务器并完成初始化配置后,就可以在客户端计算机上使用 git clone 命令将远程 Git 服务器上的版本库克隆到本地目录,相关操作如下。

```
$ git clone gituser@git-server:/srv/demo.git        //克隆 demo 项目版本库到本地
$ ls -l ./demo                                      //查看克隆的 demo 项目文件
```

以上命令执行后,客户端计算机的当前目录下将生成 demo 项目目录,该目录中的文件为 Git 服务器中的 demo 版本库的内容,如图 7-17 所示。

2) 修改克隆项目文件

```
# cd ./demo                                         //切换到 demo 项目目录
# vi readme.txt
```

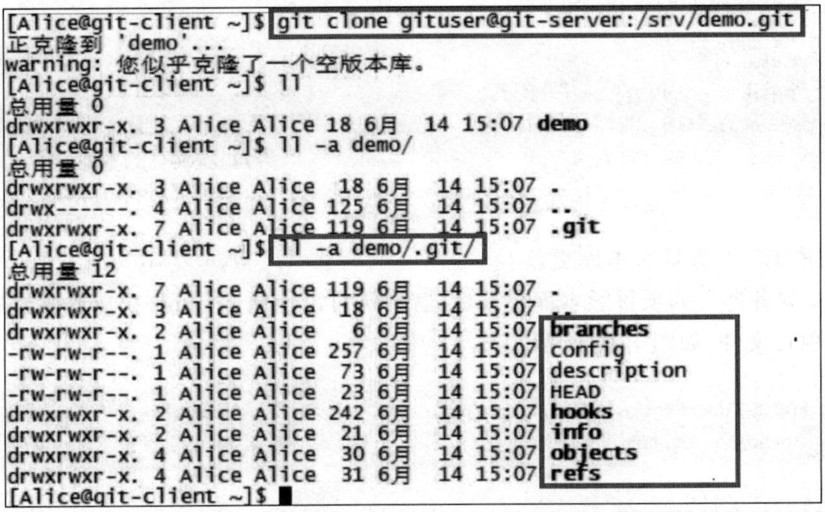

```
[Alice@git-client ~]$ git clone gituser@git-server:/srv/demo.git
正克隆到 'demo'...
warning: 您似乎克隆了一个空版本库。
[Alice@git-client ~]$ ll
总用量 0
drwxrwxr-x. 3 Alice Alice 18 6月  14 15:07 demo
[Alice@git-client ~]$ ll -a demo/
总用量 0
drwxrwxr-x. 3 Alice Alice  18 6月  14 15:07 .
drwx------. 4 Alice Alice 125 6月  14 15:07 ..
drwxrwxr-x. 7 Alice Alice 119 6月  14 15:07 .git
[Alice@git-client ~]$ ll -a demo/.git/
总用量 12
drwxrwxr-x. 7 Alice Alice 119 6月  14 15:07 .
drwxrwxr-x. 3 Alice Alice  18 6月  14 15:07 ..
drwxrwxr-x. 2 Alice Alice   6 6月  14 15:07 branches
-rw-rw-r--. 1 Alice Alice 257 6月  14 15:07 config
-rw-rw-r--. 1 Alice Alice  73 6月  14 15:07 description
-rw-rw-r--. 1 Alice Alice  23 6月  14 15:07 HEAD
drwxrwxr-x. 2 Alice Alice 242 6月  14 15:07 hooks
drwxrwxr-x. 2 Alice Alice  21 6月  14 15:07 info
drwxrwxr-x. 4 Alice Alice  30 6月  14 15:07 objects
drwxrwxr-x. 4 Alice Alice  31 6月  14 15:07 refs
[Alice@git-client ~]$
```

图 7-17　执行 git clone 命令后的本地客户端版本库

```
//编辑或修改文件内容为"Hello Push01"
# git add readme.txt                              //添加工作区文件到暂存区
# git commit -m "First Modi"                      //提交文件到本地 Git 版本库
```

4. 推送更新到 Git 服务器版本库

完成远程 Git 版本库克隆后，就可以在本地对版本库中的文件进行修改，修改完成后，可以将更新后的内容推送到远程 Git 版本库，相关操作命令如下。

```
# git push gituser@git-server:/srv/demo.git master      //推送更新
```

5. 从远程 Git 服务器上拉取更新

1) 在服务器端执行克隆操作

因为本任务中 Git 服务器上创建的是裸版本库，客户端执行推送操作后，服务器不会存储真正的项目文件，而只会保存 Git 版本库的元数据。如果希望看到项目文件，可以在服务器上执行一次本地克隆操作，相关操作如下。

```
# su - Bob                                              //在服务器上切换到 Bob 账号
//Bob 账号设置无密码登录，并完成 Git 基本配置(用户名、邮箱等)
$ git clone gituser@git-server:/srv/demo.git            //克隆本地 demo 项目
$ cd ./demo                                             //切换到克隆项目目录
$ ls -l                                                 //查看克隆项目目录
$ cat readme.txt                                        //查看文件内容,可以看到已经更新
```

2) 修改服务器上的克隆项目

```
$ vi  readme.txt
//在文件中添加一行内容"Second Modi"
$ git add readme.txt                                    //添加工作区文件到暂存区
$ git commit -m "Second Modi"                           //提交文件到本地 Git 仓库
$ git push gituser@git-server:/srv/demo.git master      //推送更新到服务器
```

3) 拉取 Git 服务器版本库更新

在 Git 服务器上的项目版本库更新后,客户端可以使用 git pull 拉取服务器版本库的更新过的项目文件,如图 7-18 所示。

```
# git pull gituser@git-server:/srv/demo.git     //拉取服务器上更新的文件
# cat ./demo/readme.txt                          //查看项目版本库更新后的文件
```

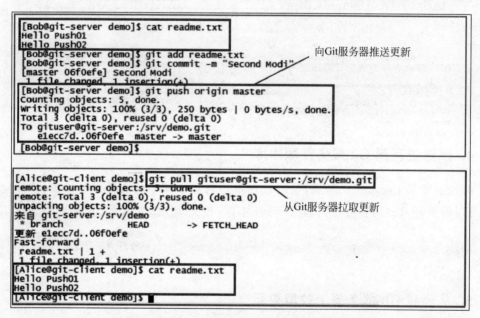

图 7-18 客户端向服务器推送及拉取版本库更新文件

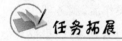

任务拓展

基于网络云服务器搭建远程 Git 版本库服务器,在本地版本库和远程版本库间实现软件版本库的项目克隆、更新拉取和更新推送。

项目总结

本项目介绍了 Git 版本控制软件和 Git 版本库服务器搭建的基本知识,以及 Git 版本控制软件及服务器的基本功能和使用方法。通过学习,读者可掌握 Git 软件安装、配置、基本操作命令的使用以及 Git 服务器的搭建部署方法,为今后使用 Git 及完成软件项目的开发和管理打下扎实的基础。

项目实训

1. 在系统中配置 YUM 源,完成 Git 软件的安装及初始化。
2. 使用 Git 软件创建本地项目,完成项目的分支管理。
3. 搭建本地 Git 服务器,掌握服务器项目克隆和更新的方法。
4. 注册并登录 GitHub 平台,创建个人 GitHub 版本库。
5. 搜索 GitHub 上的开源项目,克隆并查看项目源代码。

项目 8　Linux 系统安全管理

凡事预则立,不预则废。

——《礼记·中庸》

【项目目标】

【知识目标】
(1) 了解用户账号安全策略的配置知识。
(2) 了解 firewalld 防火墙的配置知识。
(3) 了解 SELinux 安全机制的基本知识。

【技能目标】
(1) 掌握用户账号安全策略的设置方法。
(2) 掌握 firewalld 防火墙的管理方法。
(3) 掌握 SELinux 安全机制的设置方法。

【项目内容】

任务 8.1　配置用户账号安全策略
任务 8.2　管理 firewalld 防火墙
任务 8.3　配置 SELinux 安全模块

任务 8.1　配置用户账号安全策略

(1) 理解可嵌入安全验证模块 PAM 的基本概念和原理。
(2) 掌握 Linux 系统用户账号安全策略的配置方法。
(3) 掌握 Linux 系统用户密码安全策略的配置方法。

Linux 是一个多用户、多任务的操作系统,系统安全管理是 Linux 系统及应用服务正

常运行的重要保证。通过配置 Linux 系统用户账号的安全策略,可以有效提升用户登录及系统访问的安全性。下面介绍 Linux 用户账号安全策略的配置相关知识。

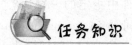

8.1.1 用户账号安全策略概述

1. 用户登录及身份鉴别

1) 用户登录简介

任何一个要使用系统资源的用户,都必须首先向系统管理员申请一个账号,然后以这个账号登录系统。用户账号一方面可以帮助系统管理员对使用系统的用户进行跟踪,并控制他们对系统资源的访问;另一方面也可以帮助用户组织文件,并为用户提供安全保护。每个用户账号都拥有一个唯一的用户名和对应的密码,用户在登录时输入正确的用户名和密码后,就能够进入系统和自己的主目录。

2) 用户身份鉴别

Linux 用户身份鉴别机制是保护系统安全的重要机制之一,是防止恶意用户进入系统的一个重要环节。Linux 对请求系统服务的用户身份进行鉴别,并且赋予相应的权限。Linux 系统的用户分为三种类型:超级用户 root、系统用户和普通用户。系统中的用户,可以根据需要进一步划分为不同角色。用户的角色不同,在系统中所拥有的权限和能完成的任务也不同。

3) 用户 ID 和组 ID

对于 Linux 系统而言,系统中的用户角色是通过用户 ID(UID)和组 ID(GID)来识别的。用户执行某项操作时,系统通过用户的 UID 或 GID 对用户身份进行鉴别。系统对用户身份的鉴别仅仅是 UID 和 GID 这样的数字,一个 UID 用于唯一标识一个系统用户账号,而用户的名称(如 Alice),只是方便人们记忆。用户不管有多少个用户名,只要 UID 相同,系统就认为是同一个用户。在用户登录系统时,Linux 系统根据/etc/passwd 文件中用户名对应的 UID 来初始化用户的工作环境。

2. PAM 可插入验证模块简介

1) PAM 的基本概念

PAM(pluggable authentication modules)可插入验证模块是由 Sun 公司提出的一种验证机制,通过提供一些动态链接库和一套统一的 API,将系统提供的服务和该服务的验证方式分开,使系统管理员可以灵活根据需要给不同的服务配置不同的验证方式,而无须更改服务程序,同时也便于向系统中添加新的验证手段。PAM 是一种高效且灵活的用户级别验证方式,也是当前 Linux 服务器中普遍使用的安全验证方式。

2) PAM 身份验证的基本原理

Linux 系统中,PAM 可插入验证模块的身份验证一般流程如下。

Service(服务)→PAM 配置文件→pam_*.so

在使用 PAM 实施身份验证时,首先确定用户要访问系统中的哪一项服务,然后加载服务对应的 PAM 配置文件(位于/etc/pam.d 下),最后调用配置文件中指定的 PAM 验证模块文件进行安全验证。系统管理员通过 PAM 配置文件制定不同服务(Service)的验证策略,PAM 接口库 libpam 通过读取 PAM 配置文件,为服务和相应的 PAM 验证模块建立联系。用户在访问服务器上的服务时,服务程序把用户的请求发送到 PAM 模块进行验证,如图 8-1 所示。

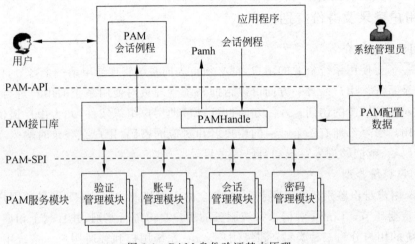

图 8-1　PAM 身份验证基本原理

3) PAM 模块文件和配置文件

在不同的 Linux 发行版中,PAM 验证模块文件存放的位置各不相同,一般存放在/lib/security/目录下。在 CentOS 7 系统中,PAM 验证模块文件存放在/usr/lib64/security/目录下,模块文件的扩展名为 *.so。PAM 验证模块文件可以随时在这个目录下添加和删除,PAM 为每个应用模块提供一个专用的配置文件/etc/pam.d/APP_NAME,位于/etc/pam.d 目录中,使用 ls /etc/pam.d 命令可以看到所有的 PAM 配置文件,如图 8-2 所示。

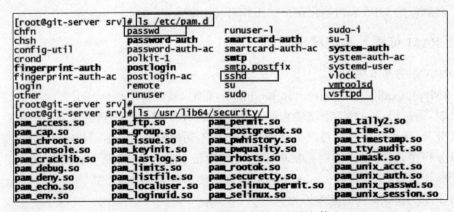

图 8-2　PAM 验证模块文件和配置文件

PAM 配置文件 /etc/pam.d/APP_NAME 的基本配置格式如下：

模块类型　控制标志　模块路径　模块参数

PAM 配置文件中的模块类型 type 的常见取值及说明如表 8-1 所示。

表 8-1　PAM 配置文件中的模块类型 type 的常见取值

模块类型	类型说明
auth	验证用户身份，提示输入账号和密码
account	基于用户属性、登录时间或者密码有效期来决定是否允许访问
session	定义用户登录前及用户退出后所要进行的操作
password	禁止用户反复尝试登录，在变更密码时进行密码复杂性控制

PAM 配置文件中的控制标志 control 的常见取值及功能说明如表 8-2 所示。

表 8-2　PAM 配置文件中的控制标志 control 常见取值

控制标志	标志说明
required	验证失败时仍然继续，但返回 Fail（用户不会知道哪里失败）
requisite	验证失败则立即结束整个验证过程，返回 Fail
sufficient	验证成功则立即返回，不再继续，否则忽略结果并继续
optional	无论验证结果如何，均不会影响（通常用于 session 类型）

4）PAM 验证模块的应用

PAM 提供了对 Linux 系统中所有服务进行验证的中央机制，适用于系统的本地登录（login）、远程登录（Telnet、FTP、Rlogin）以及用户身份切换等应用程序。在本书项目 5 中，配置 FTP 服务器的虚拟用户登录时，就使用了 PAM 验证模块完成 FTP 服务器虚拟用户的身份验证。

8.1.2　常见的用户账号安全策略

在系统使用过程中，通常需要设置用户账号的安全策略，以满足系统安全环境配置要求。如对登录服务器的用户，要求设置复杂密码（8 位以上，且包含大小写字母、数字及特殊字符等）。

1. 设置用户登录策略

1）只允许特定用户切换到 root

在实际生产环境中，即使有系统管理员 root 的权限，也不推荐用 root 用户直接登录。一般情况下使用普通用户账号登录，在需要 root 权限执行一些操作时，再通过 su 命令切换为 root 用户。在 Linux 系统中有一个默认的管理组 wheel，为防止未经授权的用户（假设其知道 root 密码）随意通过 su 命令来切换为 root 用户，可以将允许 su 为 root 身份的特定用户加入 wheel 组。通过设置 /etc/pam.d/su 配置文件，启用只有 wheel 组内的成员才允许使用 su 命令切换到 root 用户的配置项,具体配置如下所示。

```
#%PAM-1.0
auth            sufficient       pam_rootok.so
#auth           sufficient       pam_wheel.so trust use_uid
#Uncomment the following line to require a user to be in the "wheel" group.
auth            required         pam_wheel.so use_uid              //启用该配置
auth            substack         system-auth
auth            include          postlogin
…
```

完成以上设置后,将用户 Alice 添加到 wheel 组

```
#gpasswd -a  Alice wheel                //将用户 Alice 加入 wheel 组
```

此时用户 Alice 可以使用 su 命令切换到 root 身份,其他未加入 wheel 组的用户则不允许使用 su 命令切换到 root。

2)远程登录失败控制策略

可以通过编辑/etc/pam.d/sshd 文件设置用户登录失败的次数。例如,设置用户登录失败次数不能超过 5 次,超过 5 次后,用户账号将被锁定 20 分钟以上,相关操作如下。

```
#vi /etc/pam.d/sshd
//输入:
auth required pam_tally2.so deny=5 locktime=150 unlock_time=1200
deny=n                           //失败登录次数超过 n 次后拒绝访问
lock_time=n                      //失败登录后锁定的时间(秒数)
unlock_time=n                    //超出失败登录次数限制后,解锁的时间
```

3)禁止 root 远程登录策略

出于安全性考虑,Linux 系统通常不允许 root 用户直接远程登录,为此可以通过编辑 SSH 远程登录配置文件来实现该功能。

```
#vi /etc/ssh/sshd_config
//设置:
PermitRootLogin no                //修改配置后保存退出 vi
#systemctl restart sshd           //重启 sshd 远程登录服务
```

此时,如果从远程客户端以 root 账号身份进行 SSH 远程登录,将无法成功。

2. 设置用户密码策略

密码是 Linux 系统对用户进行验证的主要手段。密码安全是 Linux 系统安全的基石。Linux 系统的用户密码策略也类似于 Windows 系统,可以对密码的长度、复杂度以及使用时间等进行设置。

1)密码时效及长度策略

设置用户登录密码的时效及长度可以通过修改/etc/login.defs 文件实现,相关操作如下。

```
#vi /etc/login.defs
//编辑:
PASS_MAX_DAYS        180            //密码最长有效期(天)
PASS_MIN_DAYS        15             //密码修改间隔(天)
PASS_MIN_LEN         8              //密码长度
PASS_WARN_AGE        3              //失效前多少天开始通知
```

2) 用户密码复杂度策略

Linux 系统用户密码的复杂度策略,可以通过编辑/etc/pam.d/system-auth 文件完成。例如,设置新密码不能和旧密码相同,新密码至少 8 位,并且同时包含大写字母、小写字母和数字,相关配置项如下。

```
password requisite pam_pwquality.so try_first_pass local_users_only
\authtok_type= difok=3 minlen=10 ucredit=-1 lcredit=-1 dcredit=-1
```

相关配置参数含义如下。

difok:用于定义新密码中必须要有几个字符和旧密码不同。

minlen:用于设置新密码的最小长度。

ucredit:用于设置新密码中可包含的大写字母最大数目,-1 为至少一个。

lcredit:用于设置新密码中可以包含的小写字母的最大数目。

dcredit:用于设置新密码中可以包含的数字的最大数目。

注:这个密码强度的设定只对普通用户有限制作用,root 用户无论修改自己的密码还是修改普通用户的密码,不符合强度要求依然可以设置成功。

3) 用户密码历史策略

系统管理员通过编辑/etc/pam.d/system-auth 文件,可以设置用户不能重复使用最近若干次已经用过的密码,防止已经用过的密码泄露,导致系统安全性出现问题。例如,设置如下配置参数,将不允许用户使用过去 5 次用过的密码。

```
password sufficient pam_unix.so use_authtok md5 shadow remember=5
```

任务实践

8.1.3 用户账号安全策略实战

1. 配置用户登录安全策略

1) 允许用户切换到 root

```
#vi /etc/pam.d/su                    //编辑/etc/pam.d/su 文件
auth          required               pam_wheel.so use_uid
//修改上述配置行后保存
#useradd Alice
```

```
# passwd Alice                              //添加用户 Alice 并设置密码
# useradd Bob
# passwd Alice                              //添加用户 Bob 并设置密码
# gpasswd -a  Alice wheel                   //将用户 Alice 加到 wheel 组
```

使用 vi 编辑器编辑/etc/pam.d/su 文件,启用允许用户切换账号配置。分别使用 Alice 和 Bob 登录系统,并使用 su 命令切换到 root,此时 Alice 用户可以切换成功,而 Bob 用户提示没有权限,如图 8-3 所示。

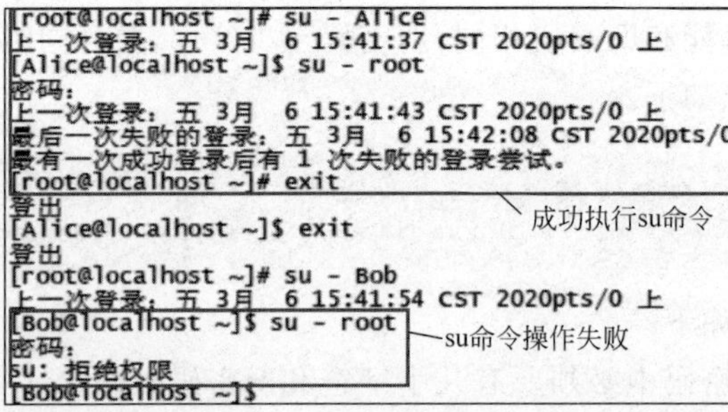

图 8-3 未加入 wheel 组的用户禁止 su 到 root

2) 登录失败控制策略

```
# vi /etc/pam.d/sshd
//编辑
auth required pam_tally2.so deny = 5 locktime = 150 unlock_time = 1200,
//保存并退出
```

使用 SSH 客户端远程系统,使用用户 Alice 登录,输错 5 次密码,可以看到用户被锁定,在锁定时间 1200(秒)内不允许再登录系统。

2. 配置用户密码安全策略

1) 配置新密码复杂度策略

```
# vi /etc/pam.d/system-auth
//编辑
password requisite pam_pwquality.so try_first_pass local_users_only retry = 3 authtok_type
= difok = 3 minlen = 10 ucredit = -1 lcredit = -1 dcredit = -1
//保存并退出
//使用 Alice 用户登录系统
$ passwd                                    //设置用户密码,测试密码复杂度策略
```

上面操作过程中,用户 Alice 将不允许使用不符合密码策略的密码。

2) 配置用户密码历史策略

```
# vi /etc/pam.d/system-auth                 //使用 root 用户登录并编辑
//编辑
```

项目 8　Linux 系统安全管理

```
password sufficient pam_unix.so use_authtok md5 shadow remember = 5
//设置不允许使用过去 5 次用过的 5 个密码
//使用 Alice 用户登录系统
$ passwd                                      //设置用户密码,测试密码历史策略
```

上述操作过程中,Alice 用户将不允许使用过去用过的 5 个密码。

任务拓展

参考用户密码时效性策略配置方法,设置用户密码时效性策略,观察密码时效性策略是否生效。

任务 8.2　管理 firewalld 防火墙

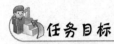

（1）掌握 firewalld 防火墙软件的安装和启动方法。
（2）掌握 firewalld 防火墙区域安全策略的管理方法。
（3）掌握 firewalld 防火墙服务及端口安全的配置方法。

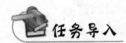

随着互联网的不断发展,计算机网络的安全问题越来越受到人们的关注,防火墙则是网络安全防护的必备产品。防火墙是 Linux 系统主要的安全工具,为系统提供基本的安全防护。firewalld 防火墙是 CentOS 7 系统中使用的新一代动态管理防火墙,具有强大的防火墙功能。下面介绍 firewalld 防火墙的基本知识和配置方法。

8.2.1　防火墙技术概述

1. 防火墙简介

防火墙是工作于主机或网络边缘的隔离工具,它是能对进出本主机或网络的报文根据事先定义好的规则进行匹配检测,并对能被规则匹配的报文做出相应处理的计算机组件(可以是计算机硬件或软件)。防火墙是在内部网和外部网之间、专用网与公共网之间的界面上构造的安全保护屏障,用来阻挡外部网络不安全因素的影响,防止外部网络用户未经授权的访问,是一种计算机硬件和软件的结合。

221

防火墙根据其部署位置可以分为网络防火墙和主机防火墙。网络防火墙是指在外部网络和内部网络之间设置网络防火墙,如图 8-4 所示。主机防火墙是一个位于主机(计算机)和它所连接网络之间的软件或硬件,该计算机所有流入、流出的网络通信信息均要经过此防火墙。

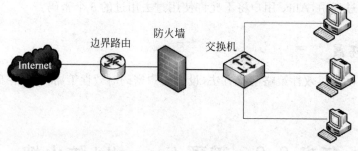

图 8-4 网络防火墙部署位置

2. 防火墙主要功能

防火墙的常见功能如下。
(1) 路由功能:静态路由、动态路由。
(2) NAT 功能:将内部网络的内网 IP 地址转换为公网 IP 地址。
(3) 端口映射:将外网主机一个端口映射到内网中的一台机器,并提供服务。
(4) 安全策略设置:通过对源地址、目的地址、服务等配置实现访问控制。
(5) 会话管理:对通过防火墙设备的会话进行统计、分析、控制等。
(6) VPN 功能:实现 IPSec VPN、SSL VPN 等虚拟专用网功能。
(7) 其他功能:病毒防护、漏洞扫描、上网行为管理等。

防火墙的以上功能根据防火墙产品型号、厂商不同,也会有所不同,用户可根据自身实际需要选择合适的防火墙产品。

8.2.2 firewalld 防火墙

1. 简介

firewalld 防火墙是 Red Hat 7/CentOS 7 系统中支持网络区域定义的动态防火墙工具。firewalld 提供对 IPv4/IPv6 以太网连接的支持,能为系统中的服务或应用程序直接添加防火墙的规则接口,同时 firewalld 拥有动态配置和静态配置两种配置模式。

2. 功能

在 Red Hat 7/CentOS 7 系统中,firewalld 取代了这些 Linux 系统中早期的 iptables 防火墙工具。相对于早期的防火墙工具,firewalld 防火墙不仅能实现常规主机防火墙功能,还有以下两方面的优点。

1）支持动态更新

不用重启服务，随时添加规则，随时生效，这个过程不需要重新装载 netfilter 内核模块，但是要求所有的规则都通过 firewalld 守护进程来实现，以确保守护进程内的防火墙状态和内核中的防火墙状态一致。

2）支持网络区域配置

在配置防火墙时，通过将计算机连接的网络划分成不同的区域，制定出不同网络区域之间的访问控制策略，来控制不同区域间传送的数据流。例如，一般认为互联网是不可信任的区域，而内部网络是高度可信任的区域。firewalld 预先为不同的区域准备了几套防火墙策略集合（策略模板），用户可以根据生产场景的不同而选择合适的策略集合，从而实现防火墙策略之间的快速切换。

3．常用区域及策略

firewalld 中的常用区域如表 8-3 所示。

表 8-3　firewalld 中的常用区域名称及策略规则

区　　域	默认策略规则
trusted	允许所有的数据包进出
home	拒绝进入的流量，除非与出去的流量相关
Internal	等同于 home 区域
work	拒绝进入的流量，除非与出去的流量相关；如果流量与 ssh、ipp-client 与 dhcpv6-client 服务相关，则允许进入
public	拒绝进入的流量，除非与出去的流量相关；如果流量与 ssh、dhcpv6-client 服务相关，则允许进入
external	拒绝进入的流量，除非与出去的流量相关；如果流量与 ssh 服务相关，则允许进入
dmz	拒绝进入的流量，除非与出去的流量相关；如果流量与 ssh 服务相关，则允许进入
block	拒绝进入的流量，除非与出去的流量相关
drop	拒绝进入的流量，除非与出去的流量相关

注：CentOS 7 系统中 firewalld 防火墙的默认区域是 public。

8.2.3　firewalld 防火墙的配置方法

1．管理 firewalld 防火墙服务

安装 CentOS 7 系统时若采用了默认方式，则已经安装了 firewalld 防火墙，并且 firewalld 防火墙服务默认处于启动状态。管理 firewalld 防火墙的相关命令如下。

```
# rpm -qi firewalld                //查询软件安装
# systemctl start firewalld        //启动防火墙
# systemctl stop firewalld         //关闭防火墙
# systemctl restart firewalld      //重启防火墙
```

```
# systemctl enable firewalld          //开机启动防火墙
# systemctl disable firewalld         //开机不启动防火墙
# systemctl status firewalld          //查看防火墙服务状态
```

2. 配置 firewalld 防火墙

firewall-cmd 是 firewalld 防火墙命令行界面下的管理工具,通过使用 firewall-cmd 命令,用户可以很方便地管理 firewalld 防火墙。

1) firewall-cmd 主要选项

在使用 firewall-cmd 命令配置 firewalld 防火墙时,其主要配置选项如下。

--get-default-zone:查询默认的区域名称。

--set-default-zone=<区域名称>:设置默认的区域,使其永久生效。

--get-zones:显示可用的区域。

--get-services:显示预先定义的服务。

--get-active-zones:显示当前正在使用的区域与网卡名称。

--add-source:将源自此 IP 或子网的流量导向指定区域。

--remove-source:不将源自此 IP 或子网的流量导向某个区域。

--add-interface=<网卡名称>:将源自该网卡的所有流量导向某个区域。

--change-interface=<网卡名称>:将某个网卡与区域进行关联。

--list-all:显示当前区域网卡参数、端口及服务等信息。

--list-all-zones:显示所有区域网卡参数、端口及服务等信息。

--add-service=<服务名>:设置默认区域允许该服务的流量。

--add-port=<端口号/协议>:设置默认区域允许该端口的流量。

--remove-service=<服务名>:设置默认区域不再允许该服务的流量。

--remove-port=<端口号/协议>:设置默认区域不再允许该端口的流量。

--reload:让"永久生效"的配置规则立即生效。

--panic-on:开启应急状况模式。

--panic-off:关闭应急状况模式。

2) firewall-cmd 命令的常用方法

firewall-cmd 命令的常用方法如下。

(1) 查看当前防火墙状态。

```
firewall-cmd --state
```

(2) 添加允许访问 80 端口并永久生效。

```
firewall-cmd --zone=public --add-port=80/tcp --permanent
```

(3) 添加 https 服务访问并永久生效。

```
firewall-cmd --zone=public --add-service=https --permanent
```

(4) 在 public 区域中移除 80 端口。

firewall-cmd --zone=public --remove-port=80/tcp --permanent

(5) 将网络接口添加到 public 区域。

firewall-cmd --zone=public --add-interface=ens33

(6) 重新载入使防火墙配置生效。

firewall-cmd --reload

(7) 查看当前防火墙允许的端口。

firewall-cmd --list-ports

(8) 移除 work 区域中的 smtp 服务。

firewall-cmd --zone=work --remove-service=smtp

(9) 显示防火墙支持的区域列表。

firewall-cmd --get-zones

(10) 设置当前区域为家庭区域。

firewall-cmd --set-default-zone=home

(11) 查看当前配置的区域。

firewall-cmd --get-active-zones

当然,用户也可以直接修改/etc/firewalld/zones/目录下的 firewalld 防火墙区域配置的 XML 文件,实现防火墙策略设置。例如,/etc/firewalld/zones/目录下的 public.xml 文件实现对 firewalld 防火墙的 public 区域的配置。

任务实践

8.2.4 firewalld 防火墙配置实战

1. firewalld 防火墙的安装及启动

```
# rpm -qi firewalld              //未安装则使用 yum 工具安装
# systemctl status firewalld     //观察防火墙运行状态
```

```
# systemctl status firewalld            //启动 firewalld 防火墙
# firewalld-cmd --state                 //查看防火墙运行状态
```

2. firewalld 区域安全策略管理

1) 查看区域安全策略

```
# firewall-cmd --get-zones
# firewall-cmd --list-all-zones         //列出全部区域安全特性
# firewall-cmd --zone=public --list-all //列出 public 策略
# firewall-cmd --get-active-zones       //获取活动区域及其接口
```

2) 设置系统默认安全区域

```
# firewall-cmd --set-default-zone=home  //设置默认区域为 home
# firewall-cmd --get-default-zones
```

3. firewalld 服务及端口安全管理

1) 配置 firewalld 允许访问 httpd 服务

```
# firewall-cmd --set-default-zone=public        //设置默认区域为 public
# firewall-cmd --list-services
# firewall-cmd --add-service=httpd --permanent  //添加允许访问 httpd 服务
# firewall-cmd --list-services
# firewall-cmd -reload                          //重新加载防火墙让配置生效
```

此时用户使用网页浏览器访问 httpd 服务,假设系统中该服务已经安装并正确启动,将可以访问到服务器上的相关网页,如图 8-5(a)所示。

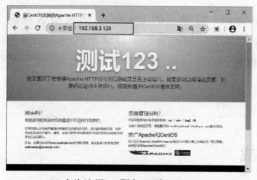

(a) 允许访问http服务(80端口)　　　(b) 不允许访问Tomcat服务(8080端口)

图 8-5　防火墙启用时访问 80 和 8080 端口

2) 安装并访问 Tomcat 服务程序

参考 6.2.4 小节配置 JDK 环境并启动 Tomcat 服务器软件,查看 8080 端口的监听情况。从 Windows 系统中的浏览器访问 Linux 系统的 Tomcat 服务器,此时因默认防火墙区域策略不允许访问 8080 端口,Tomcat 服务器上的网页将无法访问,如图 8-5(b)所示。

```
#startup.sh                              //启动 tomcat 服务器
#ss -tln | grep :8080                    //查看 8080 端口
```

3)配置 firewalld 允许访问 8080 端口

```
#firewall-cmd --list-ports
#firewall-cmd --add-port=8080/tcp --permanent    //允许访问 8080 端口
#firewall-cmd --reload                           //重新加载防火墙使配置生效
#firewall-cmd --list-ports
```

再次从 Windows 系统中的网页浏览器访问 Linux 系统的 Tomcat 服务器,此时看到可以访问 Tomcat 服务首页,如图 8-6 所示。

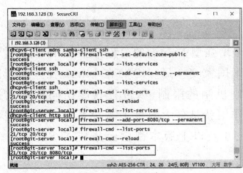

(a) 设置允许访问8080端口　　　　　　　(b) 成功访问Tomcat服务器

图 8-6　添加允许 8080 端口后成功访问 Tomcat 服务器

 任务拓展

启用 firewalld;配置 Linux 系统防火墙安全规则,允许外部访问 Web 服务;允许通过局域网访问 FTP 服务器及 MySQL 数据库服务器。

任务 8.3　配置 SELinux 安全模块

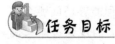 **任务目标**

(1)理解 SELinux 安全模块的基本工作过程。
(2)掌握 SELinux 安全运行模式的配置方法。
(3)掌握 SELinux 安全上下文配置命令的使用方法。

任务导入

Linux 系统中存在各种各样的资源,如服务、文件、目录等。为了保证系统资源的安全,Linux 系统使用了一种称为 SELinux 的安全强化机制,该机制为进程和文件加入了除权限之外更多的限制,来确保对系统中资源的安全访问。下面介绍 Linux 系统中 SELinux 的基本概念及配置方法。

任务知识

8.3.1 SELinux 安全机制概述

1. SELinux 简介

1) SELinux 安全机制

SELinux 是 security-enhanced Linux(安全增强型 Linux)的简称,是 Linux 发展过程中使用的杰出的安全子系统。SELinux 是美国国家安全局(NSA)在 Linux 社区的帮助下开发的一种访问控制机制,在这种访问控制机制的限制下,进程只能访问那些它运行中所需的资源。SELinux 安全机制的主要作用就是最大限度地减小系统中的进程可访问的资源,即最小权限原则。Linux 内核 2.6 及以上版本都已经集成了 SELinux 安全模块。

2) DAC 和 MAC 控制方式

访问控制是指控制对一台计算机或一个网络中的某个资源的访问。有了访问控制,用户在获取实际访问资源或进行操作之前,必须通过识别、验证、授权。Linux 系统中,对文件资源的访问有 DAC 和 MAC 两种不同的访问控制方式。

(1) DAC 自主访问控制。DAC(discretionary access control)是 Linux 系统的默认访问控制方式。就是依据用户的身份和该身份对文件及目录的 rwx 权限来判断是否可以访问。在 DAC 访问控制实际使用中存在一些安全上的问题,例如,root 用户权限过高,rwx 权限对 root 用户并不起作用,一旦 root 用户账号被窃取或者 root 用户误操作,则对整个系统将产生致命威胁。

(2) MAC 强制访问控制。MAC(mandatory access control)是指通过 SELinux 默认策略规则来控制进程对系统文件资源的访问。在 MAC 方式下,即使是 root 用户,访问资源时,如果使用了不正确的进程,也可能不能访问这个资源。每个进程能够访问哪个文件资源以及每个文件资源可以被哪些进程访问,必须由系统的 SELinux 的规则策略来确定。当然,在 SELinux 机制中,Linux 系统的默认权限还起作用的,在一个用户访问一个文件时,实际上系统既要求这个用户的访问权限符合 rwx 权限要求,也要求这个用户执行的进程符合 SELinux 的规定。

3) SELinux 机制的工作流程

在 SELinux 工作机制下,当一个访问者(主体,如一个应用)试图访问一个被访问者(目标,如一个文件),Linux 内核中的 SELinux 安全服务策略将检查 AVC(access vector cache),在 AVC 中,主体和目标的权限已被缓存(cached)。然后根据查询结果允许或拒绝访问,如图 8-7 所示。

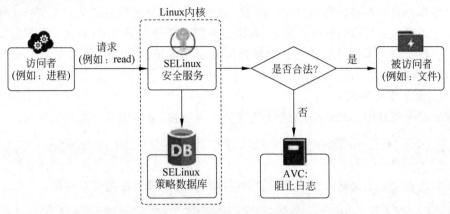

图 8-7　SELinux 安全机制工作流程

图 8-7 中,SELinux 安全机制工作流程最左侧为访问者,指系统中的服务、进程或用户等,最右侧是被访问者。

当访问者访问被访问者(资源)时,需要调用内核的接口。以读取某个目录中的文件为例,需要读取(read)接口。此时会经过 SELinux 内核的判断逻辑,该逻辑根据策略数据库的内容确定访问者是否有权限访问被访问者(资源),如果有对应权限则被允许放行;否则就拒绝并记录到系统的审计日志。

2. SELinux 安全相关概念

1) 主体(subject)

主体是指要访问文件或目录资源的进程,要想获得资源,需要由用户调用命令,由命令产生进程,再由进程去访问系统的文件资源。在 DAC 自主访问控制系统中,权限控制的主体是用户;而在 MAC 强制访问控制系统中,即 SELinux 机制下,策略规则控制的主体是进程。

2) 目标(object)

目标是指一个进程需要访问的具体资源,如文件、目录或者网络套接字等。

3) 策略(policy)

在 Linux 系统中,进程与文件的数量庞大,限制进程是否可以访问文件的 SELinux 规则数量较为烦琐,如果每个规则都需要系统管理员手动设定,那么 SELinux 的工作效率就很低。SELinux 安全机制默认定义了 Targeted、MLS 以及 Minimum 三个策略,每个策略分别实现了可满足不同需求的访问控制。规则都已经在这些策略中写好,只要在系统中设置策略就可以正常使用。

3. SELinux 安全上下文

1）安全上下文简介

安全上下文（security context）是 SELinux 的核心机制，是 SELinux 为进程和文件添加的安全信息标签，如用户、角色、类型、类别等。当启用 SELinux 安全机制后，所有这些信息都将作为对资源进行访问控制的依据。安全上下文分为进程安全上下文和文件安全上下文。进程是否可以访问文件资源，取决于它们的安全上下文，即看这个进程的安全上下文与文件安全上下文是否匹配。如果进程的安全上下文和文件的安全上下文能够匹配，则该进程可以访问这个文件。

2）安全上下文格式

在 Linux 系统中，SELinux 安全上下文有 5 个字段，分别用冒号隔开。例如：

身份：角色：类型：灵敏度：[类别]

在上述安全上下文格式中，[类别]为可选项，其他字段为必选项。例如：

system_u:object_r:admin_home_t:s0

3）安全上下文格式

下面对安全上下文格式中的 5 个字段的含义进行简要说明。

（1）身份（user）。用于标识该数据被哪个身份所拥有，相当于权限中的用户身份，常见的身份类型有以下 3 种。

root：表示安全上下文的身份是 root。

system_u：表示系统用户身份。

user_u：表示一般用户账号身份。

身份字段只用于标识数据或进程被哪个身份所拥有，一般系统数据的 user 字段就是 system_u，而用户数据的 user 字段就是 user_u。

（2）角色（role）。主要用来表示此数据是进程还是文件或目录。这个字段在实际使用中也不需要修改，所以了解即可。常见的角色有以下两种。

object_r：代表该数据是文件或目录。

system_r：代表该数据是进程。

（3）类型（type）。类型字段是安全上下文中最重要的字段，进程是否可以访问文件，主要就是看这个进程安全上下文的类型字段是否和文件的安全上下文类型字段相匹配，如果匹配则可以访问。

（4）灵敏度（sensitivity）。灵敏度一般是用 s0、s1、s2 来命名的，数字代表灵敏度的分级，数值越大，代表灵敏度越高。

（5）类别（category）。类别字段不是必须有的，所以在使用 ls 和 ps 命令查询文件和进程安全上下文时，不会显示该字段。

8.3.2 SELinux 安全机制配置方法

1. 设置 SELinux 工作模式

1) SELinux 工作模式简介

SELinux 提供了 3 种工作模式：Disabled、Permissive 和 Enforcing，而每种模式都为 Linux 系统安全提供了不同的用途。

（1）Disable（禁用模式）。在 Disable 模式中，SELinux 被禁用，系统使用默认的 DAC 访问控制方式。对于那些不需要增强安全性的环境来说，使用该模式较为方便。需要注意的是，在禁用 SELinux 之前，需要考虑是否可能会在系统上再次启用 SELinux，如果以后重新设置为 Enforcing 或 Permissive 模式，那么下次重启系统时，系统将会启动一个 SELinux 程序自动标记进程，此时需要较长的系统启动时间。

（2）Permissive（宽容模式）。在 Permissive 模式中，SELinux 被启用，但安全策略规则并没有被强制执行。当安全策略规则应该拒绝访问时，相关访问仍然被允许，不过，系统此时会向 SELinux 日志文件发送一条消息，表示本次访问应该被拒绝。Permissive 模式主要用于审核当前的 SELinux 策略，测试新应用程序以及解决某一特定服务或应用程序在 SELinux 下工作不正常的故障。

（3）Enforcing（强制模式）。在 Enforcing 模式中，SELinux 机制被启动，并强制执行所有的安全策略规则。当安全策略规则应该拒绝访问时，相关访问将被拒绝。

2) SELinux 工作模式设置方法

SELinux 工作模式可以在/etc/SELinux/config 文件中进行设置。通过编辑配置文件中的配置项"SELINUX＝配置值"，配置值改为对应模式的配置值就可以实现 SELinux 配置模式的修改。如配置为 SELINUX＝disabled，重新启动 Linux 系统后，SELinux 就被禁用。

如果想从 Disabled 模式切换到 Enforcing 或者 Permissive 模式，需要重新启动 Linux 系统使配置生效，反之亦然。而在 Enforcing 和 Permissive 两种模式间切换，通过命令 setenforce 1|0 就可以快速完成。

2. 配置 SELinux 策略类型

对于 SELinux 来说，所选择的策略类型直接决定了使用哪种策略规则来执行主体（进程）可以访问的目标（文件资源）。不仅如此，策略类型还决定需要哪些特定的安全上下文属性。

1) SELinux 三种策略类型

SELinux 提供三种不同的策略供用户选择，分别是 Targeted、MLS 以及 Minimum。每个策略分别实现了可满足不同需求的访问控制。以下分别对这些策略类型进行简要说明。

（1）Targeted 策略。Targeted 策略主要对 Linux 系统中的服务进程访问控制，同时，它还可以限制其他进程和用户。在此环境中，服务进程被放入沙盒（sandbox），会被严格限制，即使通过此类进程引发的恶意攻击也不会影响到其他服务或整个系统。

(2) MLS 策略。MLS 是 multi-level security 的缩写,该策略会对系统中的所有进程进行控制。启用 MLS 之后,用户即使执行最简单的指令(如 ls),都会报错。

(3) Minimum 策略。Minimum 策略的意思是"最小限制",该策略最初是针对低内存计算机或者设备(如智能手机)而创建的。从本质上来说,Minimun 和 Target 类似,不同之处在于,Minimun 仅使用基本的策略规则包;对于低内存设备来说,Minimun 策略允许 SELinux 在不消耗过多资源的情况下运行。

2) 配置 SELinux 策略类型

(1) 查询策略类型。通过 sestatus 命令可以查看系统中所使用的 SELinux 的策略类型。例如:

```
#sestatus                              //将显示以下信息
SELinux status: enabled
SELinuxfs mount: /selinux
Current mode: enforcing
Mode from config file: enforcing
Policy version: 24
Policy from config file: targeted
```

以上信息说明当前 SELinux 策略是针对性保护策略,即 targeted。

(2) 配置 SELinux 策略类型。SELinux 策略类型的配置较为简单,和 SELinux 工作模式的配置类似,通过修改/etc/selinux/config 配置文件即可以完成策略类型设置。该部分配置文件内容如下。

```
# SELINUXTYPE = can take one of these two values:
# targeted - Targeted processes are protected,
# minimum - Modification of targeted policy. Only selected processes are protected.
# mls - Multi Level Security protection.
SELINUXTYPE = targeted
```

以上配置项把 SELinux 的策略类型配置为 Targeted 类型。

3. 查看安全上下文

1) 查看文件安全上下文

在 Linux 系统中,可以通过 ls -Z 命令查看 SELinux 文件安全上下文信息。例如:

```
#ls -Z /root/anaconda-ks.cfg                    //将看到文件安全上下文,具体如下
-rw-------. root root system_u:object_r:admin_home_t:s0 anaconda-ks.cfg
#ls -Zd /var/www/html/                          //将看到目录安全上下文,显示如下
drwxr-xr-x. root root system_u: object_r: httpd_sys_content_t: s0 /var/www/html/
```

文件安全上下文由文件创建的位置和创建文件的进程所决定,系统有一套默认值,用户可以根据需要对默认值进行设置。需要注意的是,简单的移动文件操作并不会改变文件的安全上下文。

2）查看进程安全上下文

在 Linux 系统中，可以通过 ps -Z 命令查看 SELinux 文件安全上下文信息。例如：

```
# systemctl start httpd
# ps -auxZ | grep httpd              //将看到 httpd 进程安全上下文,具体如下
unconfined_u: system_r: httpd_t: s0 root 25620 0.0 0.5 11188 3304 ? Ss
03: 44 0: 02 /usr/sbin/httpd
...
```

4. 设置安全上下文

SELinux 安全上下文的修改和设置可以使用 chcon 和 restorecon 命令来完成，以下对两个命令进行简要说明。

1）chcon 命令

（1）语法格式。

```
chcon [选项] 文件或目录
```

（2）选项说明。

-R：递归，当前目录和目录下的所有子文件同时设置。

-t：修改安全上下文的类型字段，最常用。

-u：修改安全上下文的身份字段。

-r：修改安全上下文的角色字段。

（3）命令实例

```
# echo 'test page!' >> /var/www/html/index.html
//在/var/www/html/目录下创建一个测试网页文件,此时通过浏览器可访问到网页
# ls -Z /var/www/html/index.html          //查看该文件安全上下文,具体如下
-rw-r--r--. root root unconfined_u:object_r:httpd_sys_content_t:s0 /var/www/html/index.html
```

该网页文件的文件安全上下文类型是 httpd_sys_content_t。可以通过使用 chcon 命令将其安全上下文类型改为 var_t，命令如下。

```
# chcon -t var_t /var/www/html/index.html
# ls -Z /var/www/html/index.html
-rw-r--r--. toot root unconfined_u:object_r:var_t:s0 /var/www/html/index.html
```

执行以上命令后，该网页文件的文件安全上下文类型已经被修改为 var_t。此时再次从浏览器访问该网页文件，发现提示 Forbidden，即禁止访问，因为此时 Apache httpd 服务的进程安全上下文和该网页文件的文件安全上下文不再匹配。

2）restorecon 命令

SELinux 的安全上下文设置机制比较完善，通过使用 restorecon 命令可以修复安全上下文不匹配所引起的一些问题。

(1) 语法格式

```
restorecon [选项] 文件或目录
```

(2) 选项说明

-R：将当前目录和目录下所有的子文件同时恢复。
-V：将恢复过程显示到屏幕上。

(3) 命令实例

```
# restorecon -Rv /var/www/html/index.html
restorecon reset /var/www/html/index.html context
unconfined_u:object_r:var_t:s0->unconfined_u:object_r:httpd_sys_content_t:s0
# ls -Z /var/www/html/index.html
-rw-r--r--. root root unconfined_u:object_r:httpd_sys_content_t:s0 /var/www/html/index.html
```

上述信息表示相关文件的安全上下文信息从 var_t 恢复为 httpd_sys_content_t，表示文件安全上下文已经恢复正常，对 index.html 网页可以正常访问。

8.3.3 SELinux 安全模块配置实战

1. 启用 SELinux 安全模块

1) 修改 SELinux 配置文件

```
# ls -l /etc/selinux                //查看 SELinux 相关文件
# cat /etc/selinux/config           //查看 SELinux 配置模式
```

然后修改系统的 SELinux 配置，启用强制访问控制配置，设置为 targeted 策略。

2) 临时修改 SELinux 配置模式

```
# setenforce 1                      //启用 SELinux 安全配置
# getenforce
# sestatus -v
```

2. 配置 SELinux 安全上下文

1) 安装并启动 httpd 服务

```
# rpm -qi httpd                     //查看 httpd 服务软件是否安装
# yum -y install httpd              //如未安装则安装 httpd 软件
# systemctl start httpd             //启动 httpd 服务
```

2）设置 httpd 安全上下文

```
# echo "Test SELinux" > /root/test.html        //创建测试文件
# ls -Z /root/test.html                         //查看安全上下文
# mv /root/test.html /var/www/html              //移动文件到 www 目录
# ls -Z /root/test.html                         //再次查看安全上下文
```

使用网页浏览器访问 test.html 网页，结果如图 8-8 所示。

```
# chcon -t httpd_sys_content_t /var/www/html/test.html
```

使用网页浏览器再次访问 test.html 网页，网页访问成功，如图 8-9 所示。

图 8-8　访问从/root 目录移动来的网页文件

图 8-9　修改安全上下文后访问网页文件正常

3. 设置 SELinux 安全布尔值

1）启用 httpd 服务的用户主页功能（假设已创建 Alice 用户）

执行以下操作，编辑 httpd 个人主页配置文件。

```
# vi /etc/httpd/conf.d/userdir.conf
<IfModule mod_userdir.c>
    ...
    #
    UserDir enabled Alice              //启用个人主页功能
    #
    ...
    UserDir public_html 设置个人网页目录
</IfModule>
```

继续执行下列命令，创建用于测试的 Alice 用户的个人主页。

```
# mkdir /home/Alice/public_html                 //创建个人主页目录
# cd /home/Alice/public_html
# echo "Alice 's Web" > index.html              //创建个人主页测试文件
# chmod 711 /home/Alice
# chown -R Alice.Alice /home/Alice/public_html
# chmod 755 /home/Alice/public_html
# systemctl restart httpd                       //重新启动 httpd 服务
```

2）测试个人主页网页访问

使用浏览器访问 Alice 的个人主页，结果如图 8-10 所示，说明默认 SELinux 配置的安全上下文禁止访问用户个人主页目录下的网页。

3）修改个人主页目录的 SELinux 安全上下文

```
# setsebool -P httpd_enable_homedirs true
# restorecon -Rv /home/Alice/public_html                //修复安全上下文
# ls -Z /home/Alice/public_html
```

再次使用浏览器访问 Alice 的个人主页，结果如图 8-11 所示。可以看到，在修改 SELinux 布尔值及安全上下文后，允许访问个人主页目录中的网页。

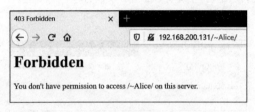
图 8-10　不允许访问 Alice 个人主页

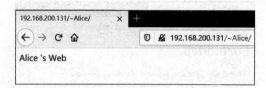
图 8-11　修改安全上下文后允许访问个人主页

任务拓展

配置 httpd 服务的监听端口为 8088；安装 policycoreutils-python 包；配置 SELinux 的端口安全标签，允许用户访问系统 8088 端口上的 Web 服务。

项目总结

本项目介绍了 Linux 系统安全配置基本知识，包括 Linux 系统安全功能以及 Linux 用户账号安全、防火墙配置及 SELinux 安全设置等基本内容。通过学习，读者能掌握 Linux 系统用户账号基本安全配置，firewalld 防火墙基本配置和管理，并能通过 SELinux 安全上下文的设置提升系统访问的安全性。

项目实训

1. 配置 Linux 系统用户账号及密码安全策略，禁止 root 用户直接进行 SSH 远程登录；配置密码安全性策略，用户输错密码 3 次将被锁定 15 分钟。

2. 配置 Linux 的 firewalld 防火墙安全策略，允许外部计算机访问 Tomcat 应用服务器首页。

3. 配置 Linux 系统的 SELinux 安全模块，在启用 SELinux 安全机制时，允许访问用户的个人主页。

项目 9　编写 Shell 脚本程序

世上无难事,只要肯登攀。

——毛泽东

项目目标

【知识目标】
(1) 了解 Shell 脚本的编写及运行方法。
(2) 了解 Shell 变量的定义和使用方法。
(3) 理解 Shell 运算符和表达式的使用方法。
(4) 理解 Shell 基本控制语句的语法及功能。
(5) 理解 Shell 脚本函数的定义方法及功能。

【技能目标】
(1) 掌握 Shell 变量和运算符的使用方法。
(2) 掌握选择及循环控制语句的使用方法。
(3) 掌握 Shell 中函数的定义和调用方法。
(4) 掌握 Linux 运维脚本程序的编写方法。

项目内容

任务 9.1　Shell 脚本程序编写概述
任务 9.2　编写选择及循环结构程序
任务 9.3　编写函数调用 Shell 脚本程序

任务 9.1　Shell 脚本程序编写概述

(1) 理解 Linux 系统 Shell 脚本程序的功能。
(2) 掌握算术运算符及运算命令的使用方法。
(3) 掌握关系运算及逻辑运算符的使用方法。
(4) 掌握 read 和 echo 输入输出命令的使用方法。
(5) 掌握文件测试运算符的功能及使用方法。

任务导入

通过 Shell,用户不仅可以非常方便地使用命令完成 Linux 系统的各项操作,还能够通过编写 Shell 脚本程序使系统中的很多任务自动化完成,从而大大提高系统运维管理的工作效率,减少很多重复劳动。下面介绍 Linux Shell 脚本程序编写的基础知识。

9.1.1 Shell 脚本程序简介

Shell 是 Linux 系统的重要组成部分,它不仅可以解释执行用户输入的命令,还可以运行 Shell 脚本程序的方式完成系统的高效管理。

1. Shell 脚本程序的基本概念

Shell 脚本程序是一种用 Linux 系统的 Shell 程序设计语言编写的脚本代码程序,通常简称 Shell 脚本。Linux 系统的 Shell 可以交互式地解释和执行用户输入的命令,是用户使用 Linux 系统的桥梁。同时,Shell 允许用户在 Shell 脚本程序中定义各种变量和参数,并提供在高级语言中才具有的控制结构,控制程序执行流程,完成用户指定的功能。

Shell 脚本程序是在 Linux 系统的 Shell 中编写和运行的,虽然 Shell 不是 Linux 系统内核的一部分,但它调用了系统核心的大部分功能,建立文件并以并行的方式协调各个程序的运行。因此,对于用户来说,Shell 是最重要的实用程序,熟练掌握 Shell 命令的使用,深入了解其编程功能,是学会 Linux 系统运维和管理的关键。

Linux 系统中有多种不同的 Shell 程序,常见的 Shell 程序有 Bourne Again Shell (/bin/bash)、C Shell(/usr/bin/csh)、K Shell(/usr/bin/ksh)等,其中使用最多的是/bin/bash,本项目主要使用 bash 来介绍 Linux 系统中 Shell 脚本程序的编写方法。

2. 编写及运行 Shell 脚本程序

1) 编辑 Shell 脚本程序

Shell 脚本程序的编写方法和 JavaScript、PHP 等编程语言一样,只要有一个能编写代码的文本编辑器,如 vi/vim 编辑器,就可以开始了。Shell 脚本程序的扩展名一般为 .sh。例如,使用 vi myfirst.sh 命令可以开始编辑一个 Shell 脚本,并输入需要的程序代码。以下命令演示使用 vi 编辑器来编辑 Shell 脚本程序文件的方法。

```
#vi myfirst.sh                //使用 vi 编辑 myfirst.sh 脚本文件
#!/bin/bash                   //Shell 脚本中的第一行指定脚本解释程序
#This is my first script      //以#开始的行是 Shell 脚本程序的注释
echo "Hello World!"           //Shell 脚本程序代码
```

编辑结束,保存文件后,将在当前目录下建立一个名为 myfirst.sh 的 Shell 脚本程序文件。

2) Shell 脚本程序的组成

在上面的 Shell 脚本程序中,第一行是♯!/bin/bash。♯!是一个约定的标记,它告诉 Linux 系统,当前脚本程序运行需要使用的解释器。第二行♯及其后面的文本是程序的注释,用于对当前脚本功能用途等进行简单说明,这部分内容可以根据需要将其加入脚本程序。除了第一行♯!/bin/bash 及♯注释部分之外的其他内容,是一个脚本完成具体功能的命令代码,系统将解释执行相关命令代码,完成用户指定的功能。

3) 运行 Shell 脚本程序方法

和 C 语言或 Java 语言不同,Shell 一种解释型的语言,运行 Shell 脚本通常需要把系统中的某种 Shell 作为程序的解释器。运行 Shell 脚本程序主要有以下两种方法:直接使用 bash 命令运行和为脚本文件设置可执行权限,如下所示。

```
♯cat myfirst.sh                    //查看脚本文件内容
♯!/bin/bash
♯This is my first script
echo "Hello World!"
♯bash myfirst.sh                   //使用 bash 直接运行脚本
Hello World!
♯./myfirst.sh                      //权限不够,无法运行脚本
-bash: ./myfirst.sh: 权限不够
♯chmod u+x myfirst.sh              //为脚本程序添加执行权限
♯./myfirst.sh                      //添加执行权限后成功运行
Hello World!
```

9.1.2 Shell 变量及输入/输出命令

1. Shell 中的变量

和 C 语言等其他高级程序语言一样,Shell 脚本语言也有变量,Shell 中的变量可以用于保存系统的路径名、文件名或数值等。Shell 中的变量分为以下 4 种类型:环境变量、本地变量、位置变量和特殊变量,它们分别在 Shell 程序运行中起着不同作用。在访问 Shell 变量的值时,需要在变量名前加上＄字符,也可以根据需要给变量名加上{}符,如 echo ＄PATH 或 echo ＄{PATH}。

1) 本地变量

本地变量是指用户按照 Shell 语法要求自己定义的变量"定义本地变量的基本格式是"变量名=变量值",例如:

```
filename = "hello.java"
```

若要定义一个只读变量,则可以使用格式"readonly 变量名=变量值"。只读变量的值在后面的脚本代码中不允许被修改。

通过以上几种方式定义的变量都只是当前 Shell 的局部变量,不能被其他命令或 Shell 程序访问。若要定义全局变量,可使用格式"export 变量名=变量值"。全局变量在 Shell 的所有命令或程序中都可以被访问,例如:

```
export count = 100                              //定义名为 count 的全局变量
```

2）环境变量

环境变量是指与 Shell 运行环境相关的一些变量,环境变量在 Shell 启动时就已在/etc/profile 文件中定义好。要查看系统中所有环境变量,可使用 env 命令;使用 echo 命令可以查看单个环境变量值,如 echo $PATH。

使用 set 命令可以查看所有本地定义的环境变量值,使用 unset 命令可以删除指定的环境变量。常见的 Shell 环境变量及其功能说明如表 9-1 所示。Linux 系统下各种环境变量都是通过修改/etc/profile 文件来实现的,由于是系统文件,修改此文件需要 root 权限。

表 9-1　常见的 Shell 环境变量及其功能说明

变 量 名	说　　明	变 量 名	说　　明
HOME	当前用户的家目录	PWD	用户的当前目录
PATH	命令搜索路径	UID	当前用户标识符
LOGNAME	用户登录名	TERM	终端的类型
PS1	第一命令提示符,是#或$	SHELL	用户的 Shell 类型及路径
PS2	第二命令提示符,默认是>	HISFILE	存储历史命令的文件

3）位置变量

位置变量有时也称为位置参数,一般作为 Shell 脚本运行时的参数。位置变量的值可以用 $n 得到,n 是一个数字。位置变量最多有 9 个,从 $1 到 $9。Linux 系统会把执行 Shell 脚本时输入的命令字符串进行分段,并给每段进行编号后赋值给对应的位置变量。位置变量编号从 0 开始,$0 即脚本程序名,从 $1 开始就表示传递给程序的参数,$1 表示传递给程序的第 1 个参数,$2 表示第 2 个参数,以此类推。

4）特殊变量

特殊变量和系统的环境变量相似,也是在 Shell 启动时就定义好的变量。与环境变量不同的是,用户不能修改预定义变量,只能引用这些变量。所有特殊变量都是由"$"和变量符号组成的,常用的 Shell 特殊变量及其含义如表 9-2 所示。

表 9-2　常见 Shell 特殊变量及其功能说明

变 量 名	说　　明
$#	不包括命令在内的命令行参数的数目
$*	命令行所有参数组成的字符串
$@	命令行所有参数组成的字符串
$n	n 为数字,$0 表示命令名称,$1 表示命令第 1 个参数,以此类推
$?	上一个命令的返回值,如果正常退出则返回 0,反之为非 0 值
$$	当前进程的 PID
$!	后台运行的最后一个进程的 PID

2. Shell 的输入/输出命令

1) echo 输出命令

Shell 中的 echo 命令用于在命令行或者 Shell 脚本程序中输出字符串信息。

(1) 语法格式

```
echo[选项][字符串]
```

(2) 选项说明

echo 命令常用选项及其功能说明如表 9-3 所示。

表 9-3 echo 常用选项及其功能说明

选 项	功 能 说 明
-n	不输出行末的换行符号(内容输出后不换行)
-e	支持反斜杠控制的字符转换(如回车键\r、制表符\t 等)
-E	取消反斜杠转义(echo 命令的默认项)

(3) 命令实例

```
# echo "Hello world"          //输出 Hello world
Hello world
# echo $PATH                  //输出 PATH 环境变量的值
/sbin:/usr/sbin:/bin:/usr/bin
```

2) read 输入命令

read 命令用于从标准输入设备(如键盘)读取数据,也可以从一个文件中读取一行数据。

(1) 语法格式

```
read[选项] [变量名或变量名列表]
```

(2) 选项说明

read 命令常用选项及其功能说明如表 9-4 所示。

表 9-4 read 命令常用选项及其功能说明

选 项	功 能 说 明
-a	后跟一个变量,该变量会被视为一个数组
-p	后面跟提示信息,即在输入前打印提示信息
-n	后跟一个数字,用于定义输入文本的长度
-s	安静模式,在输入字符时屏幕不显示,如登录时输入密码
-t	后跟秒数,用于定义输入字符串的等待时间
-u	后跟 fd 文件描述符,从文件中读入

(3) 命令实例

```
# read num                              //输入值到变量 num
5
# echo $ num                            //输出 num 变量值
5
# read -p "Your choice:" ch             //输入变量 ch 值
Your choice:A
# echo $ ch                             //输出 ch 变量值
A
```

3) 使用 read 和 echo

以下 Shell 脚本程序 test_io.sh 中,使用 echo 命令输出系统变量的值,并使用 read 命令输入一个用户的用户名,代码如下。

```
#!/bin/bash
# test_io.sh                            //测试 Shell 输入/输出命令
echo "Script Name    : $ 0"
echo "First Params   : $ 1"
echo "First Params   : $ 2"
echo "Quoted Values  : $ *"
echo "Total Params   : $ #"
echo "The Process ID : $ $"
echo "The Return Value: $ ?"
read -p "Please input your username : " yourname
echo "Your name is: $ yourname."
```

通过执行 chmod +x test_io.sh 命令可以为 test_io.sh 脚本程序添加可执行权限,相关命令操作及脚本程序运行结果如下。

```
# chmod +x test_io.sh                   //为脚本文件添加执行权限
# ./test_io.sh Alice Bob                //运行 test_io.sh 脚本程序
Script Name   : ./test_io.sh
First Params  : Alice
First Params  : Bob
Quoted Values : Alice Bob
Total Params  : 2
The Process ID : 3697
The Return Value : 0
Please input your username : John
Your name is : John
```

9.1.3 Shell 运算命令和运算符

Shell 脚本语言和其他编程语言一样,支持多种运算符,包括数学运算符、关系运算符、逻辑运算符、字符串运算符、文件测试运算符。通过运算符可以把对应的运算对象连接起来,构成对应的表达式。在 Shell 程序中如果要执行表达式的计算,需要通过运算命令来完成。Shell 中的运算命令有 expr、let、bc、(( ))、[ ]、[[ ]]、test 等。以下对 Shell 脚本中的运算符及运算命令进行简要说明。

1. Shell 运算命令

在 Shell 中,如果需要获得表达式的值,还需要使用对应的运算命令来计算表达式的值。常见的 Shell 运算命令如表 9-5 所示。

表 9-5　常见的 Shell 运算命令及其用途

运算命令	用途
$(( ))	用于整数运算及条件判断的最常用运算符,用于条件判断时不加 $
let	用于整数运算,变量名不加 $
expr	用于整数运算,乘法运算符使用\ *
bc	Linux 下的计算器,可用于整数及小数运算
$[ ]	用于整数运算及条件判断,条件判断时不加 $
test	用于条件判断,判断条件是否成立(true)
[[ ]]	用于条件判断,判断条件是否成立(true)

2. Shell 运算符

1) 数学运算符

(1) 数学运算符简介

Shell 脚本的数学运算符可以完成常规的数学运算功能,常见 Shell 脚本编程中使用的数学运算符如表 9-6 所示。

表 9-6　常见数学运算符及其功能说明

运算符	功能说明	运算符	功能说明
+、-	加法、减法	++、--	自增加、自减少
*、/、%	乘法、除法、取余	<、<=、>、>=	数值比较符号
**	幂运算	=、+=、-=、*=、/=、%=	赋值运算

(2) 数学运算脚本实例

在脚本程序文件 test_arith.sh 中输入以下代码。

```
#!/bin/bash
#test_arith.sh
a=15
b=20
val=`expr $a + $b`
echo "a + b = $val"
val=`expr $a - $b`
echo "a - b = $val"
```

```
val = $((a * b))
echo "a * b = $val"
val = $[ b/a ]
echo "b / a = $val"
let val = b % a
echo "b % a = $val"
```

test_arith.sh 脚本程序的运行结果如下。

```
#bash test_arith.sh                    //运行 test_arith.sh 脚本程序
a + b = 35
a - b = -5
a * b = 300
b / a = 1
b % a = 5
```

2）关系运算符

（1）关系运算符简介

关系运算符又称比较运算符，只支持对数字型的运算对象进行大小关系比较，不支持字符串比较，除非字符串的值是数字。常用的关系运算符及其功能说明如表 9-7 所示。

表 9-7 关系运算符及其功能说明　　　　　（假设 a＝10, b＝20）

运算符	说明	举例
-eq	检测两个数是否相等，相等返回 true	[$a -eq $b] 返回 false
-ne	检测两个数是否不相等，不相等返回 true	[$a -ne $b] 返回 true
-gt	检测左边的数是否大于右边的，如果是，则返回 true	[$a -gt $b] 返回 false
-lt	检测左边的数是否小于右边的，如果是，则返回 true	[$a -lt $b] 返回 true
-ge	检测左边的数是否大于等于右边的，如果是，则返回 true	[$a -ge $b] 返回 false
-le	检测左边的数是否小于等于右边的，如果是，则返回 true	[$a -le $b] 返回 true

（2）关系运算符脚本实例

在脚本程序文件 test_comp.sh 中输入以下代码，测试关系运算符功能。

```
#!/bin/bash
#test_comp.sh                          //测试关系运算符
a = 10
b = 20
if [ $a -eq $b ]
```

```
then
    echo "$a -eq $b : a 等于 b"
else
    echo "$a -eq $b : a 不等于 b"
fi
if [ $a -ne $b ]
then
    echo "$a -ne $b : a 不等于 b"
else
    echo "$a -ne $b : a 等于 b"
fi
if [ $a -gt $b ]
then
    echo "$a -gt $b : a 大于 b"
else
    echo "$a -gt $b : a 不大于 b"
fi
```

test_comp.sh 脚本程序的运行结果如下。

```
#bash test_comp.sh                      //执行 test_comp.sh 脚本程序,结果如下
10 -eq 20: a 不等于 b
10 -ne 20: a 不等于 b
10 -gt 20: a 不大于 b
```

3）逻辑运算符

（1）逻辑运算符简介

Shell 的逻辑运算符包括非运算符!、与运算符-a 和 &&、或运算符-o 和||。其中，&& 运算符及||运算符的功能与-a 和-o 的功能类似,但 && 和||运算符可用在[[ ]]内求值,而-a 和-o 运算符不能使用[[ ]]求值。逻辑运算符及其功能说明如表 9-8 所示。

表 9-8 逻辑运算符及其功能说明　　　　（假设 a＝10,b＝20）

运算符	说明	举例
!	非运算,对表达式的布尔值 true 或 false 取反	[! false] 返回 true
-o	或运算,有一个表达式为 true 则返回 true	[$a -lt 20 -o $b -gt 100] 返回 true
-a	与运算,两个表达式都为 true 才返回 true	[$a -lt 20 -a $b -gt 100] 返回 false
&&	与运算,可用在[[ ]]内	[[$a -lt 100 && $b -gt 100]] 返回 false
||	或运算,可用在[[ ]]内	[[$a -lt 100 || $b -gt 100]] 返回 true

（2）布尔及逻辑运算符脚本实例

在脚本程序文件 test_b_l.sh 中输入以下代码测试布尔及逻辑运算符功能。

```
#!/bin/bash
#test_b_l.sh                              //测试布尔及逻辑运算符
a=100
b=200
if [ $a -lt 100 -a $b -gt 15 ]
then
    echo "$a 小于 100 且 $b 大于 15：返回 true"
else
    echo "$a 小于 100 且 $b 大于 15：返回 false"
fi
if [ $a -lt 100 -o $b -gt 100 ]
then
    echo "$a 小于 100 或 $b 大于 100：返回 true"
else
    echo "$a 小于 100 或 $b 大于 100：返回 false"
fi
if [[ $a -lt 100 && $b -gt 100 ]]
then
    echo "返回 true"
else
    echo "返回 false"
fi
```

test_b_l.sh 脚本程序的运行结果如下。

```
#bash test_b_l.sh                         //运行脚本程序
100 小于 100 且 200 大于 15：返回 false
100 小于 100 或 200 大于 100：返回 true
返回 false
```

4）字符串运算符

（1）字符串运算符简介

Shell 的字符串运算符主要用于判断两个字符串是否相等以及字符串是否为空串等，具体功能如表 9-9 所示。

表 9-9　字符串运算符及其功能说明（假设 a＝"abc",b＝"def"）

运算符	说　　明	举　　例
=	检测两个字符串是否相等,相等返回 true	[$a = $b] 返回 false
!=	检测两个字符串是否相等,不相等返回 true	[$a != $b] 返回 true
-z	检测字符串长度是否为 0,为 0 返回 true	[-z $a] 返回 false
-n	检测字符串长度是否为 0,不为 0 返回 true	[-n "$a"] 返回 true
$	检测字符串是否为空,不为空返回 true	[$a] 返回 true

(2) 字符串运算符脚本实例

在脚本程序文件 test_str.sh 中输入以下代码,测试字符串运算符功能。

```
#!/bin/bash
#test_str.sh                        //测试字符串运算符
a="abc"
b="def"
if [ $a = $b ]
then
   echo "$a = $b：a 等于 b"
else
   echo "$a = $b：a 不等于 b"
fi
if [ $a != $b ]
then
   echo "$a != $b：a 不等于 b"
else
   echo "$a != $b：a 等于 b"
fi
if [ -z $a ]
then
   echo "-z $a：字符串长度为 0"
else
   echo "-z $a：字符串长度不为 0"
fi
if [ -n "$a" ]
then
   echo "-n $a：字符串长度不为 0"
else
   echo "-n $a：字符串长度为 0"
fi
```

test_str.sh 脚本程序的运行结果如下。

```
#bash test_str.sh                   //运行脚本程序
abc = def：a 不等于 b
abc != def：a 不等于 b
-z abc：字符串长度不为 0
-n abc：字符串长度不为 0
```

5) 文件测试运算符

(1) 文件测试运算符简介

在使用 Shell 脚本管理 Linux 系统时,经常需要对系统中的文件或者目录进行判断和测试,看相关文件目录是否存在或是否满足指定的权限要求。Shell 为用户提供了功能强大的文件测试运算符,如检测 Linux 系统中文件的属性、判断目标文件是否为设备文件、或判断目标文件是否为目录等,具体运算符及其功能说明如表 9-10 所示。

表 9-10 文件测试运算符及其功能说明

（假设 file 为普通文件，且具有 rwx 权限）

操作符	说　　明	举　　例
-b file	检测文件是否是块设备文件，是则返回 true	[-b $file]返回 false
-c file	检测文件是否是字符设备文件，是则返回 true	[-c $file]返回 false
-d file	检测文件是否是目录，是则返回 true	[-d $file]返回 false
-f file	检测文件是否是普通文件，是则返回 true	[-f $file]返回 true
-g file	检测文件是否设置了 SGID 位，是则返回 true	[-g $file]返回 false
-k file	检测文件是否设置了粘着位(Sticky Bit)，是则返回 true	[-k $file]返回 false
-p file	检测文件是否是有名管道，是则返回 true	[-p $file]返回 false
-u file	检测文件是否设置了 SUID 位，是则返回 true	[-u $file]返回 false
-r file	检测文件是否可读，是则返回 true	[-r $file]返回 true
-w file	检测文件是否可写，是则返回 true	[-w $file]返回 true
-x file	检测文件是否可执行，是则返回 true	[-x $file]返回 true
-s file	检测文件是否为空(文件大小是否大于 0)，不为空返回 true	[-s $file]返回 true
-e file	检测文件(包括目录)是否存在，是则返回 true	[-e $file]返回 true

(2) 文件测试运算符脚本实例

在脚本程序文件 test_file.sh 中输入以下代码，了解 Shell 文件测试运算符的功能。

```bash
#!/bin/bash
#test_file.sh                        //文件测试运算符
touch /tmp/myfile
file="/tmp/myfile"
if [ -r $file ]
then
    echo "文件可读"
else
    echo "文件不可读"
fi
if [ -w $file ]
then
    echo "文件可写"
else
    echo "文件不可写"
fi
if [ -x $file ]
then
    echo "文件可执行"
else
    echo "文件不可执行"
fi
if [ -f $file ]
then
    echo "文件为普通文件"
```

```
else
    echo "文件为特殊文件"
fi
if [ -d $file ]
then
    echo "文件是个目录"
else
    echo "文件不是个目录"
fi
if [ -e $file ]
then
    echo "文件存在"
else
    echo "文件不存在"
fi
```

test_file.sh 脚本程序的运行结果如下。

```
# bash test_file.sh                    //运行 test_file.sh 脚本程序
文件可读
文件可写
文件不可执行
文件为普通文件
文件不是个目录
文件存在
```

9.1.4 编写简单 Shell 脚本程序

1. 使用 bc 工具执行浮点运算

1) 脚本程序功能分析

bc 是 Linux 系统自带的一款浮点计算器,如果需要在脚本程序中进行一些浮点计算,可以方便地使用 bc 工具来实现基本的数学计算功能,以下脚本程序就利用 bc 工具完成浮点数的运算。

2) 脚本程序代码

```
# vi test_bc.sh
#!/bin/bash
# test_bc.sh                           //计算输入的两个数的商
read -p "num1: " num1
read -p "num2: " num2
```

```
num3 = 'echo "scale = 2; $ num1/ $ num2" |bc'      //设置浮点运算精度
echo " $ num1 / $ num2  =  $ num3"
```

3）运行脚本程序

Linux 系统默认没有安装 bc 工具,可以使用 yum -y install bc 命令安装该工具。安装后即可运行上面的脚本程序,运行结果如下。

```
# yum - y install bc                               //安装 bc 浮点计算工具
# vi test_bc.sh
# bash test_bc.sh                                  //运行脚本程序
num1: 30
num2: 4
30 / 4 = 7.50
```

2. 检查系统中某用户是否存在

1）脚本程序功能分析

设计脚本允许用户通过键盘输入要查询的用户名,通过 grep 命令检索/etc/passwd 用户账号文件,将输入的用户名和检索结果进行字符串比较运算,可以判断是否存在指定的用户账号。

2）脚本程序代码

```
# vi test_user.sh
#!/bin/bash
# test_user.sh                                     //检查系统中是否存在某用户
read - p "please show your username: " name
name1 = 'grep ^ $ name /etc/passwd | cut - d : - f 1'
if [ " $ name" = " $ name1" ]; then
    echo " $ name is in your system"
    else
    echo "no such user"
fi
```

3）运行脚本程序

```
# bash test_user.sh
please show your username: Alice
Alice is in your system
# bash test_user.sh
please show your username: John
no such user
```

任务拓展

Linux 系统的 Shell 脚本程序具有非常强大的功能,通过编写脚本程序可以极大地提高系统管理效率。编写脚本程序模拟系统用户的登录过程,即根据输入的用户名和口令判断用户是否被允许登录系统。

任务 9.2　编写选择及循环结构程序

(1) 掌握 if 选择控制语句的使用方法。
(2) 掌握 while 循环控制语句的使用方法。
(3) 掌握 for 循环控制语句的使用方法。

Shell 脚本程序在运行过程中,经常需要根据条件决定需要执行的代码段,这就需要用到 Shell 的选择及循环控制语句。下面介绍 Shell 脚本程序编写中选择及循环控制语句的使用方法以及选择和循环结构程序的编写方法。

9.2.1　编写选择结构程序

1. test 和 [ ] 测试命令

在编写 Shell 的选择或循环结构程序时,经常需要测试某个条件表达式是否成立,此时可以使用 test 和 [ ] 测试命令。

test 和 [ ] 命令的语法格式如下。

> test 表达式

或

> [表达式]

test 和 [ ] 命令是根据表达式的计算来完成测试的,所以测试的结果也依赖于表达式计算结果,此处表达式可以是变量、数值及运算表达式等。

1) 不带任何参数

此时,test 和 [ ] 测试命令直接返回 false。

```
#[ ]; echo $?
1
```

2）带一个参数

此时,test 和[ ]测试命令仅当参数为非空时返回 true(0)。

```
# ceshi = "test"
# test $ ceshi; echo $ ?
0
# test $ abc; echo $ ?
1
# abc = 5
# test $ abc; echo $ ?
0
```

3）带两个及以上参数表达式

此时,test 和[ ]命令根据参数构成的表达式值,返回 true 或 false。

```
# [ ! 3 ]; echo $ ?
1
# [ ! 0 ]; echo $ ?
1
# [ - d /root ]; echo $ ?
0
# [ - f /root ]; echo $ ?
1
# [ 5 - gt 3 ]; echo $ ?
0
```

2. if 选择控制语句

1）简单 if 控制语句

Shell 选择控制结构语句中最简单的是 if 语句。该语句执行时首先判断条件是否成立,条件成立则执行 then 对应的语句段,其语法格式如下。

```
if   condition              //根据条件是否成立选择执行
then
    statement(s)
fi
```

简单 if 语句的执行流程如图 9-1 所示。

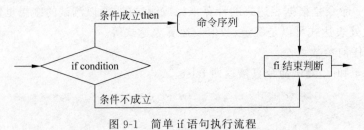

图 9-1　简单 if 语句执行流程

简单 if 语句中的 condition 是判断条件,可以使用 test 或[ ]命令判断,如果条件成立,那么 then 后面的语句段将会被执行,如果条件不成立,那么不会执行任何语句。需要注意的是,该控制语句最后必须以 fi 来闭合,当 if 和 then 写在同一行时,condition 条件后面的分号必须写出;如果该控制语句的 then 后边有多条语句,则不需要像其他语言那样用{ }括起来。

以下程序实例中,使用简单 if 语句判断键盘输入的两个数字是否相等,如相等则输出两数相等的提示信息。

```
#!/bin/bash
read a
read b
if [ $a == $b ]
then
    echo "a 和 b 相等"
fi
```

2) if-else 控制语句

在使用 if 语句执行条件判断时,如果需要根据条件判断结果选择两个语句段中的一个执行,即条件成立执行语句段 1,条件不成立执行语句段 2,就可以使用 if-else 语句。

if-else 语句的语法格式如下(当然 then 可以和 if 语句写在同一行上,此时需要在 condition 后加分号)。

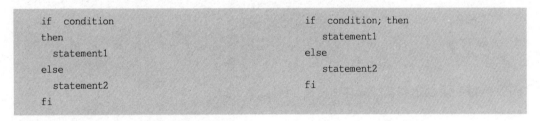

if-else 语句的执行流程如图 9-2 所示。

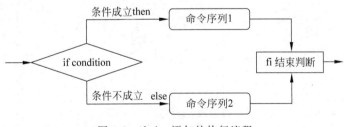

图 9-2　if else 语句的执行流程

if-else 语句执行时,首先判断 condition 条件是否成立,成立则执行 then 后面的 statement1 语句块;否则执行 else 后面的 statement2 语句块。以下程序实例中,使用 if 语句判断输入的两个数字是否相等,根据判断结果分别输出提示。

```
#!/bin/bash
read a
read b
if [ $a == $b ]
then
    echo "a 和 b 相等"
else
    echo "a 和 b 不相等,输入错误"
fi
```

3) if-elif 控制语句

在 Shell 脚本程序运行过程中,如果需要根据多个条件判断结果,选择需要执行的程序分支,此时可以使用 if-elif-else 选择控制语句。需要注意的是,该语句中的 if 和 elif 后面都要有 then。if-elif-else 的语法格式如下(和 if-else 语句一样,then 可以与 if 放在同一行,但是需要在判断条件后加上分号)。

```
if    condition1; then
      statement1
elif condition2; then
      statement2
elif condition3; then
      statement3
...
else
      statement
fi
```

if-elif-else 的语句执行流程如图 9-3 所示。

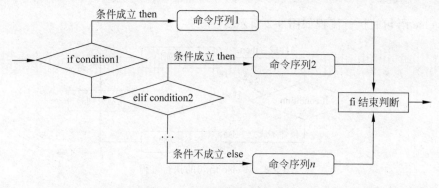

图 9-3 if elif 语句的执行流程

如果 condition1 成立,那么就执行 statement1;如果 condition1 不成立,则判断 condition2 是否成立,如果成立,就执行 statement2;如果不成立,就继续执行后边的 elif,以此类推。如果所有的 if 和 elif 条件都不成立,就执行 statement。

4) if-elif 语句脚本实例

以下 Shell 脚本程序中，输入一名学生的成绩（分数），使用 if 选择控制语句判断并输出该成绩对应的成绩等级。注意在本脚本程序中的条件测试中使用了双小括号(( ))实现对条件表达式的计算。

```bash
#!/bin/bash
read score
if(( $score >= 0 && $score < 60 )); then
    echo "不及格"
elif (( $score >= 60 && $score < 70 )); then
    echo "及格"
elif (( $score >= 70 && $score < 80 )); then
    echo "中等"
elif (( $score >= 80 && $score < 90 )); then
    echo "良好"
elif (( $score >= 90 && $score <= 100 )); then
    echo "优秀"
else
    echo "成绩输入错误"
fi
```

3. case-in 多分支选择控制语句

case-in 语句是多分支选择控制语句，可以控制程序根据表达式值的匹配结果执行特定的程序分支。

1) case-in 语句的语法格式

```
case 表达式 in                    //表达式可为变量、数字、字符串等
    value1)
        statement 1
        ;;
    value2)
        statement 2
        ;;
    value3)
        statement 3
        ;;
    ...
    *)
        statement n
esac
```

2) case-in 语句的执行流程

case-in 语句的执行流程如图 9-4 所示。

在 case-in 语句中，case 后面的表达式既可以是一个变量、一个数字、一个字符串，也

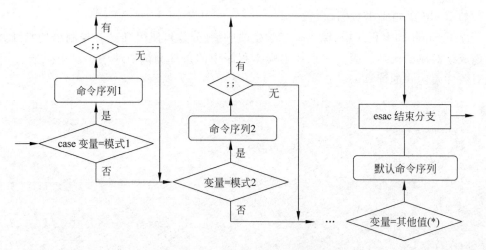

图 9-4 case-in 语句的执行流程

可以是一个数学表达式,或者是命令的执行结果,只要能够得到确定的值即可。case-in 语句会将表达式的值与语句中的多个值逐个进行匹配,如果匹配成功,就会执行这个条件后面对应的语句段,直到遇见双分号才停止;然后整个 case 语句就执行结束,程序会执行 esac 后面的其他语句。如果表达式的值没有匹配到任何一个条件,就执行"*)"后面的语句("*"表示其他所有值),直到遇见双分号或者 esac 才结束。

3) case-in 语句脚本程序实例

以下 Shell 脚本程序中,case-in 语句根据用户输入的参数给出对应的提示信息,代码如下。

```
#!/bin/bash
case "$1" in                    //根据脚本参数选择执行分支
"start")
        echo "启动服务...";;
    "stop")
        echo "关闭服务...";;
"restart")
    echo "重启服务...";;
  *)
        echo "$0 脚本的用法: $0 [ start | stop | restart ]";;
esac
```

9.2.2 循环结构程序编写

1. while 和 until 循环控制语句

1) while 循环控制语句

while 循环是 Shell 脚本编程中最简单的一种循环控制语句,即当条件满足时,重复地执行 while 中的循环体;当条件不满足时,就退出 while 循环。
while 循环控制语句的语法格式如下。

```
while condition                        //判断循环条件是否成立
do
    statements                         //条件成立则执行循环体
done
```

while 循环控制语句的执行流程如图 9-5 所示。

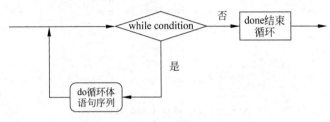

图 9-5　while 循环语句的执行流程

执行 while 语句时,先判断条件 condition 是否成立,如果该条件成立就进入循环,执行 while 循环体中的语句,也就是 do 和 done 之间的 statements 语句段。每一次执行到 done 时都会重新判断 condition 是否成立;如果成立,就再次执行 do 和 done 之间的语句段,如果不成立,就结束整个 while 循环,执行 done 后面的其他代码。当然,如果一开始 condition 就不成立,那么程序就不会进入循环体执行,do 和 done 之间的语句段就没有执行的机会。

注意:在 while 循环体中一般需要有相应的语句使 condition 越来越趋近于"不成立",这样才能最终退出循环;否则就成为死循环,会一直执行下去。

while 语句和 if-else 语句中的 condition 用法都是一样的,可以使用 test 或 [ ] 命令,也可以使用 (()) 或 [[]] 测试条件是否成立。

以下以 while 循环控制语句实例,使用 while 循环完成 10+9+8+…+1 的求和。

```
#!/bin/bash
#Test_while_loop
total = 0
num = 10
while [ $num -gt 0 ]                   //判断循环条件是否成立
do
    total = $((total + num))           //使用(())实现整数计算
    num = $((num - 1))
done
echo "结果为: $total"
```

2) until 循环控制语句

until 循环和 while 循环恰好相反,当判断条件不成立时才执行循环,一旦条件成立,就终止循环。相对于 while 循环,until 使用的场合较少。

until 循环控制语句的语法格式如下。

```
until condition                    //判断循环条件是否不成立
do
    statements                     //循环体语句序列
done
```

until 循环控制语句的执行流程如图 9-6 所示。

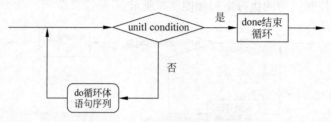

图 9-6 until 循环语句的执行流程

until 语句执行时,首先判断条件 condition 是否成立,如果该条件不成立,就进入循环,执行 until 循环体语句。每一次执行到 done 时都重新判断条件 condition 是否成立,如果不成立,就进入下一次循环,继续执行循环体中的语句;如果成立,就结束整个 until 循环,执行 done 后面的代码。如果一开始条件 condition 就成立,那么程序就不会进入循环体执行。

注意:和 while 语句类似,在 until 循环体中必须有相应的语句使 condition 越来越趋近于"成立",只有这样才能最终退出循环;否则就成为死循环,会一直执行下去。

以下 Shell 脚本程序中,使用 until 循环控制语句完成 1+2+3+…+100 的计算。

```
#!/bin/bash
#Test_until_loop
i = 1
total = 0
until ((i > 100))                  //判断循环条件是否不成立
do
    ((total += i))                 //使用(())实现整数计算
    ((i++))
done
echo "求和结果: $ total"
```

2. for 和 for-in 循环控制语句

Linux 系统的 Shell 脚本程序中,除了可以使用 while 和 until 语句实现程序循环执行外,还可以使用 for 语句实现程序循环。for 循环控制语句的使用更加灵活简洁。for 循环有两种使用形式。

1)C 语言风格的 for 循环控制语句

该循环语句和 while 语句一样,也是在循环条件成立时执行循环体语句。

for 循环控制的语法格式如下。

```
for((exp1; exp2; exp3))
do
    statements                     //循环体语句
done
```

上述 for 语句中,exp1、exp2、exp3 是三个表达式,其中 exp1 完成循环初始化;exp2 是循环判断条件,即 for 循环根据 exp2 的结果来决定是否继续下一次循环;statements 是循环体语句,可以是一条语句,也可以是多条语句;exp3 是一个增量表达式,在执行完循环体语句后执行,一般用于改变 exp2 表达式的值。

for 循环控制语句的执行流程如图 9-7 所示。

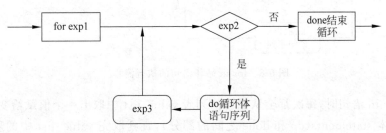

图 9-7　for 循环语句的执行流程

for 语句执行时,先计算 exp1 表达式,接着计算 exp2 条件表达式,判断循环条件是否成立。如果成立,则执行循环体中的语句,否则结束整个 for 循环。执行完循环体后,for 语句会执行 exp3 表达式,执行后继续计算 exp2 表达式,若条件成立继续执行循环体,不成立就结束循环。

注意:exp1 仅在进入循环体前执行,是一个初始化语句,执行一次后就不再执行。exp2 通常是一个关系表达式,决定了是否还要继续下次循环,称为"循环条件"。exp3 大多情况下是一个带有自增或自减运算的表达式,以使循环条件逐渐变得"不成立"。

以下 Shell 脚本程序中,使用 for 循环控制语句,输出指定行数的"******"。

```
#!/bin/bash
#Test_for_loop
read n                            //通过键盘输入行数 n
for(( i = 0;i < n;i++))
do
    echo "* * * * * * *"          //在屏幕上输出一行 *
done
```

2) for-in 循环控制语句

for 循环控制语句还有另一种形式,即 for-in 语句,该语句每循环一次就使用循环变量取列表中的一个值,直到所有值都取过才结束循环。

for-in 循环控制语句的语法格式如下。

```
for var in value_list                        //使用变量 var 取列表中的值
do
    statements                               //循环体语句序列
done
```

上述 for-in 语句格式中，var 表示循环控制变量，value_list 表示循环取值列表，in 是语句关键字。

for-in 循环控制语句的执行流程如图 9-8 所示。

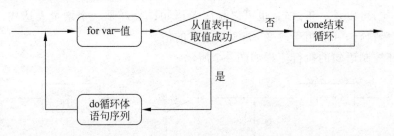

图 9-8 for in 循环语句的执行流程

执行 for-in 语句时，每次都会从循环值列表 value_list 中取出一个值赋给变量 var，然后执行循环体 statements(do 和 done 之间的部分)，直到取完 value_list 中的所有值，循环就会结束。循环取值列表 value_list 可以包含数字、字符串或文件名，可以使用 Shell 命令替换"` `"生成 value_list。

以下 Shell 脚本程序中，使用 for 循环语句完成 1+2+3+…+100 求和计算。

```
#!/bin/bash
sum=0
for n in `seq 100`; do                       //用变量 n 取 1～100 所有整数
    ((sum+=n))
done
echo "The sum is " $sum
```

3. break 和 continue 控制语句

在 Shell 脚本程序中，使用 while、until、for 语句实现循环时，如果想提前结束循环（即不满足循环结束条件的情况下结束循环），可以使用 break 或者 continue 语句。

1) break 语句

break 命令允许跳出所有循环(终止执行后面的所有循环)。以下 Shell 脚本程序中，在用户输入非 1～5 的数字时，使用 break 语句提前退出 while 循环语句。

```
#!/bin/bash
while true; do                               //直接使用 true,无限循环
    echo -n "输入 1～5 的数字:"
    read num
```

```
    case $num in
        1|2|3|4|5) echo "你输入的数字为 $num!"
        ;;
        *) echo "你输入的数字不是1~5的! 游戏结束"
            break
        ;;
    esac
done
```

2) continue 语句

continue 语句与 break 语句类似,只有一点差别,它不会跳出所有循环,仅仅跳出当前循环,继续执行下一轮循环。

以下 Shell 脚本程序中,判断从键盘输入的数是否为 1~100 的数,否则继续下一轮循环,结束该循环按 Ctrl+D 组合键。

```
#!/bin/bash
sum=0
while read n; do
    if((n<1 || n>100)); then          //判断 n 值是否为 1~100
        continue                       //否则输入下一个值
    fi
    ((sum+=n))
done
echo "sum=$sum"
```

9.2.3 编写选择及循环 Shell 脚本程序

1. 编写目录备份脚本

1) 脚本程序功能分析

文件备份是 Linux 系统运维中需要经常执行的操作,有时系统甚至需要每天备份指定目录中的所有文件。通过 Shell 脚本程序备份,可以自动判断指定的备份文件是否存在,如不存在,则执行目录备份操作。

2) 选择结构脚本代码

```
#vi back_etc.sh
#!/bin/bash
#back_etc.sh                           //备份/etc 目录中的文件
DATE=`date +%Y%m%d`                    //获取年月日格式日期
SIZE=$(du -sh /etc)                    //获取/etc 目录的大小
if[ ! -d /tmp/etcback ]                //判断/tmp/etcback 是否存在
```

```
then
    mkdir /tmp/etcback                              //创建/tmp/etcback备份目录
fi
echo "Date: ${DATE}!" >/tmp/etcback/backinfo.txt
echo "DataSize: ${SIZE}" >>/tmp/etcback/backinfo.txt
cd /tmp/etcback
tar -zcf etc-${DATE}.tar.gz /etc info.txt &>/dev/null
rm -rf /tmp/etcback/backinfo.txt                    //删除已备份的信息文件
```

3）运行脚本程序

运行脚本程序 bash back_etc.sh，可以看到生成了 etc-20200314.tar.gz 备份文件。

```
#bash back_etc.sh
#ll /tmp/etcback/
总用量 11032
-rw-r--r--. 1 root root 11294038 3月 14 19:39 etc-20200314.tar.gz
```

2. 监控文件系统空间的使用

1）脚本程序功能分析

在 Linux 系统中，随着系统运行及不断生成新文件或保存新数据，可能导致系统空闲空间不足的情况。通过编写监控文件系统空间状态的脚本程序，可以及时了解系统空间使用情况。在脚本程序中可以通过 awk 分析工具获取 df 命令的已用空间占比信息，如果已用空间超过 80%，则向管理员发送告警邮件。

2）脚本程序代码

```
#vi disk_mon.sh
#!/bin/bash
#disk_mon.sh                                        //监控文件系统空间使用情况
ds=`df |awk '{if(NR==6){print int($5)}}'`           //获取指定分区空间占比
if [ $ds -lt 80 ];then                              //判断已用空间是否超出
    str="Server disk space is used less than 80%!"
    echo $str >> /tmp/disk_mon.log
else
    str="Server disk space is used greater than 80%!!!"
    echo $str >> /tmp/disk_mon.log                  //写入日志并发送邮件
    echo $str | mail -s 'Disk space alert' admin@abc.com
fi
```

3）运行脚本程序

运行脚本程序 bash disk_mon.sh，可以看到生成了/tmp/disk_mon.log 文件，并在该文件中写入文件系统空间使用信息，此时空间占比已超过 80%，因此会自动发送一份邮件到管理员邮箱。

```
# bash disk_mon.sh
# cat /tmp/disk_mon.log
Server disk space is used less than 80%!
```

本例中的脚本可以使用 crontab 设置定时任务,例如,每天早上 8 点定时执行。

```
# crontab -l
0 8 * * * /opt/disk_con.sh
```

3. 编写批量创建账号脚本

1) 脚本程序功能分析

在 Linux 系统的日常运行维护过程中,有时需要批量建立大量用户账号,此时可以通过编写 Shell 脚本的方式快速实现。本例脚本中,批量创建 user_00～user_19 共 20 个用户,对这 20 个用户设置随机数登录密码,并将每个用户的用户账号及其登录密码记录到一个日志文件中。

2) 脚本程序代码

```
# vi batch_user.sh
#!/bin/bash
# batch_user.sh                                  //批量创建系统用户账号
for i in 'seq -w 0 19'                           //循环执行 20 次
do
    useradd user_$i                              //创建新的用户账号
    p=user_$i                                    //设置登录密码信息
echo $p|passwd -- stdin user_$i                  //为新用户设置密码
echo "user_$i $p" >> /var/log/user00_19.pass     //将账号密码写入日志
done
```

3) 运行脚本程序

使用 chmod 命令为 batch_user.sh 脚本程序添加可执行权限,并运行脚本程序,相关操作如下,此时可看到成功创建用户的提示信息。

```
# ls -l batch_user.sh
-rw-r--r--. 1 root root 310 3月   5 22:35 batch_user.sh
# chmod u+x batch_user.sh
# ls -l batch_user.sh
-rwxr--r--. 1 root root 310 3月   5 22:35 batch_user.sh
# ./batch_user.sh
更改用户 stud_00 的密码。
passwd: 所有的身份验证令牌已经成功更新。
更改用户 stud_01 的密码。
passwd: 所有的身份验证令牌已经成功更新。
更改用户 stud_02 的密码。
passwd: 所有的身份验证令牌已经成功更新。
...
```

4. 批量修改文件名脚本

1) 脚本程序功能分析

如果一个目录下有多个文件的文件名需要添加指定后缀(如.bak),可以编制包含 for 循环控制语句的 Shell 脚本程序实现文件名批量修改。

2) 脚本程序代码

```
# vi modify_suf.sh
#!/bin/bash
# modify_suf.sh                                //为文件添加.bak后缀名
dst_path=$1
for file in 'ls $dst_path'                    //逐一获取参数目录中的文件名
do
if [ -d $1/$file ]; then
    echo '$0 $1/$file'                        //如果是子目录,则再次调用脚本程序
elif [ -f $1/$file ]; then                    //如果是文件,则执行mv命令改名
    mv $1/$file $1/${file}.bak
else
    echo $1/${file} is unknow file type
fi
done
```

3) 运行脚本程序

运行脚本程序 bash modify_suf.sh /tmp,可以看到生成的/tmp 目录下所有文件都添加了.bak 后缀。

```
# ls /tmp                                     //脚本执行前文件名没有.bak
ddos_tmp.log   disk_mon.log   root_a.log   t.log
# bash modify_suf.sh /tmp
# ls /tmp                                     //脚本执行后文件名添加.bak
ddos_tmp.log.bak   disk_mon.log.bak   root_a.log.bak   t.log.bak
```

编写 Shell 脚本程序备份 MySQL 数据库,备份之前先判断备份目录是否存在,不存在则先创建目录。

任务9.3 编写函数调用 Shell 脚本程序

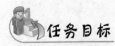

(1) 理解脚本中函数的功能。
(2) 掌握脚本程序中函数的定义方法。

(3) 掌握函数调用及参数传递的方法。
(4) 掌握函数返回值的获取方法。

Shell 脚本程序和其他高级语言程序一样,可以定义和调用函数,实现程序模块化设计。通过使用函数,可以对 Shell 程序代码进行更好的组织。将一些相对独立的代码定义为函数,可以提高程序的可读性和重用性,避免重复编写大量相同的代码。下面介绍 Shell 脚本程序中函数的定义和调用方法。

9.3.1 定义 Shell 脚本函数

1. Shell 脚本函数简介

1) 函数

函数是指用户自己定义的程序集合。当用户在某个程序中需要重复使用同一项功能时,就可以先把这项功能定义为一个函数,在每次使用时只要通过该函数的名称调用此函数即可,可以大大地简化程序代码。

通过定义函数可以把程序的某个功能封装起来,使用时直接调用函数名,从而实现程序编写的模块化,提高代码可读性,也让程序具有更好的可扩展性。

2) Shell 函数

Shell 函数和其他编程语言函数一样,本质上是一段用名称表示的可以重复使用的脚本程序代码。这段程序代码被提前编写好,放在脚本程序文件的指定位置,使用时通过其对应的函数名称调用执行。

2. Shell 函数定义语法

1) 语法格式

Shell 中的函数和 C++、Java、Python 等其他编程语言中的函数类似,当然,在程序的语法细节方面有所差异。Shell 函数定义的基本语法格式如下。

```
[function] func_name(){
    statements
    [return value]
}
```

2) 函数定义说明

以下对 Shell 程序的函数定义的各个部分进行说明。

function 是 Shell 中的关键字,专门用来定义函数,当然也可以省略。

265

func_name 是函数名,可以在需要调用函数时,使用该名称调用执行函数。

statements 是函数实现其功能执行的代码,一般包含一组语句。

return value 表示函数的返回值,其中 return 是 Shell 关键字,专门用在函数中返回一个值;这一部分根据需要在函数中使用。

由{ }括起来的部分称为函数体,调用函数就是执行该函数的函数体中的代码。

3) 函数定义实例

以下代码将在 Shell 脚本程序中定义一个名为 demo_fun 的函数。

```
#!/bin/bash
demo_fun(){
    echo "这是我的第一个Shell函数!"
}
```

以上代码仅仅实现函数的定义,因为并没有调用函数,所以上述代码并不会被真正执行。

9.3.2 调用 Shell 函数

Shell 不限制函数定义和调用的顺序,可以将函数定义放在调用的前面,也可以将函数定义放在函数调用的后面。一般情况下,在 Shell 程序中定义好一个函数后,可以使用这个函数名称调用该函数。函数只有在被调用执行时,才能实现其定义的功能。

1. 调用无参数函数

1) 无参数函数的调用语法格式

调用 Shell 函数时可以给它传递参数,也可以不传递参数。如果不传递参数,直接在程序中调用该函数的位置给出函数名称即可,语法格式如下。

```
func_name                              //直接在程序中给出函数名
```

2) 无参数函数调用程序实例

调用前面定义的 demo_fun 函数的代码如下。

```
#!/bin/bash
demo_fun(){
    echo "这是我的第一个Shell函数!"
}
demo_fun
```

3) 无参数函数调用的运行结果

上述 Shell 程序代码中,调用执行事先定义的 demo_fun 函数,此处使用 sh 脚本程序名,直接运行该脚本程序,此时在屏幕上将输出 echo 命令所带的字符串提示信息,相关操作如下。

```
#cat test_fun.sh                //查看脚本文件内容
#!/bin/bash
demo_fun(){
    echo "这是我的第一个 Shell 函数!"
}
demo_fu
#bash test_fun.sh               //使用 bash 运行脚本
这是我的第一个 Shell 函数!
```

2. 调用有参数函数

1）调用有参数函数的语法格式

Shell 函数在定义时不能指明参数,但在调用时却可以向其传递参数,并且给它传递什么参数它就接收什么参数,这也是 Shell 函数和其他编程语言不同的一个地方。在调用一个 Shell 函数时,可以根据需要向函数传递参数。如果需要向函数传递多个参数,则多个参数之间要使用空格分隔。调用带参数函数的示例如下。

```
func_name param1                //调用包含单个参数的函数
```

或

```
func_name param1 param2 param3  //调用包含多个参数的函数
```

注意：以上两种函数调用形式中,不管是哪种形式,函数名后都不需要带括号,这也是 Shell 函数和其他编程语言不同的地方之一。

函数参数是 Shell 脚本程序的位置参数的一种,在函数内部可以使用 $n 来接收。例如,$1 表示第一个参数,$2 表示第二个参数,依次类推。除了 $n,还有另外三个比较重要的变量：$# 可以获取传递的参数的个数,$@ 或者 $* 可以一次性获取所有函数的参数。

2）调用有参数函数脚本程序实例

以下 Shell 脚本程序中定义了一个函数,计算该函数所有参数的和,具体代码如下。

```
#!/bin/bash
function getsum(){
    local sum=0
    for n in $@                 //$@用于获取函数的所有参数
    do
        ((sum += n))            //执行参数求和操作
    done
    return $sum
}
getsum 10 20 35 15              //调用 getsum 函数并传递参数
echo $?
```

3) 调用有参数函数

上述带参数函数运行结果如下。

```
#bash test_sum.sh                        //使用 bash 运行脚本程序
80
```

9.3.3 获取函数的返回值

1. 函数返回值简介

在 Shell 脚本程序中，函数的返回值表示函数退出时的状态：返回值为 0 表示函数执行成功，返回值为非 0 表示函数执行失败（出错）。if、while、for 等语句都根据函数的退出状态来判断相关测试条件是否成立。函数执行失败时，可以根据其返回值（退出状态）来判断大致出现了什么错误。

2. 不包含 return 语句的函数

根据 Shell 函数定义的格式可知，在一个 Shell 脚本程序的函数定义中，可以不包含 return 语句（该语句可选）。当然，一个 Shell 函数的定义中即使没有 return 语句，也可以认为函数体中最后包含一条 return $? 语句，即默认将函数体中的最后一条语句的执行状态作为函数的返回值。特殊系统变量 $? 用于在 Shell 中获取上一个命令的退出状态，或者上一个函数的返回值。

3. 获取 Shell 函数的返回值

在 Shell 脚本程序中，既可以通过 return 关键字返回函数的值，也可以通过 echo 关键字返回函数的值。以下简要说明获取 Shell 函数的返回值的基本方法。

1) 通过 echo $? 语句捕获函数返回值

当一个 Shell 函数中使用 return 语句返回函数值时，可以使用 echo $? 语句捕获函数的返回值，如脚本 test_ret01.sh 所示。

```
#!/bin/bash
ret01(){
  sum = 0
    for count in 'seq 5';
    do
        sum = 'expr $ count + $ sum'
    done
    return $ sum                          //函数中使用 return 返回
}
ret01                                     //调用 ret01 函数
res1 = 'echo $ ?'                         //使用 echo 获取返回值
echo 'use echo get return value is ' $ res1
```

执行 bash test_ret01.sh 命令测试运行上述 Shell 脚本程序，得到的结果如下，说明使用 echo $? 语句成功获取了该函数的返回值。

```
# bash test_ret01.sh                              //执行脚本程序
use echo get return value is 15
```

2）使用 $()获取函数返回值

在定义一个 Shell 函数时，可以在函数内部使用 echo 命令输出需要返回的结果，然后使用 $()调用该函数，此时将通过 $()捕获函数中第一个 echo 的输出结果，即 Shell 函数的返回值。以下脚本程序 test_ret02.sh 代码演示上述获取函数返回值的方法。

```
#!/bin/bash
function ret02(){
   sum = 0
   for count in 'seq 5';
   do
        sum = 'expr $ count + $ sum'
   done
   echo $ sum                                     //使用 echo 输出返回结果
}
res2 = $ (ret02)                                  //使用 $()调用 ret02 函数
echo 'use $ () get return value is ' $ res2
```

使用 sh test_ret02.sh 测试运行上述 Shell 脚本程序，得到的结果如下，说明使用 $()语句成功获得了该函数中使用 echo 语句输出的返回值。

```
# bash test_ret02.sh                              //执行脚本程序
use $ () get return value is 15
#
```

9.3.4 函数调用脚本编写实战

1. 根据进程名称获取进程 ID

1）脚本程序功能分析

编写根据参数获取进程 PID 的函数，该函数判断脚本程序参数是否存在，存在则获取其 PID，不存在则提示缺少参数。

2）脚本程序代码

```
# vi proc_mon.sh
#! /bin/bash
```

```
# proc_mon.sh                                    //根据进程名称获取进程 ID
get_pid(){
    if [ $# -lt 1 ]; then
        echo "Insufficient arguments."           //如果缺乏参数,则输出提示信息
        return 1
    fi
    proc_name=$1
    pid=$(ps x | grep $proc_name | grep -v grep | awk '{print $1}')
    echo $pid
}
get_pid $1
```

3) 脚本程序代码

添加脚本程序文件 proc_mon.sh 的可执行权限,获取 httpd 进程的 PID,相关操作及结果如下。

```
# chmod +x proc_mon.sh
# ./proc_mon.sh  httpd                           //执行脚本程序获取 httpd 进程的 PID
2239 2623 2624
```

2. 检测指定 URL 是否可用

1) 脚本程序功能分析

编写 Shell 脚本,检测 URL 是否正常。

2) 脚本程序代码

```
#!/bin/bash
# check_url.sh                                   //检测指定的 URL 是否可用
./etc/init.d/functions                           //系统基础功能函数脚本
usage(){                                         //脚本程序用法判断的函数
    echo $"usage: $0 url"
    exit 1
}
check_url(){                                     //检测 URL 是否可用的函数
    wget --spider -q -o /dev/null --tries=1 -T 5 $1  //用 wget 检测 URL
    if [ $? -eq0 ];then
        action "$1 is yes." /bin/true
    else
        action "$1 is no." /bin/false
    fi
}
main(){                                          //定义脚本程序主函数
    if [ $# -ne 1 ]; then
        usage
    fi
    check_url $1
}
main $*                                          //调用脚本程序主函数
```

3) 运行脚本程序

```
# bash check_url.sh  www.baidu.com              //检测百度网站是否可访问
www.baidu.com is yes. [ 确定 ]
# bash check_url.sh  www.baiduxxx.com           //检测指定网站是否可访问
www.baiduxxx.com is no. [ 失败 ]
```

 任务拓展

编写 Shell 函数判断某个目录是否存在（目录名称作为函数参数），如果不存在，创建该目录；如果存在，则提示目录已经存在。

项目总结

本项目介绍了 Linux 系统 Shell 脚本程序编写基本知识，通过学习，读者可了解 Shell 脚本程序在 Linux 系统的运行管理中的功能，掌握常见 Shell 脚本程序的编写、运行和调试。

项目实训

1. 编写脚本程序删除由批量创建用户脚本程序添加的用户。删除用户的同时删除该用户的家目录，如果用户的家目录包含数据，则在删除前备份其家目录到/opt/home_back 目录中。

2. 编写脚本程序定时为 MySQL 数据库 wordpress 建立备份，要求每天 23:30 执行备份，备份文件名包含备份日期信息。

3. 编写脚本程序检测当前系统中远程主机在线数量，输出在线远程主机 IP 地址的详细信息。

4. 编写脚本程序监控系统中各磁盘分区的空间使用情况，在磁盘分区空间使用率达到 80% 时，向系统管理员邮箱发送告警信息。

项目 10 Linux 云盘系统部署实践

物有本末,事有终始,知所先后,则近道矣。

——《礼记·大学》

项目目标

【知识目标】
(1) 了解传统文件共享的技术及其不足。
(2) 理解 Linux 云盘存储功能及其实现方法。
(3) 理解 Linux 综合项目方案的设计方法。

【技能目标】
(1) 能根据应用需求编制 Linux 项目实施方案。
(2) 能基于 Linux 实施云盘系统项目部署。
(3) 能根据项目实施情况编制项目总结报告。

项目内容

任务 10.1 Linux 云盘系统部署概述
任务 10.2 云盘服务器选型与方案设计
任务 10.3 Nextcloud 云盘系统部署实战

任务 10.1 Linux 云盘系统部署概述

任务目标

(1) 了解传统网络文件共享技术。
(2) 理解云盘存储系统的功能及应用方法。
(3) 掌握 Nextcloud 云盘系统的功能。

任务导入

计算机网络的发展给人们带来了许多方便,人们可以通过网络系统提供的网络文件共享功能轻轻松松地与其他人分享文件。移动互联网的发展让人们对网络文件共享提出更高的要求,数字化时代,几乎所有企业都需要应对数据激增带来的巨大挑战。下面介绍传统的网络文件共享技术以及当前企业中使用较多的网盘存储技术。

10.1.1 传统文件共享技术简介

1. 网络文件共享简介

网络文件共享是指主动地在计算机网络上(互联网或局域网)共享自己计算机上的文件。网络文件共享既可以使用点对点(peer to peer,P2P)模式,即共享的文件本身存在用户的个人计算机上;也可以采用搭建集中式文件服务器的模式实现,此时共享的文件集中存放在被称为文件服务器的计算机上。对于企业内部文件资源的共享,一般通过搭建集中式的文件服务器的方式实现。

2. Windows 文件共享技术

Windows 操作系统为用户提供了多种文件共享方式。①通过在系统中创建网络共享文件夹的方式,可以方便地实现局域网环境下的文件共享;②通过创建 FTP 服务器的方式实现 TCP/IP 网络中文件资源的共享和传输。例如,Windows Server 2016 等操作系统为用户提供了功能强大的文件服务器资源管理器(FSRM)功能,可以自动对文件进行分类,设置文件夹配额以及创建报告监视存储使用情况。

3. Linux 文件共享技术

和 Windows 操作系统一样,不同版本的 Linux 操作系统也为用户提供了多样化的文件资源共享方式。如在本书项目 5 中,在 CentOS 7 系统中通过搭建 FTP 服务器的方式可以实现文件资源共享。此外,还可以通过搭建网络文件系统(network file system,NFS)以及 Samba 文件服务器等方式实现不同计算机、不同操作系统间的文件共享。如果有许可权限,用户甚至可以在本地计算机直接修改远程服务器上的文件。

10.1.2 云盘存储技术概述

云盘存储技术又称网盘存储技术,是近年来兴起的网络文件资源共享的新模式。网络文件共享是企业文件资源流转的重要环节,传统的企业内部设置网络共享文件夹或搭建 FTP 文件服务器等方式,已经不能满足数字化时代企业面临海量的非结构化数据存储的需求。

1. 云盘存储简介

云盘存储指是通过网络将大量普通存储设备构成的存储资源池中的存储和数据服务

以统一的接口按需提供给授权用户。云盘存储将存储资源集中起来,并通过专门的软件进行自动管理,无须人为参与。用户可以动态使用存储资源,无须考虑数据存储的分布、扩展、容错等存储系统技术实现细节,从而可以更加专注于自己的业务,有利于提高效率,降低成本和技术创新。通过将数据存储在企业云(网)盘上,不但有助于企业知识的沉淀,云盘系统特有的移动办公、在线编辑、协作共享、权限设置等功能还可以提高企业的办公效率,助力企业开启云中办公新时代,如图 10-1 所示。

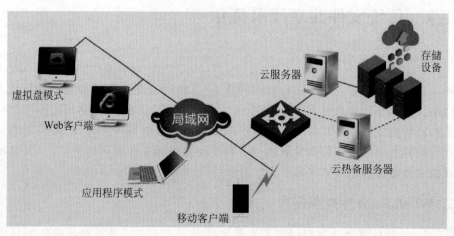

图 10-1 企业私有云盘存储系统架构

2. 云盘存储的优点

相对于传统文件共享技术,基于云存储技术的云(网)盘文件存储在文件存储空间、文件资源共享、文件安全访问、使用便利性等方面具有大量的优点。

1)文件资源共享容易

通过设置团队协作文件夹、文件分享等功能,轻松实现团队文件资源共享。团队成员之间可以对文件进行编辑、预览、评论、下载,极大地提升了协同工作效率。

2)文件权限配置灵活

云盘存储一般提供多样化的文件权限配置功能,用户根据企业内部协同工作职责,可以灵活配置内部协同成员的访问权限,以满足不同协作场景要求,从而更好地控制重要文件的安全访问。

3)文件访问终端多样

用户还可以通过多种不同类型的终端设备,如计算机、手机、平板电脑等实时访问云盘文件。在任一终端修改文件,均可实时同步到云端,实现随时随地移动办公和协同。

4)文件安全机制完善

云盘存储系统提供完善的文件防护体系,如从文件数据存储、文件传输安全、系统管理运维等多角度提供文件安全防护功能。

3. 云盘存储的类型

云盘存储系统主要分为公共云盘存储系统、私有云盘存储系统和混合云盘存储系统。

目前,在业内有很多第三方互联网服务企业为个人及企业用户提供公共的云存储服务,如百度网盘、坚果云、亿方云等。用户也可以通过部署开源的云盘存储系统,搭建基于私有云的云盘存储系统。当然,还可以通过综合应用公有云和私有云上的存储服务,搭建混合云盘存储系统,实现企业内部文件共享存储功能。三种类型的云(网)盘系统的部署特点及使用对象如表10-1所示。

表10-1　三种类型企业云(网)盘部署特点及使用对象

网盘类型	部署特点	适用对象	优点	缺点
公共云盘	服务商提供解决方案、基础设施及运维服务,客户将数据存放在云盘服务商的服务器上	适合业务驱动型企业,注重组织内部内容协作效率,对数据的私密性等要求较低,追求使用便利的企业,以中小型企业为主	(1)扩展性好,升级扩容方便,部署快捷 (2)无须购买服务器等硬件设备 (3)无须配备专业运维人员	(1)长期使用费用高 (2)私密性低于私有云盘及混合云盘
私有云盘	服务商或用户自行提供解决方案等服务,客户自行购买基础设施,数据存放在本地服务器并自行维护	适合对数据安全高度敏感,组织IT部署能力强,IT基础设施完善的大中型企业或对公有云价格敏感的小微型企业	(1)可按用户要求个性化定制,私密性强 (2)服务器本地部署,文件传输效率高 (3)数据存储在本地,安全性、私密性高	(1)技术要求较高,需要专门运维人员 (2)需自行购买服务器等硬件
混合云盘	服务商提供解决方案,提供部分基础设施及运维服务;客户自行购买部分基础设施并运维,数据可根据需求存放在本地或者服务商的服务器上	适合各类渴望IT架构变革,实现企业信息化且轻运营,并对数据安全有一定要求的企业	(1)兼具公有云盘和私有云盘的优点,灵活度更高 (2)易扩展、易升级	(1)技术实现较为复杂 (2)对管理水平要求较高

10.1.3　使用 Nextcloud 云盘

1. Nextcloud 简介

Nextcloud 和其前身 Owncloud 一样,是一个免费的、开源的私有云盘系统,可以让用户简单、快速地在个人计算机或者企业服务器上搭建一个属于个人或企业专属的云同步网盘,实现跨平台跨设备文件同步、共享、版本控制、团队协作等功能。相对于使用公有云存储系统,采用 Nextcloud 搭建的私有云存储系统在存储空间扩展、文件安全保密、系统灵活可控等方面具有更多的优势。

Nextcloud 跨平台功能支持 Windows、Mac OS、Android、iOS、Linux 等多种平台,而且提供基于 Web 的访问方式,因此用户几乎可以在任何计算机及移动设备上轻松获取和访问 Nextcloud 云盘中的文件。Nextcloud 源代码完全开放,任何个人或企业都可以自由获取并在开源许可协议的约束下免费使用。当然,对于需要获得 Nextcloud 云盘系统专业支持的用户,可以通过购买 Nextcloud 官方的专业版订阅服务获得技术支持。Nextcloud 的官网首页如图 10-2 所示。

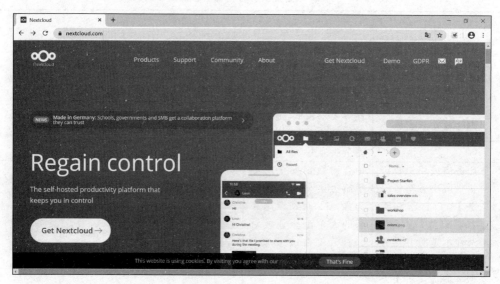

图 10-2　Nextcloud 的官网首页

2. Nextcloud 云盘的功能特性

Nextcloud 云盘系统在文件访问、共享及协同等方面具有强大的功能,以下对 Nextcloud 云盘系统功能及特性进行简要介绍。

1) 支持在任何位置访问和同步云盘文件

通过在企业网络中部署 Nextcloud 云盘系统,用户能够通过台式计算机或移动客户端访问云盘数据,并能随时访问、同步和共享企业的其他文件服务器,如 FTP、Dropbox 或 NAS 上的数据。

2) 灵活设置云盘文件共享方式

通过 Nextcloud 云盘系统的 Web 界面,用户可以与服务器上的其他用户共享文件,创建和发送受密码保护的公共链接。系统也允许用户将文件直接上传到云盘系统,当其他用户将另一个 Nextcloud 服务器上的文件共享时,用户的手机和桌面客户端就会及时发送通知,通过手机或桌面客户端访问共享文件。

3) 良好的云盘文件安全功能

Nextcloud 具有强大的云盘文件安全防护机制,能很好地保护客户和用户数据的安全,提供自托管文件同步和共享行业的较高安全性,遵循安全行业的实践(ISO 27001),系统管理员能够轻松控制和指挥用户与服务器间的数据流。同时,Nextcloud 提供加密应用程序,可以对本地和远程存储的数据进行加密,从而实现对存储在第三方服务器上数据的保护。

4) 支持移动和桌面客户端随时访问

Nextcloud 提供 Android、iOS 和 PC 桌面客户端随时访问的功能,并通过完全加密的链接同步和共享用户数据。移动客户端还支持自动同步照片和视频,同时支持客户端显示并通知服务器上发生的所有活动,如提示新的共享文件信息。

5) 方便的外部存储扩展功能

通过扩展外部存储功能可以帮助用户访问存储在流行的云服务器平台上的数据,如 Amazon S3、Google Drive、Dropbox。不仅如此,用户还可以访问企业内部网络中的文件服务器,如 NFS、(S)FTP、WebDAV 等。

6) 方便的文档在线预览和编辑

通过在 Nextcloud 系统上安装 Collabora Online 插件(一个基于 LibreOffice 的在线办公套件),用户可以通过网页浏览器实时预览和编辑文档。Collabora Online 支持的文档格式包括 DOC、DOCX、PPT、PPTX、XLS、XLSX、PDF 等,并支持导入或预览 Visio、Publisher 等多种不同类型的文档。

7) 支持安装 App 以扩展更多功能

Nextcloud 作为一个云盘平台,其功能都是通过独立的应用程序提供的,而且用户可以自由启用或禁用各项功能。Nextcloud 应用商店提供大量应用程序以满足用户和管理员的需要,如音乐播放器、密码管理工具、任务管理工具、邮件应用、电子书阅读器或 GPX 文件编辑器等。

3. Nextcloud 云盘的使用方法

Nextcloud 云盘系统使用较为简单,用户在系统中注册后,通过桌面端、移动端或网页浏览器就可以登录 Nextcloud 系统,访问云盘文件。以下以 Nextcloud 18 为例对 Nextcloud 云盘系统的基本功能及其使用方法进行简要说明。

1) Nextcloud 云盘的登录

Nextcloud 云盘系统登录界面如图 10-3 所示,通过在该界面输入安装过程配置的管理员用户名(或邮箱)及密码即可登录。云盘系统的其他用户可以使用管理员账号进行添加并授权使用。

2) Nextcloud 云盘的基本操作

用户登录成功后将进入云盘系统主界面,根据事先设置的权限可以浏览、编辑或共享文档。图 10-5 中给出了 Nextcloud 云盘文件的同步、浏览、管理及分享的相关操作。

3) Nextcloud 云盘的高级功能

除了支持常规的文件浏览、共享外,Nextcloud 还支持文件的在线编辑,甚至多人协同编辑。此外,Nextcloud 还具备流程图、思维导图等编辑设计功能,根据需要 Nextcloud 还可以安装多种不同插件,极大扩展其多种功能,相关操作可以参考 Nextcloud 系统使用指南。

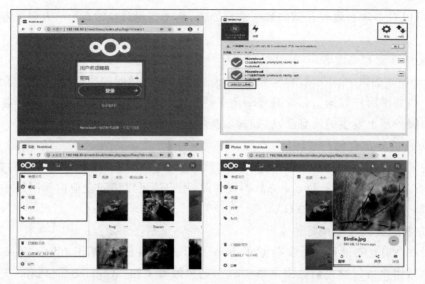

图 10-3　Nextcloud 云盘系统登录及使用

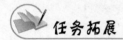

查阅网络资料,通过表格方式列出企业网盘存储技术相对于传统文件共享技术的优势。

任务 10.2　云盘服务器选型与方案设计

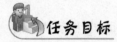

(1) 了解项目方案在项目实施中的作用。
(2) 理解 Linux 系统项目方案的设计方法。

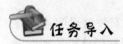

网络服务器是信息化系统中重要的资源设备,对整个 IT 系统的正常运行起着决定作用,选购一台合适的网络服务器对企业网络应用部署和运行有着重要作用。在开始正式部署云盘系统之前,需要了解服务器选型和项目方案设计的基本方法。

10.2.1　服务器选型概述

在 Linux 云存储项目实施过程中,服务器选型是其中的重要环节,下面将对服务器的基本功能及分类进行简要说明。

1. 服务器的功能

1) 服务器的概念及其功能

服务器是指在计算机网络环境中为客户机提供某种服务的专用计算机,一般作为Linux等网络服务器操作系统运行的基础硬件平台。服务器一般要求连续不间断地运行,为网络中其他计算机或者用户提供各种应用服务。网络中许多重要的数据都保存在服务器上,一旦服务器发生故障,将可能丢失大量的数据,造成巨大的损失。

2) 服务器构成及其环境要求

服务器作为计算机的一种,比普通计算机运行更快、负载更高、价格也更贵。服务器的基本构成与普通计算机差别不大,包含CPU、内存、主板等硬件部件。此外,服务器一般还包含普通计算机不具备的RAID卡、磁盘阵列等。为确保服务器正常运行,服务器的运行环境比普通计算机也有更高的要求,例如,服务器机房的运行环境的温度、湿度、清洁度等都有专门的国家标准要求。

2. 服务器的类型

按照不同的分类标准,可以把传统计算机网络中的服务器划分为多种不同的类型。

1) 按网络规模划分

按网络规模划分,服务器分为工作组级服务器、部门级服务器、企业级服务器。一般而言,三种不同规模的服务器分别用于满足不同规模用户对网络的访问要求,用户可以根据自己的业务需求和应用场景进行选择。

2) 按内核指令架构划分

按照内核指令架构,可以把服务器分为复杂指令集计算机(complex instruction set computers,CISC)架构的服务器和精简指令集计算机(reduced instruction set computer,RISC)架构的服务器。近几年来,随着硬件技术的迅速发展,CISC架构的服务器与RISC架构的服务器之间的技术差距已经大大缩小,基本可以满足通用性的程序运行需求,因此用户一般倾向于选择CISC架构的服务器。

3) 按照服务器外观形状划分

按照服务器外观可以把服务器分为塔式、机架式、刀片式和机柜式服务器等。

塔式服务器的外形以及结构和平时使用的立式PC差不多。当然,由于其主板扩展性较强、插槽较多,其主机机箱也比标准PC的ATX机箱大,如图10-4(a)所示。机架式服务器从外形看更像网络交换机,有1U(1U=1.75英寸=4.445cm)、2U、4U等规格。机架式服务器安装在标准的19英寸机柜里面,如图10-4(b)所示。通常4U以上的产品性能较高,可扩展性好。

刀片式服务器是指在标准高度的机架式机箱内可插装多个卡式的服务器单元("刀片"),实现高可用和高密度,如图10-5(a)所示。每一块"刀片"实际上就是一块系统主板,它们可以通过"板载"硬盘启动自己的操作系统,如Windows Server、Linux等。机柜式服

(a) 塔式服务器　　　　　　(b) 机架式服务器

图 10-4　塔式服务器与机架式服务器

(a) 刀片式服务器　　　　　　(b) 机柜式服务器

图 10-5　刀片式服务器和机柜式服务器

务器是指一些高档企业级服务器,将几台服务器都放在一个机柜中,如图 10-5(b)所示。机柜式服务器通常由机架式、刀片式服务器再加上其他设备组合而成,系统具有完备的故障自修复能力,关键部件应采用冗余措施。

3. 服务器的性能

当前,企业经营越来越依赖于信息化系统,而服务器是整个信息化系统的核心和关键。对于企业信息化系统而言,网络服务器必须具备以下特性:运行的可靠性、良好的高可用性和较好的可扩展性。以下对服务器的三个方面性能进行简要介绍。

1) 高可靠性

高可靠性是指系统保持可靠而一致的特性,数据完整性和在发生故障之前对相关故障做出警告是可靠性的两个方面。冗余的电源和风扇、可预警的硬盘和风扇故障以及RAID(独立磁盘冗余阵列)系统是确保系统高可靠性的常见技术。

2) 高可用性

高可用性是指随时存在并且可以立即使用的特性,既可以指系统本身,也可以指用户实时访问其所需内容的能力。高可用性的另一主要方面就是从系统故障中迅速恢复的能力。高可用性的典型范例是检测潜在故障并透明地重定向或将故障程序切换给其他地区或系统。如一些 SCSI 设备可以自动地将数据从难以读取的扇区传输到备用扇区,而且操作系统和用户都不会察觉到这一变化。

3) 可扩展性

可扩展性是指增加服务器容量(在合理范围内)的能力。不论服务器最初的容量有多大,用户都可以迅速实现容量的增加。由于访问互联网的用户越来越多,而且交易量日益增加,因而最终需要升级服务器。可扩展性的因素包括增加内存的能力、增加处理器的能力、增加磁盘容量的能力、操作系统的限制。

4. 服务器硬件选型简介

服务器硬件选型是性能调优的第一步。无论用户是自行部署服务器,还是购买服务器进行托管,或是租用云服务器,都面临着选择服务器硬件配置的问题。用户可以从以下不同角度来考虑一台服务器的硬件配置,从而找到满足技术需要、业务发展和成本控制之间的最佳平衡点。

1) 根据服务器用途进行硬件选型

例如,按照当前典型的基础架构:Web 服务器、数据服务器、应用程序服务器来决定服务器的性能、容量和可靠性需求。

(1) Web 服务器。Web 服务器对硬件要求不高,甚至一般的硬件配置(2 颗 4 核 CPU、8GB 内存、1TB 硬盘)即可满足需求,如果后期 Web 服务访问量上升,只需要新增同等配置的服务器加入负载均衡集群即可实现 Web 服务的性能扩展。

(2) 数据库服务器。数据库服务器对硬件要求较高,要求 CPU 处理速度快、内存空间大、磁盘 I/O 性能高。例如,MySQL、Oracle 等服务器要求 CPU 配置高,最好是双路至强金牌 Gold,磁盘最好使用 SSD 固态硬盘,而 Redis 服务器作为内存型服务器,要求内存要够大。

(3) 应用程序服务器。应用程序服务器主要承担信息系统内部计算和应用功能的实现,对 CPU 的配置和性能稳定要求较高,如 CPU 一般要求双路至强银牌,存储配置 RAID 1 磁盘阵列,根据应用规模采用主从或集群方式部署服务器。

(4) 其他服务器。一些提供公共服务的服务器,如域控服务器、邮件服务器等,一般对稳定性要求较高,推荐配置两台服务器进行主、从部署。对服务器硬件而言,没有特殊的需求,采用一般的硬件即可。

2) 根据系统负载情况进行硬件选型

网络服务器为用户提供某种服务,日常访问服务器的负载情况,包括用户规模、网络带宽等,也是服务器硬件选型需要考虑的重要因素,一般可以从以下方面进行服务器负载评估。

(1) 服务器并发的用户数量。
(2) 并发访问用户最高峰值。
(3) 用户的峰值数据量大小。
(4) 用户网络宽带占用情况。
(5) 系统需要存储的数据规模。

在上述相关数据评估中,不仅需要考虑现有的系统负载情况,还需要考虑未来相关负载的增长速度。例如,每天新增的数据量或负载以及未来 1~3 年可能的存储数据规模。

一般需要根据上述评估数据乘以1.5左右的系数,最后才得到需要配置的服务器硬件需求。

3) 根据支持业务的重要程度进行硬件选型

服务器可以为企业或组织的不同业务系统提供应用服务,业务的重要程度也直接影响到对服务器的选型配置。以下分别从门户网站、测试平台、电商系统等方面进行简要说明。

(1) 企业门户网站。作为中小型企业或组织的门户网站,一般可以承受服务器因硬件故障,导致几个小时的宕机[①],对企业或组织正常运营不会有太大影响,所以部署门户网站服务器,使用使用铜牌单路CPU、16GB内存、1TB硬盘就能基本满足外部用户访问需求。

(2) 应用测试平台。企业内部有时还需要在应用正式上线时,在通用测试平台进行应用部署测试。如果仅限于应用功能测试,那么对硬件配置没有太高要求。如果是做性能测试,那么就需要根据性能测试的方向,选择某方面功能较强劲的硬件。

(3) 电商运营平台。因为用于企业核心业务运行,一般要求CPU性能足够好,内存空间足够大,存储方面部署RAID 1/0磁盘阵列。同时,还要部署双机主从热备,数据实时备份、异地远程备份。总的来说,就是在业务成本可以承受的范围,选择运行稳定、性能强劲的服务器硬件。因为作为重要的业务系统,一旦发生故障,直接导致经济上的重大损失。

总之,用户可以根据自身的应用需要和项目成本,从CPU、内存、外存、网卡带宽等方面选择部署当前主流的服务器产品,也可以根据需要选择目前流行的云服务厂商提供的云服务器/云主机等产品,满足企业内外部应用服务的部署及运行需求。

10.2.2 云盘系统项目方案设计

1. 项目方案设计简介

项目是指人们通过努力,运用新的方法,将人力、材料和财务等资源组织起来,在给定费用和时间约束内,完成一项独立的一次性工作任务。一个项目的实施一般都有一个明确的目标:必须在特定的时间、预算和资源限定内,按照相关约定或合同规定完成。一个IT系统的部署或软件程序的开发是信息领域常见的项目。

项目方案是指从项目的目标要求、工作内容、方式方法及工作步骤等做出全面、具体又明确安排的计划文件,是项目能否顺利和成功实施的重要保障和依据。项目方案将项目所实现的目标效果、项目流程等内容做成系统而具体的方案,并用于指导项目的顺利实施。一个设计良好的项目方案将能有效指导项目的实施过程,并给用户以充分的信心,确保实现项目的目标。

---

① 宕机是指操作系统无法从一个严重系统错误中恢复过来,或系统硬件层面出问题,以致系统长时间无响应,而不得不重新启动计算机的现象。

2. 项目方案编制方法

一般而言，一个 IT 项目的项目方案内容应该包括项目概述、项目需求、项目设计、项目实施计划、参考标准等。通过编制项目方案，重点要明确本项目在整体解决框架中的定位，梳理与其他项目间的关联关系，确定本项目的具体目标，并根据目标制定项目技术方案、实施计划以及项目实施过程所需要的组织保障等。以下对项目方案的各组成部分进行简要说明。

1）项目概述

该部分一般针对项目的来源、项目的基本应用背景、当前使用的主流技术、项目的建设主体和建设目标等内容进行描述。通过该部分介绍让用户对项目基本情况有总体的了解。

2）项目需求

该部分介绍项目现状、应用范围、总体需求、外部系统、环境支持等，即讲明本项目需要解决的问题，并重点分析项目需要解决的问题的重要性、难易点、带来的好处等。翔实到位的项目需求分析是项目成功的基本保证。

3）项目设计

该部分是项目方案的主体，主要是针对第二部分提出的项目需求，给出项目实施的总体架构、网络结构、安全机制、模块功能、性能指标以及项目中使用的关键技术、项目亮点和难点的处理方法等。

4）实施计划

该部分主要介绍参与项目建设的项目团队、项目的实施周期、项目实施基本流程、项目阶段性计划及成果、项目管理使用的方法以及项目的组织保障等。通过该部分可以让用户了解项目完成的进度和大致时间表。

5）参考标准

该部分给出项目建设过程中参考的国家标准、行业标准或地方标准等。这些标准是项目实施过程中质量控制的基本要求，项目实施过程的各个环节需要严格遵循相关建设或实施标准。

一个编制及设计良好的项目方案是项目成功的指南，是项目实施过程中所有活动的依据，能使项目始终沿着既定的轨道运转，体现编写者对项目需要解决问题的清晰认识和良好的项目管理能力，并最终帮助项目团队实现项目的目标。

10.2.3 Nextcloud 云盘项目概述

1. 项目背景简介

在移动互联网时代，如果继续使用文件服务器等传统方式进行共享文件的访问和协同，对于普通用户使用而言，存在较大的使用短板和困难，对于企业而言，未来，企业云盘存储系统是当前文件服务器便捷的替代方案。如果企业有足够的财务预算，可以通过申请公有云的网盘服务功能，快速拥有企业网盘存储系统，如华为企业网盘、百度企业网盘等。

超越公司（虚拟公司名称，如有雷同纯属巧合）是一家小微型企业，限于运营成本及文件私密性考虑，选择部署私有云盘存储系统。同时因为文件资料存储于公司内部服务器，对于确保公司文档的安全性和私密性等也大有好处。

2. 项目建设目标

通过前期调研考察，结合公司对云盘存储的功能需求，采用自购服务器硬件，并基于 Nextcloud 开源云盘系统，搭建企业私有云盘系统，实现类似于公有云盘系统友好的用户界面、灵活的终端访问、便捷的文档协同等诸多主流企业云盘功能。

10.2.4　云盘系统网络拓扑结构设计

根据项目的功能需求，项目实施工程师需要根据公司网络架构设计云盘系统的部署位置，云盘系统的网络拓扑结构如图 10-6 所示。

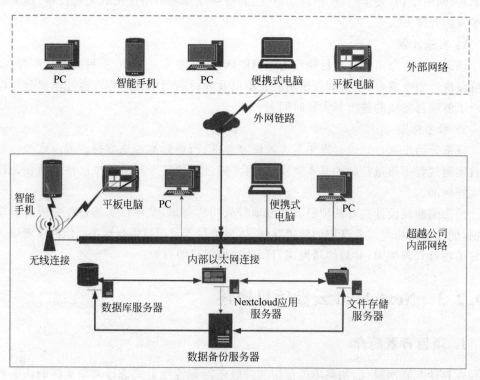

图 10-6　超越公司云盘系统网络拓扑结构图

任务 10.3　Nextcloud 云盘系统部署实战

（1）理解 Linux 云盘系统项目实施方案的构成。
（2）掌握 Linux 云盘系统项目拓扑结构的设计方法。
（3）掌握 Linux 云盘系统项目实施步骤。

超越公司是一家小型 IT 教育培训公司,为提高公司内部文档资料访问的协同性和安全性,公司领导决定建立内部云盘存储系统。经过前期考察及调研,公司决定基于 Nextcloud 开源云盘软件部署公司私有云盘存储系统。下面介绍该私有云盘存储项目的方案编制及项目实施方法。

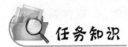

10.3.1　Nextcloud 云盘关键技术简介

1. 云盘服务器硬件选型

根据项目实施人员前期对公司开展的网盘系统功能及运行需求调研,结合系统部署成本,本次网盘系统的服务器硬件采用 2U 双路机架式服务器结构,部分硬件参数指标如表 10-2 所示。

表 10-2　云盘存储服务器硬件参数参考配置表(部分)

用途	部件名称	主要参数指标	参数说明
应用服务器	处理器	Intel 至强 E5 铜牌 3204×2	1.9GB 12 核
	芯片组	Intel C621 系列	
	内存	DDR4 2666 32G	24 插槽
	硬盘	480G SSD×2	8 个 3.5 盘位
	阵列卡	H330P	
	网卡	嵌入式 4 口千兆网卡	
	服务器电源	750W	双电源、可扩展

续表

用途	部件名称	主要参数指标	参数说明
文件服务器	处理器	Intel 至强 E5 银牌 4216×2	2.2GB 32 核
	芯片组	Intel C621 系列	
	内存	DDR4 2666 128G	24 插槽
	硬盘	480G SSD×2+8T×3	8 个 3.5 盘位
	阵列卡	H730P	
	网卡	嵌入式 4 口千兆网卡	
	服务器电源	750W	双电源、可扩展

2. 云盘系统软件集成简介

根据项目总体目标要求，项目团队需要在公司购买的服务器硬件上安装 CentOS 7 操作系统，搭建 Nextcloud 云盘系统运行环境，并最终部署基于 Nextcloud 的私有云网盘系统。Nextcloud 是一个基于 LAMP 或 LNMP 架构、使用 PHP 7 编程语言开发的开源云盘系统，为此项目团队将在云盘服务器系统中安装 Apache httpd 服务，同时配置 PHP 7.3 编程语言及相关附属模块环境，安装 MariaDB 5.5 以上数据库，以支持 Netcloud 云盘系统的运行。软件系统部署后，项目团队还需要对系统进行必要的测试，确保系统正常运行。

10.3.2 云盘系统基础环境配置

云盘存储服务器的部署涉及应用服务器、文件服务器、数据库服务器和数据备份服务器，以下以应用测试服务器为例对服务器的部署过程进行说明。

1. 安装 Linux 操作系统

1) 选择操作系统的版本

根据云盘存储官方文档及公司业务需要，选择 CentOS 7.6 1908 作为云盘存储服务器基础平台。登录 CentOS 官网 https://www.centos.org/，进入下载界面，选择 DVD ISO，下载 CentOS 7.6 操作系统的 DVD ISO 光盘镜像文件。

2) 制作服务器安装盘

使用系统安装盘制作工具，如 UltraISO 将下载的系统光盘镜像文件写入 U 盘(大于 8GB)或 DVD 光盘(RW)，此处以制作 U 盘安装盘为例进行说明。如图 10-7 所示，打开 ISO 镜像后，选择"启动"→"写入硬盘映像"命令，即可完成系统 U 盘安装盘的制作。

3) 磁盘分区规划

根据服务器硬盘容量(480GB)及云盘应用运行需求，对服务器硬盘分区空间规划如表 10-3 所示。

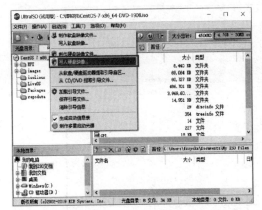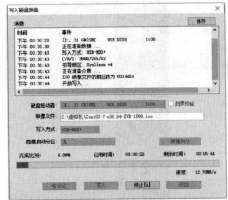

图 10-7　制作 CentOS 7 系统的 U 盘安装盘

表 10-3　服务器系统磁盘分区规划表

分 区 名	挂 载 点	规划空间大小	功 能 简 介
启动分区	/boot	1GB	存放系统启动文件
根分区	/	100GB	系统根目录
交换分区	/swap	16GB	虚拟内存交换
应用程序分区	/usr	120GB	用户程序文件
可变文件分区	/var	120GB	系统可变文件
用户目录分区	/home	剩余空间,约 230GB	存放用户文件

4）启动并安装系统

将 U 盘安装盘接入 USB 接口,启动系统并设置从 U 盘启动,即可根据安装向导完成系统磁盘分区,选择安装类型（此处选择"最小安装"选项）,设置 root 用户密码,直至完成 CentOS 7 系统的安装,如图 10-8 所示。系统安装成功后,按提示重新启动系统,并完成系统第一次启动配置,即可输入设置的用户名和密码登录系统,相关步骤参考本书项目 1。

2. 网络配置和基础管理

1）网络配置管理

在服务器系统的网络配置方面,需要根据系统的网卡情况进行配置。一般服务器均配置多个网卡,如分别用于连接内网和外网的网卡,甚至还包含用于服务器系统管理的专用网卡,因此需要对多个网卡分别配置其相关网络参数。网卡 IP 地址配置需要编辑/etc/sysconfig/network-scripts 目录下的对应网卡配置文件,假设 IP 地址为 192.168.30.3。

同时,服务器系统网络配置还需要对系统的主机名、DNS 服务器及网关等进行配置,该部分配置可以参考本书项目 3 中的网络配置,完成配置后可以使用 ping 命令分别测试系统内网及外网的网络连接情况。

2）远程登录配置

为了方便服务器的配置管理,需要设置允许 SSH 远程登录进行管理。为了确保服务

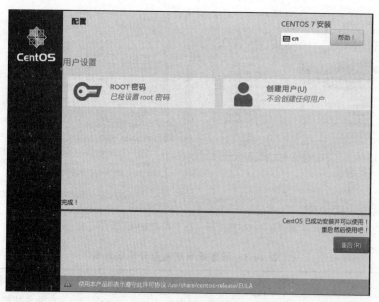

图 10-8　安装 CentOS 7 操作系统

器远程访问的安全性,需要禁用 root 用户的远程登录功能,同时设置只允许在指定终端进行无密码(使用密钥)远程登录。此时需在登录终端使用工具或命令生成密钥对,并将公钥传输到服务器远程登录的公钥验证文件中。Windows 10 系统中使用命令行公钥登录服务器的操作如图 10-9 所示。

图 10-9　Windows 系统中使用命令行无密码登录服务器

相关操作命令如下。

```
# useradd admin01                                    //创建 admin01 用户
# passwd admin01                                     //设置 admin01 用户密码
# su - admin01                                       //切换到 admin01 用户
$ ssh-keygen -t rsa                                  //生成 admin01 密钥对
c:\> ssh-keygen -t rsa
c:\> scp .ssh/id_rsa.pub 192.168.30.3:/home/admin01/    //输入 admin01 密码
$ cat /home/admin01/id_rsa.pub >> /home/admin01/.ssh/authorized_keys
$ chmod 600 /home/admin01/.ssh/authorized_keys       //生成验证文件并设置权限
c:\> ssh admin01@192.168.30.3                        //用 admin01 身份远程登录服务器
```

3) 用户和组的管理

系统安装成功后，可以根据公司内部组织架构（部门或团队构成）和相关员工信息（工号等）在系统中创建用户和组，如根据公司的内部部门（包括项目部、销售部、开发部、人事部、总经办等）分别创建用户组：项目部 proj_g、销售部 sale_g、开发部 deve_g、人事部 huma_g、总经办 mana_g 等，并根据员工工号信息创建所需的用户账号。

4) YUM 软件仓库配置

为完成本次网盘存储系统部署相关软件安装，需要配置系统基础 YUM 软件仓库（阿里云）。在开始安装系统软件之前，可以使用 yum -y update 命令更新系统到最新内核，相关操作命令如下。

```
# mkdir /etc/yum.repos.d/repo_bak                    //创建 YUM 仓库备份目录
# cd /etc/yum.repos.d/                               //切换到软件仓库配置目录
# mv *.repo ./repo_bak                               //移动原有 repo 配置文件
# curl -o CentOS-Base.repo http://mirrors.aliyun.com/repo/Centos-7.repo
# yum clean all
# yum makecache                                      //重建 YUM 缓存
# yum -y install epel-release                        //安装 epel 源
```

3. 配置 LAMP 基础应用服务

1) 安装 Apache httpd 服务

配置好系统 YUM 软件仓库（阿里云）后，可以很方便地使用 yum 命令完成 Apache 的安装，安装成功既可以启动 httpd 服务进行测试，相关命令如下。

```
# systemctl stop firewalld                           //暂时关闭防火墙
# yum -y install httpd                               //安装 httpd 服务
# rpm -qi httpd                                      //查询 httpd 安装
# systemctl enable httpd                             //设置 httpd 开机启动
# systemctl start httpd                              //启动 httpd 服务
# ss -tln | grep :80                                 //查看 80 监听端口
```

此时可以从内网终端通过网页浏览器输入服务器的 IP 地址 192.168.30.3，访问 Apache httpd 服务，可以看到 Web 服务器的默认主页，如图 10-10 所示。

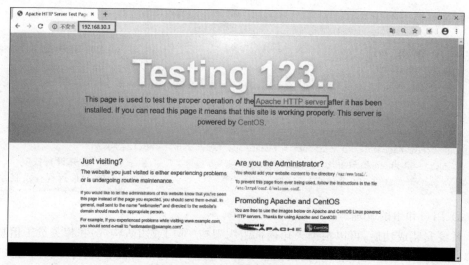

图 10-10　Web 服务器默认首页

2）安装 PHP 7 及相关模块

PHP 7 软件及相关扩展模块的安装需要配置专用 PHP 安装 YUM 源，此处使用 remi 提供的 PHP 7 相关 YUM 源安装包，相关操作命令如下。

```
# rpm -Uvh http://rpms.famillecollet.com/enterprise/remi-release-7.rpm
# yum -y --enablerepo=remi-php73 install php php-mysql
# yum -y --enablerepo=remi-php73 install php-xml php-soap php-xmlrpc
php-mbstring php-json php-gd php-mcrypt
# systemctl restart httpd            //重启 httpd 服务
# php -v                             //查询 PHP 语言版本
```

此时通过编辑 PHP 测试网页，从内网终端输入服务器的 IP 地址进行访问，可以看到 PHP 7.3 已成功安装并启用，如图 10-11 所示。

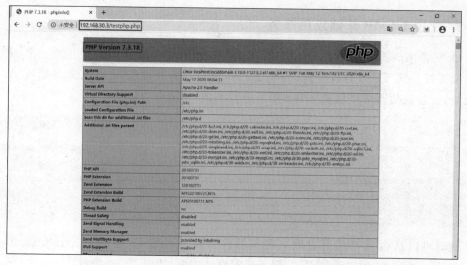

图 10-11　访问 PHP 测试网页

3) 安装 MariaDB 数据库

本次云盘应用安装中，数据库软件采用 MariaDB Server 10.4 版本，该版本的安装也需要配置 MariaDB 相关安装 YUM 源，操作命令如下。

```
#vi /etc/yum.repos.d/mariadb.repo                    //配置 MariaDB 安装所需的 YUM 源
#MariaDB 10.4 CentOS repository list - created 2020-05-24
#http://downloads.mariadb.org/mariadb/repositories/
[mariadb]
name = MariaDB
baseurl = http://yum.mariadb.org/10.4/centos7-amd64
gpgkey=https://yum.mariadb.org/RPM-GPG-KEY-MariaDB
gpgcheck = 1
#yum makecache                                       //重建 YUM 缓存
#yum -y --enablerepo=mariadb install MariaDB-server MariaDB-client
安装 mariadb-server
#systemctl enable mariadb                            //设置 MariaDB 数据库自动启动
#systemctl start mariadb                             //启动 MariaDB 数据库服务
#ss -tln | grep :3306                                //查看 MySQL 服务监听端口
#mysql_secure_installation                           //MariaDB 初始安全配置
#mysql -uroot -p                                     //使用密码登录数据库
MariaDB > create database Nextcloud default charset 'utf8';   //创建数据库
MariaDB > grant all on Nextcloud.* to 'Nextcloud'@'localhost' identified by 'Password';
                                                     //为 Nextcloud 数据库授权
MariaDB > flush privileges;                          //刷新数据库权限表
```

4) 配置 firewalld 防火墙

```
#systemctl start firewalld                           //启动 firewalld 防火墙
#systemctl enable firewalld                          //开机启动 firewalld
#firewall-cmd --zone=public --add-port=80/tcp --permanent     //允许 80 端口
#firewall-cmd --zone=public --add-port=3306/tcp --permanent   //允许 3306 端口
#firewall-cmd --zone=public --add-port=443/tcp --permanent    //允许 443 端口
#firewall-cmd --reload
#firewall-cmd --zone=public --list-all                //查看 public 区域防火墙规则
```

10.3.3 部署 Nextcloud 云盘系统

1. 下载并解压 Nextcloud 系统

登录 Nextcloud 官网 https://nextcloud.com，复制所需要的 Nextcloud 版本下载链接，使用 wget 工具就可以完成 Nextcloud 系统的下载。

```
#yum -y install wget                                 //安装 wget 下载工具
#yum -y install zip unzip                            //安装 ZIP 压缩及解压缩工具
#wget https://download.Nextcloud.com/server/releases/Nextcloud-18.0.4.zip
#unzip /tmp/Nextcloud-15.0.0.zip -d /var/www         //解压缩到 /var/www 目录
#ls -l /var/www/Nextcloud                            //查看 Nextcloud 解压缩目录
```

2. 在 Apache 中配置 Nextcloud

本步骤中需要设置 Nextcloud 程序目录访问权限，将 Web 服务器默认站点目录改为 Nextcloud 程序目录，相关操作命令如下。

```
# chown -R apache.apache /var/www/Nextcloud    //设置 Nextcloud 目录访问权限
# vi /etc/httpd/conf/httpd.conf                //编辑 httpd 服务的主配置文件
...
DocumentRoot /var/www/html                     //改为 DocumentRoot "/var/www/Nextcloud"
...
<Directory "/var/www/html/">                   //改为<Directory "/var/www/Nextcloud">
...
DirectoryIndex index.html                      //改为 DirectoryIndex index.php
# systemctl restart httpd                      //保存并退出后重新启动 Apache httpd 服务
```

3. 访问并初始化 Nextcloud 云盘系统

使用内网客户端，在网页浏览器中输入服务器的 IP 地址 192.168.30.3，将出现如图 10-12 所示的 Nextcloud 安装初始化界面。

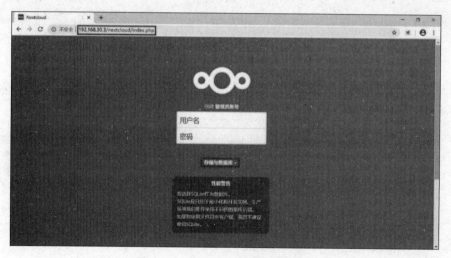

图 10-12　Nextcloud 安装及初始化

单击"存储与数据库"按钮展开设置项，使用实现设置的默认数据目录（前面建立的 /var/www/html/Nextcloud/data 文件夹），单击 MySQL/MariaDB 选项，按照之前填写的数据库及授权用户信息填写数据库设置，最后单击"安装完成"按钮，即可完成 Nextcloud 配置。

4. 云盘系统测试运行

1) PC 端测试运行

用户可以通过网页浏览器访问 Nextcloud 云盘系统，还可以下载 Nextcloud 桌面客户端。第一次使用桌面客户端会提示通过网页浏览器进行用户身份验证。用户输入用户名和密码通过身份验证后,就可以通过 Nextcloud 桌面客户端方便地访问并管理 Nextcloud 云盘系统,同时可以在客户端中浏览网盘中保存的文档,并完成与本地文档的同步及文档共享等多种操作。

2)移动端测试运行

用户可以在手机或平板电脑中安装 Nextcloud 云盘移动端 App,通过移动端 App 完成网盘登录、文件浏览访问及协同共享,如图 10-13 所示。

图 10-13　使用 Nextcloud 移动端 App 访问网盘系统

通过上面的操作,基本完成超越公司 Nextcloud 私有云盘存储系统的部署,公司用户将可以方便地通过移动设备对公司文档进行分享和协同,方便公司员工之间以及公司与客户的快捷交流。

项目总结

本项目介绍了基于 Linux 云盘存储的部署及实施过程,IT 运维及部署项目的项目方案设计、服务器硬件选型、软件系统集成以及安装调试的基本知识和主要技能,可为读者今后参与类似 IT 项目的部署和运维打下扎实基础。

项目实训

1. 编制 Linux 云盘系统实践项目实施方案。按照项目实施方案包含的项目概述、项目需求、项目设计、项目计划、参考标准五个方面的内容编制云盘系统项目实施方案。

2. 编写 Linux 云盘系统实践项目总结报告。针对本次项目实施的基本过程,撰写项目实施总结报告,为今后项目的运维管理等提供文档支持。

参 考 文 献

[1] 刘学工,彭进香,周倩.Linux 网络操作系统项目教程[M].北京:清华大学出版社,2018.
[2] 黑马程序员.Linux 系统管理与自动化运维[M].北京:清华大学出版社,2018.
[3] 陈祥琳.CentOS Linux 系统运维[M].北京:清华大学出版社,2016.
[4] 邱建新.Linux 操作系统应用项目化教程[M].北京:机械工业出版社,2016.
[5] 鸟哥.鸟哥的 Linux 私房菜基础学习篇[M].4 版.北京:人民邮电出版社,2018.
[6] 刘遄.Linux 就该这么学[M].北京:人民邮电出版社,2017.